22 초등수학교육

초등 교사를 위한

# 레크리에이션 수학

강완·백석윤 지음



KM 경문사

# 책머리에

수학은 학생이나 교사, 학부모 모두에게 학습과 지도라는 양면에서 쉽지 않다고 생각하는 학교교과의 대표적인 과목이라고 할 수 있다. 그럼에도 불구하고 지금까지 수학은 중요한 학교교과로서 다루어져 왔으며, 현재도 중요하게 여기는 것은 교사나 학생, 학부모 모두에게 공통된 현상이다. 따라서 수학교육과 관련된 대부분의 구성원들이 어렵지만 중요하게 여기는 수학 교과를 "어떻게 하면 학생들이 쉽게 학습할 수 있도록 할 것인가?"라는 질문이 수학교육에서 해결해야 될 중요한 과제가 된다.

이와 같이 학습상의 어려움을 안고 있는 수학 교과의 지도 측면에서 그동안 많은 노력이 있어 왔지만 그 지도 방법의 개선이나 개발이 쉽지 않게 여겨져 왔으며, 이를 수학 교과의 내용적 속성상 어쩔 수 없는 특성으로까지 생각하는 것이 일반적 경향임을 부인할 수 없다. 따라서 중요하지만 어렵고 재미없는 교과라는 이중적 난점을 해결하려면 결국 학생이 재미있고 쉽게 수학을 이해할 수 있도록 수학 학습 지도 방법을 개선하고 개발하기 위한 노력뿐이라는 생각에 이르게 된다.

일반적으로 학습자의 효과적인 수학 학습을 위하여 필요한 요소로는 다음 두 가지를 거론할 수 있다. 우선 미시적으로, 수학 학습이 시작된 상황에서 수학 학습의 인지적, 질적인 면에 대한 것으로 현재 수행 중인 수학 학습 내용에 맞춘 효과적이고 효율적인 학습 방법론의 활용이다. 거시적으로는, 일련의 수학 학습 과정에 개입될 수 있는 여러 요인들에 의하여 복합적으로 구성되는 요소로, 주로 학습자의 수학 학습에 대한 관심이나 수학에 대하여 갖는 호감 또는 흥미 등의 정의적 요인들로 구성된다.

이 책에서는 학습자의 수학 학습의 효율성과 효과를 제고시킬 수 있는 방법을 주로 정의적이며 외부적인 요소에서 찾아보려고 한다. 초등학교 수학교육에 있어서 학습자의 수학 교과 자체는 물론 수학 학습에 대한 흥미와 관심 즉, 긍적적인 정의적 효과를 유발할 수 있는 수학적 소재나 활동을 활용하는 이른바 "레크리에이션적" 인 방식의 수학 학습 지도를 위한 자료와 활동 그리고 이를 활용한 수학 학습 지도 방법을 제시하고자 한다.

2010. 2.
저자 일동

# 차 례

## 이론편

## 활용편

# 이론편

# 하나 수학 학습 지도의 원리

수학교육의 궁극적인 목적은 오랜 역사를 거쳐 현존하는 수학 내용 중 학생들이 앞으로 실용적 또는 학문적인 목적에 따라 필요할 것으로 생각되는 내용들을 선정하고, 이에 대한 효과적인 학습의 지도를 꾀하는 데 있다. 따라서 선정된 수학의 내용을 효과적으로 지도하기 위하여 수학 전반에 걸친 일관성 있는 일반적인 수학 학습 지도의 철학이나 원리가 필요하다. 즉, 학교 수학의 내용상 특성이나 학습자의 개인적 특성과는 관계없이 이들 내용의 학습을 지도하는데 수학 자체가 갖고 있는 학문적 특성이나 학생들의 일반적인 수학 학습 활동의 여러 현상이나 심리 또는 이들을 서로 연결 지워 고려해야 한다. 이때 가장 효과적인 수학 학습 지도의 결과를 유도하는데 필요하다고 생각하는 수학 학습 지도의 가장 기본적이고 일반적인 원칙적 가설이 수학 학습 지도의 철학이나 원리가 되는 것이다. 이러한 원리 중에 능률적이며 동시에 효과적인 수학 학습 지도로 제시되고 있는 요즈음의 경향으로는 활동적 원리와 발생적 원리를 들 수 있다. 다음의 내용은 이들 원리에 대한 설명이다.

# 1. 활동적 원리

전통적인 수학 학습관에서는 학습 대상인 수학 자체를 이미 완벽한 형태로 완성되어 존재하는 기성의 학문 체계로 간주하기 때문에, 학습자의 활동을 수학의 생성 과정과는 무관하게 단지 수학이란 학문의 완성된 구조를 수용하기에 적합한 지적 구조를 형성하여 수학의 내용을 받아들여 결합해 나가는 과정으로 보고 있다. 따라서 이와 같은 수학 학습관에서 효과적으로 생각하는 수학 학습 지도의 방법은 학습자에게 완성체로서의 수학을 받아들일 준비를 시키는 것이다. 그리고 이러한 학습 과정에서 학습자 나름대로의 사고 활동이나 학습 활동은 시행착오와 비능률로 치부된다. 학습자는 단지 교사의 설명에 의하여 전달되는 수학의 내용을 받아들이기만 하면 되는, 즉 수동적인 습득의 학습 자세를 요구하게 되는 것이다. 전통적인 수학 학습 지도 과정에서는 학습자 나름대로의 방식에 따른 수학의 직접적인 경험이나 사고의 과정을 거칠 수 없게 된다. 이러한 전통적 원리에 입각한 수학 학습 과정에서 학습 지도의 능률을 기대할 수 있다는 장점도 있지만, 학습자의 직접적인 체험적 활동 없이 완제품의 형태로 전달된 수학의 내용은 학습자의 인지 영역에 무의미하게 자리잡게 되어 결국 기억의 지속성이나 가역적인 활용적 측면에서는 기능성이 약화되어 생명력이 결여된 박제화된 지식으로 남게 되기가 쉽다.

이와는 상대적으로 활동주의는 수학이란 학문 자체를 시간의 흐름에 따라 인간의 외부 환경과 인간의 지적 세계 사이에서 능동적인 지적 활동을 통하여 지속적으로 형성 발전해 온 지식 체계로 규정한다. 즉 수학의 생성 결과가 아닌 생성 과정에 초점을 두는 수학관과 함께 효과적인 수학 학습을 위하여 교사는 수학을 재형성시킨다는 생각에서 수학 학습 활동의 장을 마련하고, 학습자는 수학을 구성하는 과정을 경험한다. 결국 수학 수업의 현장에 직접적이며 능동적인 학습 활동을 통하여 수학을 경험해야 된다는 입장이다. 이와 같이 학습자의 능동적이고 직접적인 활동에 의한 학습 경험을 중시하는 경향은 비단 현대에 국한되는 것은 아니다. 일찍이 모든 분야에서 인간 중심으로 생각하였던 르네상스 정신인 인본주의적 철학이나 경험주의, 자연주의 또는 현실주의적인 철학의 의미를 거론하지 않아도 인류의 문화 유산이 인간이 자연과의 상호 교류 활동에 의하여 이루어진 것이라는 기본적인 생각을 통하여 지적 문화의 정수라고 할 수 있는 수학도 결국 인간의 자연에 대한 교류 활동의 소산이라고 볼 수 있다.

수학을 비롯한 일반적인 학습 지도에 학습자의 능동적인 학습 활동의 중요성을 시사하는 연구를 한 대표 교육자는 다음과 같다. '자연' 속에서 자발적인 활동을 통하여 학습이 이루어진다고 주장하는 자연주의 철학자 루소(Rousseau), 인격의 도야재로서 수학을 완성체가 아닌 수학을 구성해 가는 과정에 특별한 관심을 기울였던 페스탈로치(Pestalozzi), 과거 활동주의를 통합 정리하여 현대 활동주의의 시작을 마련했다고 할 수 있는 듀이(Dewey)의 교육 사상; 조작적인 구성주의라고 할 수 있는 수학인식론을 제시하는 피아제(Piaget), 그리고 피아제의 이론에 근거를 두고 다양한 교구를 사용하는 '놀이' 라는 학습 활동에 역점을 두는 딘즈(Dienes)의 활동주의적 수학교육관 등이 있다. 특히 듀이의 경우는 교과의 학습은 단순히 수동적인 설명이나 수용적인 암기의 형태로 이루어지는 것이 아니라, 학습자가 자연이나 사회와 같은 학습의 장에 실제적이며 능동적으로 참여하는 일련의 과정을 통하여 학습자 자신의 의미 있는 행위의 변화가 이루어지는 과정을 말한다. 학습된 지식이 인지 세계에 의미 있게 자리잡기 위해서는 그 지식이 완성되던 상황이나 과정과 함께 학습자의 탐구나 사고의 활동을 통하여 전달되어야 한다. 따라서 활동주의적 관점에서 볼 때, 수학이란 교과가 현재 기성의 완전한 모습으로 교재를 통하여 표현되어 제시되고는 있지만 수학 수업의 현장에서는 이 내용들을 다시 구체적으로 재현 또는 재형성하는 과정을 수학 학습의 장으로 마련하여 학습자는 그 학습의 장에 능동적으로 참여함으로써 교재에 있는 최종적 결과로 접근해 가는 방식이 되어야 의미 있는 수학 학습 지도가 이루어진다고 할 수 있다.

## Ⅱ. 발생적 원리

수학이란 학문의 영역을 인간의 경험적 세계와는 무관하게 논리적, 연역적으로 전개 발전되어 일반적인 필연성을 가지면서 오류를 허락하지 않는 정리들이 축적되어 이루어 놓는 것으로 보는 전통적인 수학관은 현대로 들어오면서 형식주의나 논리적 실증주의자들에 의하여 더욱 강화되었다. 이와 같이 수학을 형식과 논리 위주로 구성 발전된 것으로 지도하려는 형식주의나 구조주의의 맹점을 극복하기 위한 노력이 소위 '발생적' 수학 학습 지도의 원리로, 지금까지 여러 수학자를 비롯하여 교육학자, 심리학자들(F. Klein; H. Poincaré; O. Toeplitz; H. Freudenthal; J. Piaget, P.M. van Hiele)에 의하여 주장되어 왔다.

수학 학습 지도의 발생적 원리의 역사적 근원에 대하여 멀리 고대까지 거슬러 올라가 유명한 소크라테스(Socrates)의 산파법을 예로 들기도 한다(우정호, p.208, 1984). 그러나 유클리드(Euclid) 이후 수학의 교육은 주로 유클리드의 《원론(the elements)》에 기초한 수학 내용의 지도가 주를 이루면서 자연히 수학의 구조나 형식을 중시하는 형식주의적인 수학교육의 원리가 전통적으로 자리잡게 되었다. 이와 같이 형식주의와 권위주의적인 수학 교육에 대한 비판과 개선 작업이 시작된 것은 수학적 · 심리학적 · 인식론적 · 교육학적인 면에 대한 고려가 포괄적으로 이루어지고, 수학의 구조적인 측면과 학습자의 심리적인 측면 모두를 감안하여 현대 수학교육의 학습 목표 · 학습 심리 · 교육 철학과 어울리는 수학 교육의 원리로 발생적 원리가 19세기경부터 표면화되면서부터이다.

발생적 원리는 20세기에 들어와서 수학교육 근대화의 선두 주자인 클라인(Kleine)에 의하여 구체화되었다. 클라인의 발생적 원리에 입각한 수학 지도의 체계는 이미 숙지하고 있는 직관적인 사물을 기초로 하여 점차적으로 진전되면서 구성되는 것으로 당시 대부분의 대학에서 관례가 되다시피 한 '논리적이면서 체계적'인 지도 체계와 대조된다. 클라인은 우선 수학이 유클리드《원론》의 전개 체제와 같이 연역적인 논리의 방법을 통하여 위에서 아래로의 확장적인 발전적 전개가 가능함을 인정하지만, 이와 같은 수학 발전의 모델은 실제 수학의 역사 발생적인 과정의 모델과는 다른 것으로 구별한다. 즉 수학의 생성 발전의 특성은 오히려 출발점을 기준으로 하여 어느 방향으로든 확산, 발전될 수 있는 생리를 갖고 있어 수학의 기초에 대한 연구에서의 최종적 결론에 대해서는 물론 수학교육의 절대적인 기반이 되는 출발점에 대한 언급 역시 불가능하다고 주장한다. 따라서 클라인은 당대의 유명한 수학자인 포앵카레의 주장과 같이 수학교육에서 따라야 할 기본적인 원리에 대하여 생물학적 기본 원리인 '개체 발생은 종족 발생을 되풀이한다.'에 비유하여 수학교육을 포함하는 일반 교육에서의 원리로 수용할 것을 제안하였다. 즉, 수학 학습자 개인의 수학 학습 과정은 인류가 수학사에서 보여준 수학 생성 발전의 과정을 그대로 압축하여 되풀이하는 방식이 되어야 바람직한 수학 학습 지도가 이루어진다고 생각한다.

이제, 고대 수학자인 유클리드의 권위와《원론》의 완벽한 형식에 입각하여 주장되었던 전통의 방식은 수학의 발생적인 과정을 무시한 지도 원리로 수학이란 생명체에서 생동감을 축출하고 무미건조한 골격만을 전달하게 되는 더 이상 의미 없는 수학 학습 지도의 원리로 배척되기에 이르렀다. 그러나 발생적 원리의 핵심은 초기의 생물-발생적인 원리에서 더 발전된 생각으로 퇴플리츠(Toeplitz, 1963)의 주장처럼 현재 지도되는 수학의 각 내용이 수학사에서 최초로 수학자에 의하여 '어떻게,' '왜' 그렇게 만들어지게 되었는가를 자문했던 문제 상황의 경우와 같이 이를 수학 수업에 다시 재현시켜 학습자가 이러한 질문에 도달하게 유도될 때 수학은 본연의 의미와 생명력을 얻게 되고 수학 학습 역시 의미 있고 활기차게 될 것이라는 가정에서 찾을 수 있다. 따라서 이 발생적 원리는 수학 수업에서 재발견이나 재발명 또는 유도된 발명 등을 위하여 학습자의 능동적인 활동을 중시하는 프로이덴탈(Freudenthal), 브루너(Bruner), 반힐(van Hiele), 딘즈(Dienes) 등의 학습 이론에서도 잠재적으로 찾아 볼 수 있다.

둘

# 수학 실험실을 통한 학습 지도

초등은 물론 중등학생의 수학 학습과정에 때로는 수학적 개념이나 아이디어들을 구체적으로 표현한 매체의 조작 활동이 중요한 역할을 하는 것으로 인식되고 있다. 즉, 수학의 어떤 내용이나 개념은 아동들이 그 내용을 추상적으로나 기호 또는 식을 통하여 이해 습득하기 전에, 그 내용이나 개념이 갖는 의미를 구체적인 형태로 함유하고 있는 매체를 사용하는 다양한 조작활동의 과정이 선행되어야 효과적인 학습을 기대할 수 있다. 이와 같은 구체적인 물체의 조작 활동이 효과적인 수학 학습 과정에 중요한 요인이 됨은 이미 Piaget, Bruner, Dienes 등에 의하여 주장되어 왔다. 수학적인 애용의 구체적 표현은 일반적인 문제해결을 배우는 데도 도움을 준다. 수학 실험실에서 학생들은 수학적 내용이나 개념들과 관련된 구체적인 매체를 조작하는 활동을 통하여 문제를 해결하건, 수학적 개념을 가시화하기도 하며, 수학적인 원리나 법칙을 만들어보거나 실현해 보기도 하면서 수학에서의 발견을 경험하게 되는 것이다.

한편, 수학 실험실 학습/지도는 소 단위의 그룹을 통하여 이루어지는 학습/지도 방식이기에 다음 세 가지의 일반적인 사용 효과를 갖고 있다. 첫째, 학습자 내적인 효과로, 이는 학습자 개인이 수학 실험실에서 하고 있는 자신의 행위나 외부를 통하여 들어오는 피드백에 대하여 나타내는 반응들을 스스로 인식하면서 학습이 이루어 지는 것을 의미한다. 즉, 일종의 자기 자신에 대한 인식을 연습하는 기회를 가져나 준다고 할 수 있다. 둘째, 수학 실험실에서 동료 학생들 사이에 형성되는 역동적인 관계는 — 상호간의 영향력, 피드백, 지도력, 의사 교환, 갈등 해소, 협조 등을 통하여 형성되는 관계 — 학습자 개인이 소속되어 있는 그룹의 동료들과 함께 그 집단에 주어진 과제를 해결해 나갈 수 있도록 해주는 효율적인 동료의식을 연습할 수 있는 기회를 제공한다. 셋째, 위의 심리학적, 사회학적인 효과외에도 학습자가 자신의 관찰력과 직접적인 학습활동을 통하여 탐구학습이라는 학습 방법을 익힐 수 있다. 이상의 일반적 실험실 학습이 갖는 효과는 수학 실험실 학습/지도에서도 기대하여 볼 수 있다.

여기에서는 이러한 실험실을 통한 수학 학습/지도 방법의 이론적인 면과 방법론적인 면에서의 고찰, 그리고 실험실을 통한 수학 학습/지도 방법의 평가에 대하여, 끝으로 수학 실험실법의 실제 적용의 에를 생각하여 보았다.

# 1. 수학 실험실과 수학 실험실 학습/지도

수학 실험실은 학습자가 구체적인 상황에서 수학적 아이디어를 탐구하고, 수학적 원리나 법칙을 발견하거나, 수학적 추상화 과정을 적용하는 종합적인 환경이라고 할 수 있다. 이 종합적 환경이 갖는 의미를 세 가지로 나누어 볼 수 있다. 첫째, 학습 장소로서의 실험실이다. 즉, 학습자가 구체적 자료를 조작하고, 수학적 실험을 실행하며, 수학적인 게임을 하는 등의 다양한 학습 활동에 능동적으로 참여할 수 있는 학습의 장소이다. 둘째, 학습/지도의 한 과정으로서의 실험실이다. 즉, 실험실적 수업은 학습자가 수학의 법칙이나 패턴 등을 발견하기 위한 수학적인 실험을 계획하고 실행하는 전 과정을 포함한다. 예를 들어, 소단위의 그룹 토론이나, 개인별 과제의 수행, 교사의 지도 등이 모두 실험실을 학습과 지도의 과정으로 볼 때의 구성 요인들이 되는 것이다. 셋째, 학습자의 새로운 학습 태도 형성이라는 의미에서의 실험실이다. 학습자는 수학 실험실을 통하여 스스로 생각하고, 의문을 제기며, 패턴을 찾는 등의 능동적 탐구 학습의 태도를 연습, 습득할 수 있다. 이와 같은 실험실법의 수학 학습/지도 방법이 함유하고 있는 의미들은 분리될 수 없는 종합적인 성격을 갖고 있으며 유기적으로 작용한다. 일반적으로 수학 실험실은 학습자의 경험과, 필요성, 흥미 등을 기초로 하여 주어진 문제 상황을 발견이나 자력에 의한 탐구 활동을 통하여 해결하는 문제해결의 현장이라는 특성을 포함하고 있다.

실험실을 통한 수학 학습/지도의 근본 취지는 수학 실험실 안에서 학습자 스스로가 제어하는 다양한 자신의 학습 활동을 통하여 수학적 아이디어를 탐구하는 데 있다. 이러한 탐구학습 활동은 교사와 학습자의 시범이나, 소단위 그룹학습 활동 과정, 발견이나 의문제기의 과정, 또는 다양한 문제해결 활동 등을 통하여 진행될 수 있다. 그리고, 수학 실험실을 통한 수학 학습/지도 활동은 주로 학생 중심으로 형성되며, 학생들의 실제적 활동에 의하여 항시 구체적인 형태나 양상을 띠면서 이루어 진다. 한편, 이러한 학습자나 교사의 활동이 이루어지는 환경 즉 수학 실험실은 교실의 한쪽 구석이 될 수도 있고, 수학 실험실로 다로 마련된 완전한 특별실이나, 학교와는 별도로 덜어져 있는 자연과학 박물관같은 시설들이 될 수도 있다. 즉, 수학 실험실은 완전하게 갖추어 진 실험실외에 학생들의 일상적인 활동 영역이나 환경도 모두 수학 실험실화 될 수 있는 것으로, 무엇보다 중요한 것은 학습자나 교사가 이러한 주변의 생활 환경속에 항시 탐구적인 자세로 임한다는 것이다.

수학 실험실에서의 학습자의 학습활동은 실험일지 작성, 시청각 물체의 사용, 참고서 이용, 모형 만들어 보기, 게임활동, 문제해결 활동, 패턴찾기, 소집단 구성원 간의 수학적 아이디어에 대한 토론, 컴퓨터를 이용한 프로그램작성 및 실행 등으로 이루어 지게 된다.

# Ⅱ. 수학 실험실 학습/지도에 대한 이론적 고찰

## 1. 이론적 원리(Dienes의 4원리)

수학적 실험실을 통한 교수/학습 model에 대한 이론적인 배경은 Dienes의 연구에서 심도깊게 찾아 볼 수 있다. Dienes는 일반적으로 Piaget의 이론을 추종하면서, 수학 학습과 관련하여 나름대로 인지 심리학적(gognitive psychological)인 관점을 형성해 왔다. 수학 실험실 학습/지도의 이론적인 배경으로 Z.P. Dienes와 E.W. Golding(1967, 1971a, 1971b)이 공동으로 연구한 내용을 중심으로 Dienes가 주장하고 있는 수학 학습 이론에서 실험실법과 중요한 연관이 있다고 생각되는 부분을 요약 정리하였다.

우선, Dienes의 연구를 통하여 효과적인 수학 학습의 필요 요건으로 제시된 네 가지의 "원리(principles)" 에 대하여 알아보기로 한다.

### 첫째, 역동적 원리(the dynamic principle)이다.

이 원리에 의하면, 수학에서 새로운 개념을 이해한다는 것은 학습자가 다음의 세 가지 단계 — "놀이(play)" 단계, "의식하게 되는(becoming aware)" 단계, 그리고 "수학적 개념이 형성되는" 단계 — 의 순서로 진행되는 일련의 역동적 정신 작용의 과정을 거친다는 것을 의미한다. 먼저, 첫 번째 단계인 "놀이" 단계는 학습자가 위에 일어나게 될 경험과 관련된 비교적 짜임새가 적은 형태의 활동을 하고 있을 때를 말한다. 이 단계의 활동은 짜임새를 갖추고 있지는 못 하지만 그 활동 자체가 무계획적인 임의의 행동은 아닌 상태이다. 즉, 학습자는 특정 수학적 개념이 함유된 일종의 잘 계획된 교육적 환경에서 충분한 자유로움을 가지고 "놀이"에 임하게 되는 것이다. 바꾸어 말하면, 학습자는 어떤 수학적 개념의 기초 형태를 아주 비정형적인 모양으로 만들어 놓은 환경에 놓이게 되는 셈이다. 실험실에서의 자유스러운 분위기는 필수 요건이므로, 자연히 학습자의 반응은 그 학습자가 표현한 형태 그대로 존중되어야 하며, 교사에 의한 어떤 강제성도 개입되어서는 안 된다. 두 번째 단계인 "의식하게 되는 단계"에서는 "놀이" 단계에서 보다는 좀 더 짜임새 있는, 어느 정도의 형식성을 내포하고 있는 활동이 요구된다. 즉, 이 단계에서 학습자는 궁극적으로 배우고자 하는 수학 개념의 구조와 닮은 형태의 구조를 갖고 있는 경험을 하게 된다. 세 번째 단계는, 학습자에게 특정 수학적 개념이 점차 형성되면서, 동시에 이 개념들을 학습자가 역으로 적당한 외부 자극에 따라 다시 응용할 수 있는 준비가 되어 있는 상태를 의미한다. 학습자가 습득한 어떤 수학적 개념이 완전히 조작적 상태에 있다는 것은 그 개념을 학습자가 자유 자재로 인지하고, 관련있는 분야에 적용시킬 수 있는 상태를 말한다. 이러한 실용적인 단계는 수학 학습이라는 과정에서 이중적인 역할을 하게 된다. 하나는, 새로 형성된 수학적인 개념을 학습자 자신의 인식 체계 속에다 분명히 굳히는 역할이고, 다른 하나는 다음에 배우게 될 새로운 개념을 습득하기 위한 "놀이"의 단계에 사용될 수 있도록 준비시키는 역할이다. 어떠한 수학적 개념이든지 그 새로운 개념이 학습자에 의하여 조작될(operational)수 있는 상태에 이르기 위해서는 이러한 수학 학습의 순환적인 전 과정을 반드시 거쳐야 하며, 수학의 새로운 개념들이 학습자에게 형성되게 하기 위해서는 이러한 주기가 간단 없이 계속되어야 한다. 이러한 Dienes의 학습 model에 대한 이론은 Piaget의 인지 발달의 개념과(즉, assimilation and accommodation) 유사하다고 할 수 있다.

Dienes는(1967, 1971a, b) 이러한 학습 활동의 주기를 다시 효율적인 수학 학습의 필수적인 요인 여섯 가지로 세분하였다. 첫째는, 학습자와 주위 환경과의 상호 작용의 단계이다. 둘째는, 법칙의 형성과 조작(rule construction and manipulation)의 단계로, 이 단계는 앞의 환경과의 상호 작용 과정에서 이루어지게 될 규칙성의 발견 과정과, 발견된 규칙성을 가지고 새로운 실험의 활동을 거치면서 생기는 자연스러운 결과가 되는 셈이다. 셋째로는, 유사한 구조나 규칙성을 갖는 다양한 활동이나 게임을 상호 비교하는 단계로 isomorphisms을 찾는 단계라고 할 수 있다. 넷째는, 유사한(또는 isomorphic 한) 구조를 표현하는 단계로, 유사한 구조를 갖는 모든 게임이나 활동을 일괄적으로 표현하는 방법을 생각해 낼 수 있는 능력을 갖고 있고, 또한 이 "유사성"을 표현할 수 있는 단계이다. 다섯째는, 기호화의 단계이다. 이 단계에서는 넷째 단계에서 찾아낸 수학적 구조나 성질 등을 가지고 다시 연구하는 과정으로 특징지워 진다. 이 연구 과정에서는 비록 기호의 형태로 형성된 결과와 그와 관련있는 실제 세계와의 관계를 확인하는 과정에는 필요하지 만, 이 기호화의 과정은 더 이상 실제의 세계와는 관련을 갖지 않는 단계이다. 마지막 여섯째는 정형화의 단계이다. 이 단계는 앞의 단계들에서 이미 확인된 수학적 사실들로부터 다른 성질들을 도출해 내는 과정이다. 즉, 이미 확인된 공리들(수학적 게임의 규칙이나 자명한 수학적 사실들)로부터 정리들(논리적으로 연역된 성질들)을 만들어내는 과정이다. 정리를 이끌어 내는 이 과정이 바로 수학에서 증명의 과정을 의미하며, 수학적 활동의 정수를 차지하는 부분이다.

### 둘째, 지각적 다양성의 원리(the perceptual variability principle, 일명 multiple embodiment principle)이다.

수학의 개념 형성을 위한 각 학습자에 맞는 개별화된 학습을 구상하는데 필수적인 요인으로 Dienes는 지각적 다양성의 원리를 주장한다. 이 원리는 학습자가 지각적으로 다양한 상황에 처해 있을때 개념 학습이 극대화 될 수 있다는 것이다. 다양한 상황이란 주어진 외형은 서로 다르지만 동일한 기본적 개념을 함유하고 있는 학습자가 겪게 될 경험을 의미한다. 학습자가 개념학습을 달성하기 위하여 필요로 하는 이러한 지각적으로 다양한 상황의 가지수는 학습자 개인에 다라 다르다. 이 원리는 학습자에게 외견상으로는 상이하지만, 함유하고 있는 수학적 구조 면에서는 동일한 종류의 과제를 여러가지 부과하면 학습자는 이 다양한 경험들로 부터 유사성을 추상화해 내는 경향을 가시고 있다는 가정에서 출발한다. 즉, 수학적 추상화를 가능하게 하는 것은 학습자에게 주어지는 다양한 수학적 상황들 중 어느 특정한 하나에 의한 것이 아니라 그 모든 상황들이 갖고 있는 궁극적인 유사성을 찾아 내는 과정에 의한 것이다.

셋째, 수학적 다양성의 원리(the mathematical variability principle)이다.

이 원리는 앞의 지각적 다양성의 원리와 비슷하다. 즉, 만일 어떤 수학적 개념이 몇 개의 변수와 관련이 있다면, 그 개념을 학습자가 효과적으로 이해하기 위해서는 이들 변수의 다양화가 중요한 선행 요건이 된다는 것이다. 예를 들어, 학생들에게 일반적인 진법에 대한 개념을 이해시키기 위해서는 진법의 밑(base)을 다양하게 바꾸어서 각 진법의 표시 방법이나 연산의 과정을 보여 줄 필요가 있다는 것이다. 이 수학적 다양성의 원리는 학습자로 하여금 주어진 개념에 대하여 연구하는 과정에 서로 관련된 변수들을 체계적으로 분별해 내게 하여 수학에서의 일반화를 유도해 내도록 할 수 있다.

넷째, 구성의 원리(the constructivity principle)이다.

이 원리에서 Dienes는 사고자를 두 가지의 부류로 나눈다. 즉, 구성적 사고자(the constructive hinker)와 분석적 사고자(the analytical thinker)로 분류하는

데, 구성적 사고자는 Piaget의 인지 발달 과정중에 구체적 조작단계(Piaget's Concrete Operational Stage)와, 그리고 분석적 사고자는 Piaget의 형식적 조작단계(piaget's formal operational stage)와 연결지어 볼 수 있다. 이 원리는 간단히 말해서 "구성은 항시 분석에 선행한다." 라고 표현할 수 있는데, 이는 학습자는 그들의 수학 개념을 발전시키기 위하여 항상 그들 자신의 경험들로부터 나오는 직관적인 방법이나 종합적인 방식을 따르도록 유도해야 한다는 의미이다. 이와 같이 주의 깊게 준비된 경험들은 학습자의 모든 수학 학습의 기초를 제공하는 중요한 역할을 담당하게 된다.

## 2. Dienes이론의 적용

이상에서 알아본 Dienes의 4원리가 주장하는 바는 수학 학습에서 학습자의 주위 환경과 직접적인 상호 교류를 통한 학습 장식이 무엇보다도 중요하다는 점이다. Dienes가 주장하는 바에 의하면 효과적 수학 학습은 관람자적 입장이 아니라 주체적으로나 정신적으로 열심을 갖고 능동적으로 참여하는 학습자의 입장에서 이루어 질 수 있다는 것이다. 효과적인 개념학습을 위하여 환경적 요인을 중시하면서 Dienes는 두 가지의 다양성의 원리를 통하여 개인마다 다른 학습 능률과 학습 방식으로부터 발생하는 학습상의 문제를 해결해 보려 한 것이다. 끝으로, 구성적 원리는 Piaget의 이론과 아주 밀접하게 관련을 가지면서, 수학 학습에서의 발달적 접근 방식을 제안하고 있다는 것이다.

Dienes의 이론을 학습에 십분 적용시키려면 일반적인 수학 시간과는 상당히 다른 수업 model이 되어야 할 것이다. 우선, 학습자 개인마다 다른 학습 능력과 흥미를 수용하기 위하여 종전의 일반적인 강의식 학습은 배제되어야 할 것이다. 그리고, 거의 모든 학습 활동이 개인 단위나 두세 명으로 형성된 소 그룹단위로 진행되어야 한다. 왜냐하면, 제한된 시간에 학습자가 서로 흡사한 경험을 동시에 하기 위해서는 이보다 더 많은 인원으로는 어렵기 때문이다. 학습자의 구성 규모나 방식이 달라짐에 따라 교사는 더이상 동시에 여러 그룹의 일차적인 지식의 근원이 될 수 없고, 따라서 교사의 역할에도 큰 변화를 예측할 수 있다. 학습자의 역할 또한 많이 바뀔 수 밖에 없다. 학습자는 자기 자신의 수학 학습에 전보다 많은 책임을 스스로 져야 한다. Dienes에 의하면, 학습 실험실은 다양한 형태의 구체물을 구비해야 할 뿐만 아니라, 수학적 다양성과 지각적 다양성에 따라 잘 준비된 학습 활동의 체계를 갖추고 있어야 한다. 이 학습 활동은 학습자의 개인차를 수용할 수 있도록 선택의 여지와 다양성 또한 제공할 수 있어야 한다. 즉, Dienes의 수학 학습의 이론은 기존의 수학 교육 현실에 대한 — 교사 학습자간의 상호 교류의 형태에서부터 전반적인 교실 분위기까지 — 근본적이고 철저한 개선에서 출발한다고 할 수 있다.

## 3. 수학 실험실 학습/지도의 목적

수학 실험실에서의 활동은 학습자가 수학의 내용을 학습하거나 기억하는데, 수학적 기술을 적용하고, 개념을 이해하며, 수학의 원리나 법칙을 분석하고 종합하는데 도움을 준다. 또한, 수학 실험실에서의 활동은 학습자가 문제해결에서 요구하는 간접적 수학 목적이나, 학습의 전이, 학습하는 방법을 연습하는 등의 인지적 학습 목표를 달성 가능하게 한다. 한편으로는, 수학 활동에 대한 만족이나 의욕의 표현, 수학학습에 대한 가치를 인식, 수학과 교육에 대한 개인적인 가치관을 정립하는 등의 정의적 수학 학습의 목적을 이룰 수 있다. 또, 경우에 따라서는 혼자의 힘으로 학습하는 방법이나, 소그룹 단위의 구성원들과 협력 체제를 갖고 효율적으로 학습하는 방법을 익힐 수도 있다.

수학 실험실 학습은 학습자가 실험실에서 학습활동을 하면서 여러 정보를 수집하고, 수학적 모형이 갖고 있는 성질들을 연구함으로써 수학적 원리나 법칙을 이해할 수 있게 한다. 또한, 수학적 가정과 문제의 일반화를 가능하게 하는 수학적 패턴들을 찾아 볼 수도 있다. 학습자는 역으로 추상적인 수학 개념과 원리를 설명하거나 표현 전달할 수 있는 수학적 모델을 구성해 볼 수도 있으며, 이는 나중에 학습자가 이러한 수학적 개념이나 원리가 더욱 추상화되고 일반화된 형태로 제시 되었을 때 이들을 이해하기 위한 필요조건의 역할이 될 수 있다.

실험실 학습은 수학 문제해결의 다섯 단계 — 일반적인 형태로의 문제 변형 방법의 발견, 일반화 시킨 문제를 풀릴 수 있는 형태로의 변형, 문제해결 전략의 구성, 문제해결 과정의 실행, 그리고 해답과 해결 전략의 평가 — 를 실험실의 구체적 상황에서 연습해 볼 수 있도록 해준다. 또한, 실험실에서는 과학적인 탐구 학습방법이라 할 수 있는 일종의 추측이나 가정을 설정해 보는 연습도 할 수 있으며, 이 추측이나 가정이 논리적인 타당성을 갖고 있나를 조사해 봄으로써 수학적 증명법에 대한 학습을 할 수 있다. 학습자들은 수학의 기능이나 개념, 원리들이 비록 물리적 환경 요소로부터 추출되는 것들이며, 이들 기능이나 개념, 원리들은 단순히 의미없는 수학 기호를 조작하는 일련의 규칙이 아니라는 인식을 하게 된다. 특히, 수학 실험실은 학습자가 수학의 역사적인 측면과, 수학의 발전 과정이나, 수학이라는 학문내에서 분야간 서로의 관계와, 다른 과학과의 역사적인 관계 등에 대한 이해를 도와 준다.

초등이나 중 · 고등의 학생들은 일반적으로 활동적인 반면, 교사들이 선택하는 학습/지도 방법은 학생들이 혼자 앉아서 생각하거나 지필의 사용에 의한 정적인 학습 활동이 고작이며, 실제로 그들이 학습 활동에 직접 참여하는 경우는 드물다. 이러한 경우 수학 실험실 활동은 학습자가 교사 위주의 일방적 강의식 학습에서 벗어 날 수 있게 해 주며 수학 학습의 새롭고 바람직한 태도를 습득할 수 있게 해 준다. 학습자에 따라서는 추상적인 방법을 통해서 같은 내용이라도 이해가 늦거나 힘든 경우가 있다. 이러한 소위 "학습 부진아"는 실험실을 통하여 수학에 대한 자신감을 얻을 수 있고 바람직한 태도도 형성할 수 있다.

일반적으로, 치밀하게 구성된 수학 실험실 학습 활동은 학습자에게 새로 배운 수학의 개념이나 원리를 문제 상황의 해결 과정에 적용할 수 있게 해 주며, 학습자가 자신의 수준에 맞는 학습 활동을 펼 수 있는 자유스러운 분위기를 형성하며, 학습자가 자신의 학습에 대한 책임을 지는 학습 태도를 갖게 해 준다. 수학 실험실 학습/지도 방법은 학습자가 수학 교육의 인지적, 정의적인 목적을 달성하는데 적합한 방법이 된다.

## Ⅲ. 수학 실험실 학습/지도의 방법론적 고찰

수학 실험실의 학습 활동은 학생 중심의 개별화된, 비형식적이고, 활동 위주의 성향을 가지고 있지만, 체계를 갖고 있지 않거나 비조직적인 형태는 피해야 하며 또한 교사에 의하여 과도하게 통제되거나 구성되는 것도 피해야 한다. 교사는 학습자가 수학 실험실 학습을 통해서 이루어야 할 활동 목표를 분명하게 세분화 해야 하며 매 실험실 학습 시간마다의 일반적 학습 목표를 설정할 수 있도록 도와 주어야 한다. 실험실 학습 방법이 여타의 학습/지도 모델보다는 수업계획의 세분화나 구조화는 필요하지 않지만, 다음 여섯 가지의 주제에 따른 구체적인 활동 지침이 필요하다. 학습할 수학의 내용, 학습 목표, 학습 자료, 사전 평가방법, 교수/학습 전략, 그리고 사후 평가 방법 등이다.

위에 열거한 내용에 대한 구체적 행동 지침의 준비외에 실험실 학습법을 준비하기 위해서는 세 가지의 특별한 교사의 활동이 준비되어야 한다. 첫째, 대부분의 수학 실험실 학습은 조작적 구체물을 이용하는 실험실내의 활동을 중심으로 이루어지므로 학습자가 사용할 조작적 구체물을 확보 준비하는 것은 교사의 중요한 역할이다. 수학 실험실 구성 요소로는 여러 가지가 있을 수 있지만 다음의 네 가지 형태로 나눌 수 있다. 교사와 학습자의 아이디어, 수학의 내용자체, 교수/학습의 전략, 구체적 조작물 등이다. 두 번째 실험실 학습 교사가 필요로 하는 활동은 학습자가 사용할 구체적 조작물을 조직화하는 일과 학습자의 실험실에서의 활동을 지도 감독하기 위한 계획을 수립하는 것이다. 학습자가 필요로 하는 구체물은 언제든지 바로 사용할 수 있는 준비 상태에 있어야 하며, 이러한 구체물들은 수학적 목적에 부합되어야 함은 물론 인지적, 정의적 학습 목표에 연결지어지도록 주의가 요구된다. 조작적 자료들은 학습자의 학습 능력과 연령에 맞추어야 하며 안전하게 사용될 수 있는 것 이어야 한다. 수학 실험실에서 학습자의 선택의 자유는 어느 정도 허락되지만 사려깊고 과하지 않은 교사의 지도가 부수되어야 한다. 세 번째의 수학 실험실 학습을 계획하는 교사로서 필요로 하는 부수적인 활동은 학습자가 실험실의 자료들을 유익하게 사용하게 지도하는데 있다. 수학 실험실에서 학습자의 활동은 문제해결을 하는 활동과 흡사하다. 따라서, 수학 실험실의 학습자는 문제해결의 활동을 연습할 수 있도록 격려되어야 하며 필요하다면 다음의 다섯 가지의 실험실의 전략을 활동으로 옮기도록 유도되어야 한다.

a) 문제를 도출한다. 무엇을 할 것인가 결정한다. 실험 목적을 명시한다.
b) 문제에 접근하는 방법을 생각해 본다. 계획을 수립한다. 명시한 실험목적을 달성하는 여러 가지 방법을 찾아본다.
c) 도출해 낸 문제를 해결하기 위하여 사용하여야 할 자료를 모은다. 패턴, 관계, 그리고 일반화를 찾는다. 발견하기를 노력한다. 또 다른 해결 방법을 찾

아 본다. 데이터를 모은다.

d) 결론을 도출한다. 문제를 해결한다. 결론을 분석한다. 문제해결 결론을 명시한다.

e) 문제해결에 사용한 방법과 과정을 분석평가한다. 다른 여러 방법을 비교한다.

각 방법에 따른 결과를 비교한다.

# IV. 수학 실험실 학습/지도의 평가

학습/지도의 평가 목적은 결국 더욱 향상된 학습/지도 방법을 얻기 위함이다. 대부분 기존의 실험실 학습/지도의 평가 방법은 특별한 형식이 없으며, 주로 교사의 관찰에 의하여 학습상황에 민감하게 작성된 방법들이다. 즉, 대부분의 평가 방법들은 평가자 (교사) 개인적으로 만들어진 경우이며, 따라서 신뢰도에 대한 자료가 없고 즉흥적인 성격이 강하다. 이러한 점을 고려하여, 본 장에서는 수학 실험실 학습/지도의 평가 방법을 두 가지 — 무엇을 평가할 것인가?와 어떻게 평가할 것인가? — 면에서 주의를 요하는 내용을 중심으로 살펴 보았다. 일반적으로, 실험실 학습/지도는 학습 내용이나 교사의 개성 또는 학급의 규모 등에 따라 그 형태가 다양하므로 이에 대한 평가 방법 또한 일률적인 방법을 기대하기 어렵다. 따라서, 다음의 내용에서는 실험실 학습/지도가 갖는 특성에 따른 평가시 주의를 요하는 사항을 기술하였다.

### 첫째, 무엇을 평가할 것인가?

수학 실험실 학습/지도를 평가하는데는 학습자의 활동뿐만 아니라 교사 자신의 활동과 실험실의 분위기에도 주의를 기울여야 한다. 평가시 교사는 학습자의 인지적인 면을 관찰하여 학습자의 수학 학습 활동을 평가할 수 있다. 또는, 학습자의 활동의 변화를 관찰하여 학습자의 실험실에서의 학습 활동을 평가할 수도 있다. 그리고 학습자에게 여러 가지 형태나 종류의 학습 자료(구체적 조작물)를 주고 그들 중에 몇 개를 학습자의 의지에 따라 선택하게 하거나, 아니면 아무것도 택하지 않거나 하여, 즉 학습자에게 선택의 충분한 자유를 준 상태에서 그들의 활동을 관찰하여 학습자 개개인을 서로 비교 평가해 볼 수도 있다. 학습자들이 팀을 이루어 함께 활동할 때 팀 구성원 상호간의 학습 활동도 평가의 중요한 대상이 된다. 즉, 구성원간의 토론이나 대화의 질적인 면, 어떻게 각 팀들이 그들에게 부과된 문제를 시작하고, 어떠한 방법을 통하여 문제에 접근하며, 문제를 최종적으로 해결하는가? 등은 수학 실험실 학습/지도를 평가하는 교사에게는 중요한 관심거리가 된다. 실험실이라는 학습 상황에서 학습자가 다른 일반적인 학습 상황과는 달리 학습에 흥미를 더 갖고 있는지, 더 적극적인지, 그리고 더 독자적으로 학습에 임하는지 등은 평가자에게는 관심있는 분야가 될 것이다.

대체로, 실험실 학습/지도의 평가 경우에 학습자의 활동과 그 활동의 결과가 주된 평가의 대상이 되지만, 교사 자신의 활동도 함께 평가되어야 한다. 즉, 평가 교사는 스스로 다음의 내용들에 대하여 자문자답해 볼 수 있어야만 한다. 실험실에서 학습자들을 지도할 때 어떠한 느낌을 받았는가? 학습자들이 자신들의 학습 활동에 대하여 어떻게 느끼고 있는가? 실험실에서 행한 자신의 지도나 예시 활동은 학습자에게 어떻게 작용하였는가? 수학의 특정 내용을 수학 실험실에 의한 학습/지도가 갖는 효과가 교사 자신의 판단으로는 어느 정도인가? 교사의 어떤 지도가 학습자와 활동에 변화를 가져다 주었는가? 이 실험실 학습/지도에 대하여 어떠한 가정들을 갖고 있는가? 등이다. 이상의 평가자 (교사) 자신에 대한 평가 외에도 동료교사의 의견이나, 학습자가 평한 내용들도 수학 실험실 학습/지도의 평가에 중요한 역할을 할 것으로 생각된다.

수학 실험실 학습/지도의 평가 중에는 실험실의 전체적인 분위기에 대한 종합적인 평가도 이루어져야 한다. 수학 실험실에서 일어나는 현상은 물리적인 면 외에도 심리적인 현상이 존재한다. 즉, 수학 실험실의 구성요인으로 외형적인 자료의 준비나 정리 상태뿐만 아니라, 실험이 진행되면서 형성되는 실험실 전체의 분위기도 한 몫을 한다. 실험실 내의 분위기를 평가하는데 생각해 보아야 할 사항들은 다음과 같다. 학습자들을 특정 형태의 소집단으로 구성하거나 배열한 것이 학습활동에 어떠한 영향을 가져왔는가? 실험실에 비치된 자료는 그 배열이나 정돈의 상태에 따라 학습자의 활동에 어떤 심리적인 영향을 주고 있는가? 학습 활동의 분위기를 저해하는 요인은 어떤 것이 있는가? 실험실의 분위기는 구성원 서로의 협동심이나 상호간 격려의 분위기를 불러 일으키는데 어떠한 영향을 끼치고 있는가? 등이다.

### 둘째, 어떻게 평가 할 것인가?

수학 실험실에서의 학습자의 활동을 평가하기 위해서 요구되는 기본적인 기술은 무엇인가? 그리고 적절한 평가의 기술을 개발 습득하기 위하여 교사는 어떻게 해야 하는가? 다음의 내용은 이러한 면에서 생각해 보아야 할 것들이다.

1) 우선 학습자들로부터 평가하고자 하는 학습 활동의 세부적인 면을 열거하여 본다(예를 들면, 학습자의 학습에 대한 열의나 독립심 등이다).
2) 학습자가 학습의 열의를 나타낼 때 학습자는 어떠한 행위를 하는가? 학습의 열의가 상대적으로 적은 학습자와는 학습 활동면에서 어떻게 다른가? 학습 활동에 대한 독립심을 어떠한 방법으로 나타내는가?

3) 학습자의 학습 태도를 관찰할 때는 한 가지씩 집중적으로 관찰한다. 즉, 예를 들어 학습자의 적극적인 학습 활동을 관찰할 때는 그 활동의 증거를 찾아낸다. 그리고 언제 그런 증거가 나타나며, 어떠한 방법을 통하여 나타나는가를 관찰한다.

4) 특정한 한가지의 학습 태도, 예를 들어 적극적인 학습 행위를 관찰하고자 하면 한 특정 학생이나 그룹에 촛점을 두고 관찰하며 이와 비교하기 위하여 상대적으로 적극성이 부족하다고 생각되는 학습자나 그룹도 함께 관찰한다.

5) 학습자가 어떤 학습 행위에 앞서 어떠한 과정을 선택하는지를 관찰한다. 즉, 부과된 문제를 해결하기 위하여 실험실에 비치된 자료들 중에 어떤 것을 선택하는 과정을 거치는지, 아니면 선택 과정 없이 바로 행위로 옮기는지를 관찰한다.

6) 학습자가 학습 활동의 과정에 있을 때 발문하는 적절한 방법을 연구한다. 즉, 학습자에게 심리적인 부담을 주지 않으면서 학습자가 그 질문으로부터 바람직한 결과를 생각해 낼 수 있는 발문의 방법을 연구한다.

# V. 수학 실험실 학습/지도 방법의 적용 예

수학 실험실에 의한 수학 학습 지도의 목적은 무엇보다도 학습자 스스로의 능동적인 활동을 통하여 수학적 개념을 발견하는 경험을 직접 체험하게 하는데 있다. 다음에 기술한 내용은 주어진 수학적 문제해결을 실험실을 통한 수학 학습 지도 방법에 의하여 진행할 때 학습자와 교사가 취해야 할 활동들이다. 대상 학년은 초등학교 4학년의 학생들이며 실험실로는 일반적인 교실을 이용한다. 그리고 이용되는 물체들은 쉽게 준비할 수 있는 종이와 가위 그리고 자 등이다. 학습자가 해결해야 할 과제는 개인별로 카드에 기록하였으며 실험 과정에 대한 설명은 가능한 교사의 도움이 최소한으로 작용되도록 작성한다. 학습자는 세 명 또는 네 명을 한 개의 그룹으로 하고 실험 활동의 모든 과정을 각 그룹마다 기록하도록 한다. 즉, 문제해결을 위한 접근방식이나, 해결 과정의 단계별 활동과 각 단계가 갖는 목적 등을 간략히 기록하도록 한다. 실험 활동이 계속되는 동안 교사는 각 그룹을 자주 둘러 보며 그들의 토론이나 활동을 유심히 관찰하며 필요하다면 각 그룹마다 최소한의 질문을 해 볼 수 있다. 그러나, 그 질문 내용은 그 그룹의 학생들의 토론 내용에 근거하여 그 그룹을 바람직한 방향으로 잘 유도할 수 있기에 적합하도록 조심스럽게 구성된 질문이 되어야 한다.

### A. 필요한 자료

1) 세 가지의 직사각형(판지를 오려서 만든): 직사각형 A (6cm × 8cm), 직사각형 B (6cm × 8.5cm), 직사각형 C (6.5cm × 8.5cm)
2) 밑변의 길이는 6cm, 높이는 4cm인 평행사변형 D, 삼각형 E, 사다리꼴 F.
3) 가위
4) 자

### B. 학습자 활동 card

1) 직사각형 A의 가로, 세로의 길이를 측정하여 기록한다. 직사각형 A 위에 아래와 윗변은 왼쪽에서 오른쪽으로, 좌우변은 아래에서 위로 1cm마다 표시를 한다. 이 표시를 가로세로로 이어서 사방 1cm의 모눈을 만든다. 직사각형 A 위의 가로세로 1cm의 정사각형의 개수를 세어서 직사각형 A의 넓이를 결정한다. 이 방법이 아닌 다른 방법으로 직사각형 A의 넓이를 구하

는 방법으로는 어떤 것이 있는가? 위와 같은 방법으로 직사각형 B, C에도 모눈을 만들어 넓이를 계산한다.

2) 위에서 얻은 정보를 이용하여 이번에는 평행사변형 D의 넓이를 계산한다. (도움말: 평행사변형을 적당히 반으로 나누어 다시 배열해서 다른 모양으로 바꾸어 생각해 볼 수도 있다.) 이에 관한 여러분의 의견을 기록하고 이러한 방법으로 문제가 해결된 경우, 그 방법을 설명하시오.
3) 다음 삼각형 E의 넓이를 계산한다. 여러분은 주어진 삼각형 E와 합동인 삼각형을 다시 만들어 똑같은 삼각형을 가지고 적당히 배열하는 등의 방법을 이용하여 삼각형 E의 넓이를 계산해 볼 수도 있다. 2)에서 실행해 본 평행사변형의 넓이 계산의 경우와 비슷한 방법을 이곳에 적용시켜 볼 수도 있다. 이번의 경우도 여러분의 문제해결 방법을 설명하고 기록하시오.
4) 여러분이 사용한 위의 문제해결 과정과 방법으로부터 알아낸 사실을 이용하여 사다리꼴 F의 넓이를 계산해 낼 수 있습니까? 주어진 사다리꼴을 여러분이 도움이 될 것으로 생각되는 바에 따라 잘라서 방법을 찾아 볼 수 있다. 여러분이 사용하는 방법을 묘사하고 각 단계별로 기록하시오.

C. 이 실험 과정의 목표는 학습자로 하여금 각 도형에 들어 있는 가로세로 1cm의 정사각형의 갯수를 이용하여 각 도형의 넓이를 가시화하는데 있으며, 결국 이 과정을 통하여 학습자 스스로 넓이를 계산하는 일반적인 공식을 도출해 내게 하는데 있다. 각 학습자는 그들의 여러 모양의 도형의 넓이의 개념을 이해하고 실제로 넓이의 계산을 할 수 있을 때까지 계속 되어야 한다. 학습자들은 다양한 형태의 도형의 모델을 복제하거나 자르고 재배열하는 과정을 적용할 수 있도록 학습되어야 한다. 왜냐하면, 이러한 과정은 그들에게 친숙해진 도형들을 가지고 조작의 활동을 거쳐서 새로운 도형으로 재구성하는 것을 가능하게 하기 때문이다. 예를 들어, 평행사변

형의 아래 윗변에 공통으로 수직이 되는 선분을 따라 잘라서 잘 배열하면 직사각형으로 재구성할 수 있고, 따라서 이러한 과정을 되풀이 하다보면 학습자들은 평행사변형의 넓이는 같은 길이의 높이와 밑변을 갖는 직사각형과 넓이가 같다는 것을 인식하게 된다. 또한, 주어진 삼각형과 합동인 삼각형을 만들어 처음에 주어진 삼각형의 모서리와 붙여서 잘 배열하면 평행사변형이 되고, 따라서 본래의 삼각형의 넓이는 새로 만들어진 평행사변형의 넓이의 반이라는 사실을 알고 삼각형의 넓이와 평행사변형의 넓이의 관계를 인식하게 된다. 끝으로, 주어진 사다리꼴의 한 대각선을 따라 두 개의 삼각형으로 나누어 놓고 보면 사다리꼴은 결국 같은 길이의 높이를 갖는 두 개의 삼각형으로 이루어 진 것을 알게 됨으로써 사다리꼴의 넓이는 두 삼각형의 넓이의 합이라는 인식으로부터 사다리꼴의 넓이 계산의 일반적인 공식가지도 유도할 수 있게 된다.

# VI. 정리

수학 교육에서 조작적 구체물을 통한 수학적 아이디어의 학습은 여러가지 면에서 효율성이 높다는 것은 일반적으로 받아 들여지고 있는 사실이다. 그 결과로 교육 현장에서도 구체적 조작물을 사용하는 학습 형태인 수학 실험실 학습/지도나 활동 위주의 학습/지도의 방법이 연구개발되고 실행에 옮겨지고 있다. 이러한 구체적 조작물의 사용이 수학 학습에서 하는 역할에 대한 이론적인 면에서의 연구도(Bruner, Piaget, Dienes) 활발히 진행되어 왔다. 이들의 이론적 주장에 의하면, 학습자가 수학의 새로운 아이디어나 개념을 그들의 기존 인지적 구조에 첨가하기 위해서는 먼저 조작적 구체물을 통한 직접적 경험이 필요하다. 한편, 이러한 구체적 조작물의 도입이 수학 교수에 필요한 가장 큰 이유는 교수하고자 하는 수학의 추상적인 체계가 학습자에게 의미있게 구체성을 갖고 전달되게 하고자 하는데 있다. 즉, 추상적인 수학의 기호 체계와 그 체계가 함유하는 실제적인 의미를 연결시켜 학습자의 이해를 돕기 위함이다. 일단, 이러한 일련의 방법을 통하여 학습자에게 습득된 수학의 아이디어는 고립적인 상태에 있지 않고, 다시 일보 진전된 수학의 아이디어 학습을 위한 초기의 단계에 투입 이용되는 순환적인 학습 과정의 일부가 된다. 즉, 이미 학습자의 인지 체계 속에 형성된 수학적 아이디어나 개념들은 실험실 학습 과정을 거치면서 아직 미습득된 새로운 아이디어나 개념 학습을 위하여 전이된다. 이와 같이 수학 실험실이 수학 학습에 미치는 인지적 영향 외에도 학습자의 바람직한 수학 학습 태도를 형성시키는 역할과 학습자의 정의적인 면에서 작용하는 영향 등이 있다. 이러한 학습/지도의 성향을 갖고 있는 수학 실험실 학습/지도의 방법을 실지 교육 현장에 적용시키는 데는 학습 내용이나 학급의 규모, 교사의 역량 등 많은 요인에 따라 다양한 형태가 요구되며, 또한 이를 평가하는 방법도 일률적일 수는 없다. 실험실 학습/지도의 방법적인 면에서 일반적으로 학습자의 자율성과 실험실의 자유스럽고 탐구적인 분위기가 기본적인 요건이 되지만 교사의 치밀한 학습/지도 계획 수립과 실험 중에 주의 깊은 발문이나 지도 활동이 필수적이다. 그리고 적절한 평가 활동은 실험실 학습/지도의 더욱 발전된 형태로의 개발을 위하여 반드시 필요한 과정이 된다.

# 셋 수학 학습의 정의적 효과 유발을 위한 소재

수학은 학생이나 교사, 학부모 모두에게 학습과 지도의 양면에서 쉽지 않은 대표적인 교과목이다. 그러나 수학이 지금까지 중요한 학교 교과목으로서 다루어져 왔으며, 현재도 중요하게 여겨지는 것은 교사, 학생, 학부모 모두에게 공통된 현상이다. 따라서 대부분이 중요하게 여기고 있는 수학 교과를 "어떻게 하면 학생들이 지속적으로 학습하도록 유도할 수 있을 것인가?" 가 수학교육에서 해결해야 될 우선적인 과제이다.

이와 같은 학습상의 난점을 안고 있는 수학 교과의 지도 측면에서 많은 연구가 이루어져 왔지만 근본적인 변화 없이는 지도 방법의 개선이나 개발이 쉽지 않다고 생각된다. 이는 본디 수학 교과의 속성상 어쩔 수 없는 특성으로 여기는 것이 일반적인 현상임을 부인할 수 없다. 즉, 수학이란 교과가 중요하나 어렵고 재미없는 교과라는 이중적인 난점을 해결할 수 있는 방법은 결국 학생들이 재미있고 쉽게 수학을 이해할 수 있도록 수학교육 방법을 개선하도록 노력해야 한다. 즉, 수학 학습은 어렵지만 중요하므로 학생이 자발적으로 수학 학습을 하도록 하려면 학습자가 수학 학습에 대한 흥미를 갖도록 유도해야만 한다.

일반적으로 학습자의 효과적인 수학 학습과 관련하여 필요한 요소는 다음의 두 가지로 구분하여 논의할 수 있다. 첫째, 수학 학습이 이미 시작된 상황하에서 수학 학습의 질적인 측면을 지적하는 것이다. 예컨대 현재 수행 중인 수학 학습을 얼마나 주도 면밀하게 집중하여 수행하며 해당 수학 내용에 특별히 적합한 효과적인 학습 방법을 어느 정도로 활용하고 있는가와 같이 효과적인 수학 학습을 위한 일반적인 전략을 사용한 활동을 의미한다. 둘째, 이것은 본 연구에서 부여하는 의미로서, 장기간에 걸친 일련의 수학 학습 과정에 개입될 수 있는 여러 요인들에 의한 것으로 주로 학습자의 수학 학습에 대한 관심의 정도나 수학에 대하여 갖는 호감이나 흥미 등을 의미한다. 즉, 수학 학습의 효율성이나 효과를 결정짓는 요소들은 학습자의 내부적인 요소와 학습자의 학습 환경을 구성하고 있는 외부적인 요소들로 구성된다고 할 수 있다.

본 장에서는 학습자의 수학 학습의 효율성과 효과를 높일 수 있는 방법을 외부적인 요소에서 찾으려고 한다. 따라서 초등학교 수학교육에서 학습자의 수학 교과 자체와 수학 학습에 대한 흥미와 관심, 즉 긍정적인 정의적 효과를 유발시킬 수 있는 수학적 소재나 수학 관련 소재를 찾아서 이를 수학의 내용별, 기능별로 정리하여 수학 학습에 대한 흥미 유발을 위한 수학교육 소재로서의 활용을 꾀하고자 한다.

# I. 소재 내용

## 1. 수학 포스터

수학의 특정 내용과 그와 관련된 자료들을 커다란 종이 위에 알기 쉽고 눈에 띄게 함으로써 평상시 수학에 대한 관심과 흥미를 불러일으킬 수 있다. 또한 수학을 친근하게 항상 대할 수 있게 함으로써 수학에 대한 거부감이나 거리감을 해소시켜 주어 수학 학습의 긍정적인 정의적 효과를 얻을 수 있다.

① 원주율 · 소수 · 무한 · 생활 속 수학 포스터(History of Pi Poster; Prime Numbers Poster; Infinity Poster; Math around the World Poster, Carolina) : 수학 수업의 분위기를 부드럽게 해주며, 다양한 수학적 개념이나 아이디어에 대한 자유로운 토론을 가능케 하고, 학생들에게 수학에 대한 관심과 흥미를 수시로 자극할 수 있다.

② 흥미로운 수학이야기 모음(Mathematical Potpourri, Carolina) : 기하나 정수론, 확률론, 수학사 등의 내용과 관련된 기이한 이야기들을 통하여 학생들의 수학에 대한 흥미를 유발시키기에 충분한 소재들을 다루고 있다.

③ 원주율 포스터(A Piece of Pi, Dale Seymour Publication) : 소수점 이하 70자리까지 원주율의 값이 표현된 테이프로 교실 벽에 길게 붙일 수 있게 하여 학생들의 특정 수학적 상수에 대한 관심을 끌 수 있는 포스터이다.

④ 수학적인 그림 · 도형 : (피보나치 수열과 같은 특정 수학적인 수열이나 상수들과 이들에 대한 설명을 담고 있다.)

⑤ 멜랑콜리아(Melancholia) : 뒤러(Albrecht Durer)의 유명 판화 작품으로 그 속에 들어 있는 수학 관련 요소들에 대한 학생들의 관심을 끌 수 있는 포스터이다.

⑥ 문제해결 포스터(Dale Seymour Publications) : 문제해결 과정에 대한 지도와 문제해결의 다양한 전략을 포함하고 있다.

## 2. 수학 만화

자칫 무미건조하고 딱딱할 수 있는 수학 수업을 해당 수업과 관련된 만화로 흥미롭게 유도함으로써 학습에 대한 동기와 관심을 유발할 수 있다. 또한 수업 과정 중간 중간에 적절히 사용함으로써 수학 수업의 분위기를 흥미롭게 고양시킬 수 있으며, 수학의 여러 개념이나 내용과 관련된 재미있는 상황을 만화를 통하여 설명함으로써 학생들의 이해를 도울 수도 있다.

① 웃기는 만화 수학(Math Laughs Cartoons, Harry Blair) : 수학의 다양한 내용을 학생들이 쉽게 접근할 수 있는 만화를 통하여 흥미롭게 소개하고 있다.
② 또 웃기는 만화 수학(More Math Laughs Cartoons, Harry Blair) : 만화를 통하여 수학의 여러 가지 내용을 흥미롭게 소개하고 있다.

## 3. 수학 게임

수학적 의미나 개념 등이 잠재된 게임에 학생들이 능동적으로 참여하고 경쟁적인 게임 활동을 하는 가운데 해당 수학적 개념이나 의미를 자연스럽고 쉽게 학습하게 되는 효과를 거둘 수 있다.

① Math Trivial Pursuit(Pat Dunn, 1989) : 수학적 게임을 통하여 학생 자신의 수학적 지식이나 기능 등을 연습할 수 있는 기회를 갖게 된다.
② Mathematics Games for Fun and Practice(Alan Barson, 1992) : 수나 기하학적 성질을 이용하여 수학을 실제 생활에 적용해 볼 수 있는 흥미로운 기회를 제공한다.
③ Izzi Puzzle Game : 기하학적 퍼즐로서 학생들로 하여금 도형에 대한 관찰, 추측, 비교, 분류, 조합 등의 활동을 자극하는 문제해결의 기회를 제공한다.
④ Prime Rollers : 소수의 개념이나 암산, 소인수 분해 등의 개념을 게임을 통하여 연습할 수 있는 기회를 제공한다.

⑤ Per-Cento : 게임의 과정을 통하여 분수, 소수, 백분율의 개념 등을 연습할 수 있는 기회를 제공한다.

⑥ Max-it : 여러 숫자들을 조합하여 최대의 양수나 최소의 음수를 만들어 보는 게임으로 수감각이나 암산, 절대값, 분배 법칙 등에 대한 훈련을 재미있게 할 수 있다.

⑦ Knock-Out and Muggins : 분석적이고 비판적인 수학적 사고를 흥미로운 과정을 통하여 연습할 수 있게 한다.

⑧ Get It Together : Math Problems for Group(Tim Erickson, 1989) : 학급 내에서 협동 학습을 가능케 해주는 수학 게임이나 활동을 포함하며, 내용은 대수, 기하, 논리, 수감각 등의 영역에 걸쳐 다양하게 제시되어 있다.

## 4. 수학 차트

수학 학습에 필요한 여러 가지의 자료나 내용들을 보기 쉽게 차트의 형태로 나타내 보임으로써 필요할 때마다 편리하게 사용할 수 있게 해 준다.

① History of Mathematics Chart(Isaac Asimov) : 기원전 2000년경부터 1990년대까지의 수학 발전에 공헌한 수학자들과 수학적인 사건들을 약 190여 가지를 정리하여 흥미 있는 설명과 삽화를 곁들인 대략적인 수학사의 내용을 소개하고 있다.

② The Colorful Characters of Mathematics(Isaac Asimov) : 유명한 수학자들(알콰리즈미, 타르탈리아, 진구소, 힐베르트 등 다수)의 기이한 행적을 상세한 이야기와 사진을 곁들여 담아 내고 있다.

③ Prime Numbers Set(Carolina) : 소수와 관련된 수학적 내용들을 다양한 방법을 통하여 소개하고 있다.

## 5. 레크리에이션 재료

수학의 여러 내용이나 개념 등이 다양한 형태의 도구를 통하여 레크리에이션 방식으로 제시되어 학생들이 활동에 적극적이며 흥미를 가지고 참석함에 따라 은연중에 해당 수학의 내용이나 개념들을 학습하는 생동감 있고 흥미 있는 수학 수업이 되게 해준다.

① The I Hate Mathematics Book(Marilyn Burns, 1975) : 실제 생활 속의 수학적인 활동이나 생동감 있는 예들을 통하여 수학에 대한 흥미를 갖도록 유발하는 레크리에이션 자료를 포함하고 있다.
② Fun with Logic(J. Richard Block and Harold E. Yuker, 1989) : 학생의 논리적 사고, 추론, 문제해결 등의 능력을 연습시킬 수 있는 성냥개비 문제, 동전 문제, 다양한 퍼즐 등과 같은 레크리에이션 소재를 담고 있다.
③ Can You Believe Your Eyes?(J. Richard Block and Harold E. Yuker, 1989) : 250여 가지의 시각적 착각을 일으킬 수 있는 기학학적 구성을 담고 있다.

## 6. 수학 모음

수학과 관련된 다양한 분야나 소재들을 사용하여 수학 외적인 분야들이 수학과 어떤 관련성을 갖고 있는지를 알게 함으로써 수학을 편협한 학문이 아닌 일반적인 성향을 갖고 있는 분야라는 인식을 새롭게 할 수 있는 기회를 제공하게 된다.

① Fractals, Googols, and Other Mathematical Tales(Theoni Pappas, 1993) : 흥미로운 이야기 형식을 통하여 표현된 수학적인 내용들을 담고 있으며, 수학의 토픽들을 다양한 방법으로 소개하고 있다.
② Let' s Celebrate Math(Claire Patterson, 1991) : 정규 수학교육과정과는 다른 형태로 수학과 관련된 아이디어를 풍부하게 다루고 있으며, 흥미 있는 수학적 아이디어나 문제들을 제시하고 있다.
③ Math and Music : Harmonious Connections(Hammel Garland and Vaughan Kahn, 1995) : 수학과 음악, 비례, 패턴, 기하학적 변환, 프랙털 등과의 관계를 다루고 있는 수학적 흥미를 자극하는 요소를 다양하게 제공한다.
④ Mathmagical Moments(Sue Heckler and Chris Weber, 1995) : 암산이나 비판적 사고, 정규 수학교육과정 외의 아이디어 등을 여러 가지의 활동을 통하여 다양한 형태로 제시하고 있다.
⑤ Nature' s Numbers : The Unreal Reality of Mathematics(Ian Stewart, 1995) : 자연계 속에 숨어 있는 수학적인 요소나 패턴 등에 대한 분석을 제시하고 있다.

## 7. 수학사

수학이 인간 문화사 속에서 발달해 오는 동안 이에 이바지한 수학자들의 인간적인 모습이나 수학자들이 남긴 재미있는 에피소드 등을 수학 수업에 적절히 사용함으로써 수학에 대한 경직된 선입견을 해소시키고 수학이란 학문의 인간적인 측면을 이해함으로써 수학에 대한 태도의 긍정적인 변화나 수학 학습의 동기 유발의 효과를 거둘 수 있게 된다.

① Short Stories from the History of Mathematics(Robert Knouff, 1996) : 수학의 인간적인 측면에 대한 소개와 유명한 수학자들에 대한 간단한 설명, 학생들의 수학적 흥미를 불러일으킬 수 있는 재미있는 수학사적 요소들을 다량 포함하고 있다.
② The Story of Numbers : How Mathematics Has Shaped Civilization(John Mcleish, 1991) : 고대 문명에서부터 현대의 컴퓨터에 이르기까지 수체계에 관련된 이야기를 여러 가지의 관련 자료들과 함께 보여주고 있다.
③ From Five Fingers to Infinity : A Journey through the History of Mathematics(Frank J. Swetz, Ed., 1994) : 수학의 작용 영역과 수학의 진화적인 속성에 대하여 설명하고 있다.
④ Number Stories of Long Ago(David E. Smith, 1995) : 수와 관련하여 풍부한 이야기를 담고 있다.
⑤ Classic Math : History Topics for the Classroom(Art Johnson, 1994) : 수학사의 일화나 기호 체계, 용어 등에 대한 풍부한 소재를 포함하고 있다.
⑥ Learning Activities from the History of Mathematics(Frank J. Swetz, 1994) : 학교 수학교육과정과 관계된 수학자들에 관한 에피소드나 수학사에서 찾아 볼 수 있는 다양한 수학 활동 등에 대하여 설명하고 있다.

## 8. 수학 프로젝트

정형적이며 해결 과정이 틀에 박힌 문제가 아닌 다양한 수학적 사고로 접근

해야 가능한 열린 형태의 복잡다단한 프로젝트를 학생들이 해결하도록 부과함으로써 학생들은 실제적이고 자연스러운 수학의 적용과 문제해결의 경험을 할 수 있게 된다.

① Mega Project(Dale Seymour Publications, 1996) : 개인별, 2인별, 소그룹별, 2일부터 2주일까지의 기간별로 다양하게 수학의 프로젝트를 담고 있다.
② Mathematical Investigations(Randall Souviney) : 개인적으로나 그룹별 문제해결 과정을 통하여 수학에 대한 추론과 실제 세계에 적용하는 지도 프로젝트를 다량 포함하고 있다.
③ 101 Mathematical Projects(Brian Bolt and David Hobbs, 1989) : 미술이나 과학, 실제 세계를 수학과 연결짓기 위한 프로젝트를 포함하고 있다.
④ Projects to Enrich School Mathematics(Leroy Sachs, 1988) : 학교에서 배우는 내용을 좀더 심화시킬 수 있는 내용들을 학습할 수 있는 프로젝트를 담고 있다.

## 9. 수학의 응용

수학이 여러 분야에 적용과 응용이 가능함을 알게 함으로써 수학에 대한 잘못된 선입견을 불식시키는 효과를 거둘 수 있게 해준다.

① Mathematics Meets Technology(Brian Bolt, 1991) : 역학이나 움직이는 물체에 대한 수학적인 접근 과정을 제공하여 학생들로 하여금 전통적 기하나 비유클리드 기하 그리고 공간 감각에 대한 계발을 유도하는 내용들을 포함하고 있다.

② Desktop Realities Kit : Mathematical Modeling to Solve Real-World Problems : 문제는 물론 각 문제의 해결에 필요한 전략과 분석적인 기술, 수학적 개념 등을 포함하고 있으며, 실생활 문제에 대한 해결 과정에 대한 내용을 담고 있다.

③ Math You Can Use(J. Weston Walch) : 흥미로운 삽화 설명과 함께 기본적인 수학을 사용하여 해결될 수 있는 일상적인 수학 문제들을 담고 있다.

④ Real-World Mathematics through Science Series : 학생들이 직접 수학과 자연 세계를 연결 지워 탐구 활동을 할 수 있는 자료들을 포함하고 있다.

## 10. 확률과 통계

수학의 여러 내용 중 우리의 생활과 밀접하게 연결되는 부분이 확률과 통계 분야인 만큼 이 분야의 내용을 다양한 형태와 방법을 통하여 학생들에게 익숙하도록 만듦으로써 수학의 실용성과 기능성 등에 대한 인식을 새롭게 할 수 있다.

① Skill and Practice Masters in Statistics Using the TI-82(David P. Lawrence, 1994) : 통계와 확률의 성질들을 이해하고 적용할 수 있는 자료를 제공하고 있다.

② The Cartoon Guide to Statistics(Larry Gonick and Woollcott Smith, 1992) : 통계와 관련된 여러 가지의 내용들을 재미있는 만화를 통하여 쉽게 설명하고 있다.

③ Probability Activities for Problem Solving and Skills Reinforcement (Robert Lovell, 1993) : 실생활 속에서 친근하게 찾을 수 있는 확률의 소재를 통하여 확률의 기초 개념들을 소개하고 있다.

## 11. 프랙털

근래의 새로운 기하 분야라고 할 수 있는 프랙털에 대한 학생들의 이해를 발전시킴으로써 기하 분야에 대한 흥미를 고양시키고 수학의 새롭고 다양한 측면과 접근 방법에 대한 이해를 도울 수 있다.

① Fractal Poster(Carolina) : 프랙털 기하의 기본적인 개념 등을 상세한 그림과 함께 설명하고 있다.
② Fractals : An Animated Discussion with Edward Lorenz and Benoit Mandelbrot(H.O. Peitgen, 1991) : 프랙털 기하에 대한 선구적인 두 연구자의 해설과 더불어 생동감 있는 프랙털 그림과 함께 프랙털에 대한 자세한 설명을 포함하고 있다.
③ Fractal Poster Set(Dale Seymour Publication) : 프랙털 기하에 나오는 다양한 프랙털 그림을 상세하게 보여주고 있다.
④ Fractals : The Patterns of Chaos(Jhon Briggs, 1992) : 프랙털이 어떻게 발견되었으며, 어떻게 수학적으로 프랙털이 구성되었고, 프랙털과 실제 세계와의 관계를 연결 지워 설명하고 있다.

# Ⅱ. 정리

그 동안 수학교육 연구에서 수학 학습과 관련된 인지적 요인에 대한 연구에 주된 관심을 두어 왔다. 그런데 수학 학습의 인지적 요인은 학생이 수학 학습을 시작하여 현재 학습 활동에 임하다는 가정하에서만 적용될 수 있다. 그러나 학생의 수학 학습 활동은 장기간에 걸쳐서 연속적으로 이루어지는 정신적 활동이라는 점과 학습의 결과 역시 상당 기간동안 누적된 학습 활동에 의하여 나타나는 결과임을 생각해 본다면 학생이 어떠한 정의적 상황 하에서 수학 학습 활동을 전개하는가 하는 요소가 다른 어떤 요소보다도 수학 학습 활동의 결과에 미치는 중요한 요인이 됨을 충분히 예상할 수 있다.

이러한 정의적 요인이 수학 학습자 개개인의 수학 학습 과정에 영향력을 미치는 방식은 단지 수학 학습을 시작하려는 시기의 동기 유발적인 형태뿐만 아니라, 수학 학습을 진행하고 있는 과정에도 현재 수행하고 있는 수학 학습 활동에 보이는 적극성은 어느 정도인가, 학습에 대하여 갖고 있는 흥미도는 어느 정도인가 등을 결정하는 데 작용한다. 따라서 수학 학습의 활동을 거시적인 면에서 볼 때 수학 학습에 영향을 미치는 주된 요인은 인지적인 면에서보다는 정의적인 면에서 쉽게 찾아 볼 수 있다. 즉, 인지적 요인은 미시적인 면에서 수학 학습에 작용하는 요인이라고 할 수 있다. 그러나 이러한 인지적 요인과 정의적인 요인의 수학 학습에 대한 작용 메커니즘은 서로 독립적이라기보다는 복합적이며 유기적인 관계를 맺고 있다. 예컨대, 학생 개인에 따라서는 수학 학습을 성공적으로 수행할 수 있는 인지적 요인을 갖고 있기 때문에 수학 학습에 긍정적이며 효과적으로 작용하는 정의적 요인이 자생할 수 있다는 가정을 만들어 볼 수 있다. 그리고 긍정적인 정의적 요인의 작용이 기존의 인지적 요인에 활성화를 가져다 줄 수도 있다.

기존의 연구들이 대부분 성공적인 수학 학습을 유도하는 요인들 중 주로 인지적 요인에 관심의 초점을 두었던 이유는 연구의 배경적 요소로 현재 수학 학습이 최소한 정상적으로 이루어지고 있다는 긍정적 학습 상황을 가정한 상태에서 이 학습을 성공적으로 이끄는 요인을 규명하고, 이들 요인과 학습 결과나 성취도 간의 인과 관계를 설명하려고 했기 때문이다. 현재 수학 학습의 상태가 지속되고 있다는 가정하에서는 그 학습에 작용하는 요인으로는 인지적 요인이 주가 될 수밖에 없다. 그러나 근자에 와서 수학 학습을 거시적인 측면에서 연구하면서 그 구성 요인으로 인지적 요인에 못지 않게 중요한 역할을 하는 것으로 학습자 자신이 갖고 있는 다양한 정의적 요인에 대한 새로운 인식이 증가하고 있다. 인지적 요인을 수학 학습에 직접적이고 단기적으로 영향력을 미치는 요인이라고 한다면, 정의적 요인은 간접적이고 장기적인 영향을 미친다고 볼 수 있다. 따라서 성공적인 수학 학습의 결과가 있기 위해서는 학습자의 바람직한 인지적, 정의적 요인들이 복합적으로 작용을 해야 되며, 또한 수학 학습 연구에 충실을 기하기 위해서는 이 두 부류의 요인들에 대한 연구가 동시에 유기적으로 이루어져야 할 것으로 생각한다.

본 장에서는 특히 정의적 측면에 관심을 두고 있으며, 이를 해결할 수 있는 방법으로 초등 수학과 관련된 학습자의 흥미를 유발시킬 수 있는 자료를 풍부하게 갖추어 이를 수학 수업에 유효 적절하게 사용토록 하기 위한 준비 작업을 하는 데 의도를 두고 있다. 앞으로 이와 같이 준비된 자료를 초등 수학 학습 지도 과정에 적절하게 사용함으로써 학습자의 수학 학습에 대한 흥미 유발은 물론 수업에 대한 주의 집중 등 수학 학습에 필요한 바람직한 정의적 목표를 실현시킬 수 있다고 생각한다.

# 넷 Cabri를 활용한 초등 기하 학습 지도

"I do and I understand." 와 같이 교육적으로 시사하는 바가 큰 격언은 물론 "Leaning by Doing," "Activity-centered Learning," "Discovery Learning" 등이 표방하는 수학 교수 학습의 효과적인 방법들은 이미 고전이 되어 버리다시피 하여 우리들에게 별다른 교육적 감흥을 야기하지 못한다. 하지만 실제로 특정 수학의 내용을 교수 학습하는데 새로우면서도 효과적인 방법을 모색할 때면, 결국 이와 같은 '고전적인 생각'에 귀착하게 된다. 이것은 마치 고전이 늘 변함 없는 소중한 가치를 갖고 준비되어 있지만 우리들은 평소에 그러한 가치를 인식치 못하고 지내다가 필요한 경우에 결국 고전에 귀의하고는 새삼스럽게 고전의 가치를 인식하게 되는 것과 같다.

본 장에서 소개하고자 하는 초등 기하 학습 지도의 방법은 컴퓨터와 'Cabri' 라는 프로그램을 겸용하는 소위 CBI의 범주에 들어가는 기하 학습 지도 방법으로서 근본적인 수학 학습 지도의 철학은 결국 앞에서 고전이라고 칭했던 말들이 의미하는 바를 다분히 함유하고 있는 방법론에 입각한 기하 학습 지도 방법이다. 서두에서 언급된 교육적 의미에 충실한 수학 학습을 위한 교수 방법론은 결국 학습자 중심의 능동적이고 적극적인 활동, 즉 역동적인 학습 활동을 보장하는 교수 방법을 의미한다. 따라서 효과적인 수학 학습의 지도를 위하여 해결되어야 할 문제는 수학 학습자의 능동적이며 효과적인 학습 활동을 적절하게 유도하는 학습 활동의 장과 그 유도 장치를 마련

해야 된다. 그 동안 이와 같은 목적을 위하여 교육에 응용할 수 있는 매체가 개발될 때마다 이를 효과적으로 이용하기 위한 연구가 빈번하게 진행되었는데 Cabri의 경우도 컴퓨터라는 교육 매체를 기하의 학습이나 지도의 과정에 학습자의 직접적인 조작 활동을 통하여 기하의 각 성질이나 원리에 대한 체험적인 학습이나 시뮬레이션을 지도하기 위하여 구상된 묶음 프로그램이라고 할 수 있다.

본 장에서는 초등 수학의 범위 내에서 특히 기하의 학습이나 지도에 필요한 체험적 활동을 가능케 하는 실험적 도형들 — Cabri의 기능을 활용하여 학습자가 직접 조작 활동을 해볼 수 있게 만든 2차적 도형들 — 을 제작하여 학습자가 이를 조작, 사용함으로써 스스로 해당 기하의 성질들을 발견하거나 주어진 기하적 성질들을 체험하면서 직관적으로 쉽게 이해하도록 하는 이른바 흥미로운 조작 활동을 하는 가운데 용이하면서도 의미 충실한 기하 학습이 이루어지도록 하였다.

## 1. Cabri 소개

Cabri는 본래 1986년 프랑스에서 THINK C 언어로 Macintosh 환경에서 사용하도록 개발되었으나 다시 Turbo C++을 사용하여 MS-DOS 환경에서 사용할 수 있도록 만들어졌다(Baulac et al., 1992). Cabri는 기하의 학습과 지도를 위하여 개발된 학습 도구라고 할 수 있는데, 사용 방법에 따라서는 유클리드 기하는 물론 해석 기하의 방법까지 구사할 수 있게 설계되어 있다. 특히, Cabri는 초등 기하의 학습이나 지도에 적합하게 설계되어 초등학교 학생들이 기하 학습 과정에서 다루기에 적절하다. 이 Cabri와 유사한 방식의 기하 학습 도구로서 'Geometer' s Sketchpad 3(GSP3)' (Nicolas, 1992)를 들 수 있는데 이는 사용할 수 있는 기능이나 내용이 모두 Cabri보다 높은 수준의 도구이며, 사용 방법이 복잡하여 초등학교 학생들에게는 Cabri에 비하여 상대적으로 적합치가 못하다. Cabri는 학습자가 스스로 사용하면서 기하의 문제 해결이나 도형의 특정 성질이나 원리의 발견을 위한 학습 도구일 뿐만 아니라 학습자가 예상하고 있는 도형의 특정 성질을 확인하는 과정에 사용할 수 있는 실험석 도구이다. 동시에 교사가 이를 통하여 기하의 특정 성질이나 현상을 시연해 보이거나 자와 컴퍼스 등의 고전적 도구가 아닌 모니터 상의 간편한 조작 활동으로 학생들의 이해를 더 쉽고 효율적으로 유도하는 기하 학습 지도의 도구이다.

Cabri의 기능 중에는 기본적인 도형 — 점, 선분, 직선, 삼각형, 원 등 — 의 작도는 물론이거니와 이들 기본적 도형의 작도 기능을 복합적으로 활용하여 새로운 조건을 갖는 복잡한 도형의 작도를 가능하게 한다. 또 이미 주어진 도형과 관계하여 설정한 새로운 조건을 만족시키는 추가적인 도형의 작도 — 중점, 수직이등분선, 평행선, 수직선, 원의 중심, 점대칭점, 이등분선 등 — 를 가능케 하여 도형들 간의 관계를 쉽고 정확하게 시각적으로 확인하면서 파악할 수 있게 해주는 장점 또한 갖고 있다.

이상의 기본적인 기하 관련 기능 외에도 Cabri의 메뉴 중에 'History' 의 기능은 어떤 일련의 작도나 조작 활동의 과정을 처음부터 끝까지 각 단계 별로 변화하는 과정을 전부 보여주기 때문에 기하 학습에서의 알고리듬적인 접근도 가능하게 해준다. 그리고 'Macro- construction' 기능을 활용하면 Cabri가 기본적으로 제공하는 기초 도형의 작도 외에 이를 응용하여 구성한 좀더 복잡한 도형의 작도 과정을 Cabri의 새로운 기능으로 추가하여 기억시킨 후 다음에 그와 같은 작도를 다시 하고자 할 때 이 기억된 작도의 메커니즘을 그대로 사용할 수 있게 하여 더 발전된 도형의 작도와 성질의 파악에 효율성을 증대시켜 준다.

한편 'Measure'의 기능을 잘 활용하면 작도한 도형의 기본적인 측도 요소인 각의 크기, 선분의 길이 등의 즉시적인 측정도 가능할 뿐만 아니라 모니터 상에서 주어진 도형의 모양이나 위치를 바꿈에 따라 변화되는 도형의 각 요소의 측도를 동시적으로 수치화하여 보여 줌으로써 학생들이 도형의 외형적 변화에 따른 각 요소들의 변화를 수량적으로 느끼게 해준다.

이외에도 기하의 학습 과정에 효과적으로 사용할 수 있는 기능으로 메뉴의 방식을 통하여 제공되는 'Look of objects'가 있다. 이 기능은 만들어진 도형을 숨기거나, 가는 선과 굵은 선 또는 4가지의 색깔을 지정하여 다른 도형과 서로 구별할 수 있게 한다. 예를 들어 주어진 선분을 한 변으로 하는 정삼각형을 작도하기 위하여 선분의 양 끝점에서 그린 두 원은 그 교점을 구하고 나서 모니터 상에는 나타나지 않게 할 수 있다.

끝으로 'Locus of Points'는 어떤 도형에 포함된 기본 대상을 마우스로 끌어 움직일 때 도형 위에서 움직이는 점의 궤적을 굵은 파선의 형태로 나타내어 준다. 따라서 Cabri는 기하 학습의 고전적 실험실보다 더 효율적인 기능을 가지고 있으며, 특히 즉각적인 피드백의 기능을 가지고 있어 기하의 귀납적 또는 발견적 학습 활동에 많은 도움을 준다.

Cabri는 사용자가 모니터상의 도형을 마우스로 직접 간편하게 조작하여 그 도형을 구성하고 있는 기본 점들을 자유롭게 움직일 수 있도록 해주며, 이때 그 도형은 처음 작도시 부여된 성질들을 그대로 보전하면서 마우스의 조작과 동시에 모양의 변화가 가능해진다. 즉, Cabri의 기본적인 특징이자 기하 학습 도구로써의 장점은 사용자가 일단 작도한 도형을 정적인 형태로 다루는 것이 아니라 그 작도에 처음 부여한 기하적인 관계들로 연결된 역동적인 기하적 요소들의 모임으로 생각하게 만든다는 것이다. 따라서 사용자는 도형을 자유롭게 조정 변화시키면서 탐구적 학습이 가능해지고 실제로는 경험해 볼 수 없는 역동적인 변화를 자유롭게 실험할 수 있다는 데에서 기하 학습에 흥미를 갖도록 해준다.

# Ⅱ. Cabri를 통한 지도의 실제

본 장에서는 학습자가 자신의 기하 학습 과정에 조작적인 방법으로 사용할 수 있는 상태의 도형을 만들어 해당 기하적 성질이나 개념들을 귀납적으로 또는 발견적으로 이해할 수 있게 하였다. 따라서 이는 학생 개개인이 PC를 이용하여 단독적인 학습은 물론 소그룹 형태로 논의를 통한 학습도 가능하고, 교사가 이를 이용하여 전체 학생을 대상으로 한 해당 기하의 성질이나 개념들을 구체적이면서 조작적으로 지도하는데 활용이 가능하다.

다음은 초등학교 4학년부터 6학년까지의 수학 교과서에 소개된 초등 기하의 내용 중 일부를 선정하여 이에 대한 학습과 지도에 활용할 수 있도록 하였다. Cabri를 사용하여 만든 2차 도형들로서 교사나 학습자가 개인적인 필요에 의하여 수정이나 보완하여 사용하는 것도 가능하다.

## 1. 각도

### 각의 크기, 각의 종류

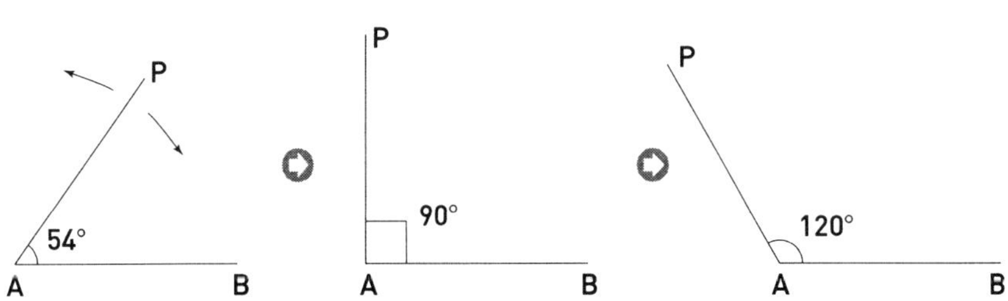

위의 그림에서 점 P를 마우스로 잡고 화살표의 방향에 따라 움직여 봄으로써 각의 크기가 변하는 것을 시각적으로 확인할 수 있다. 또 각의 크기가 수치화되어 즉각적으로 나타남으로써 각의 크기의 변화를 수량적으로 확인하게 되어 각의 크기에 대한 양감의 훈련도 가능하다. 그리고 각을 변화시키는 과정에 직각이 만들어지는 순간 각을 표시하는 방법이 직각의 모양으로 바뀜과 동시에 90°란 수치가 표시됨으로써 직각에 대한 학습이 효과적으로 이루어질 수 있다.

## 2. 수직

### 수직, 직각

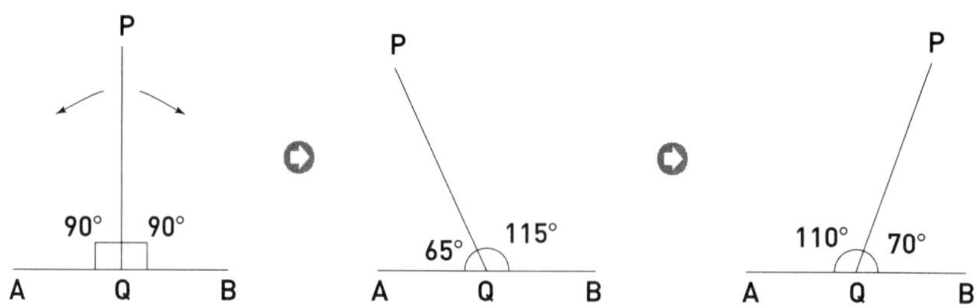


위의 그림에서 점 P를 마우스로 잡고 좌우로 회전시킴에 따라 양쪽에 표시되는 각의 모양의 변화나 크기가 수치화되어 나타남을 관찰함으로써 두 각의 합은 항상 180°, 양쪽의 각이 모두 각각 90° 때 선분 PQ는 선분 AB에 수직이 된다는 것을 시각적으로나 수량적으로 쉽게 이해할 수 있게 된다.

### 평행, 동위각

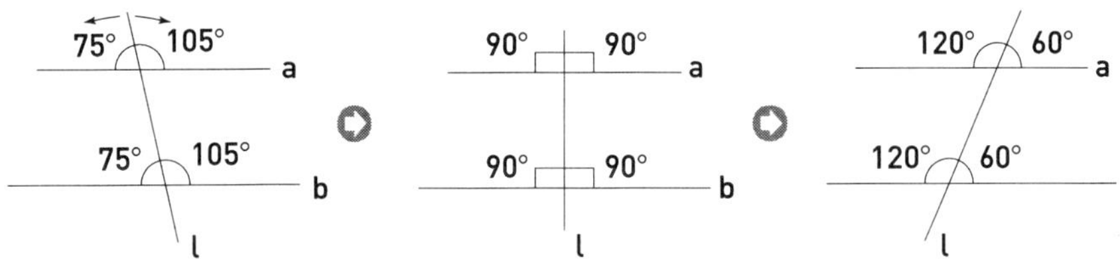


위의 그림에서 직선 *l*의 위치를 마우스를 사용하여 변화시켜도 평행인 두 직선 a, b를 동시에 만나는 직선 *l*이 직선 a, b와 이루는 각들 중에 같은 위치에 있는 각들이 서로 크기가 같음을 수량적으로나 시각적으로 확인할 수 있다. 소위 "평행선에서 만들어지는 동위각의 크기는 서로 같다."는 성질을 쉽게 학습할 수 있을 뿐만 아니라 학생들 스스로 여러 각들의 관계를 탐구하도록 유도할 수도 있다.

## 3. 평면 도형의 성질

### 삼각형의 내각의 합

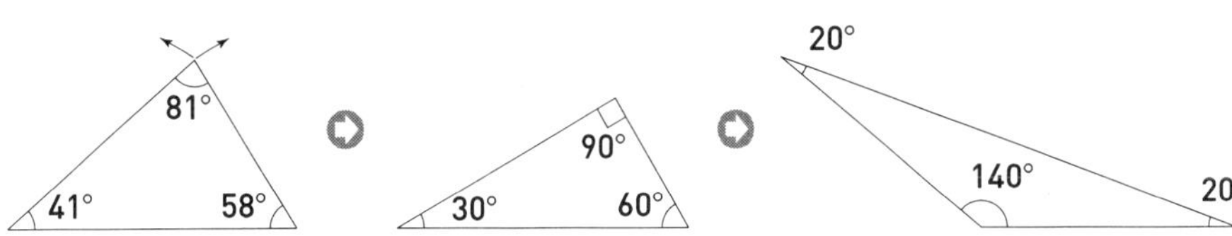


"모든 삼각형의 내각의 합은 180°"라는 사실의 지도 방법으로는 귀납적으

로나 연역적으로 다양한 방법들이 활용되고 있다. 그러나 위 그림에서 보여주는 방법은 마우스를 이용하여 삼각형의 세 점 중 어느 점을 하나 선정하여 마우스로 잡고 이리저리 끌어서 삼각형의 모양과 크기를 자유롭게 변화시켜도 항상 세 내각의 크기가 즉각적으로 계산되어 수치로 표시되기 때문에 각 경우마다 세 각의 크기의 합을 구하면 언제나 180°가 된다는 사실을 편리하게 경험할 수 있다. 그리고 그 변화시키는 과정이 학습자의 흥미를 유발시키기에 충분하기 때문에 특히 초등학교 학생들에게 적합하다.

### 사각형의 내각의 합

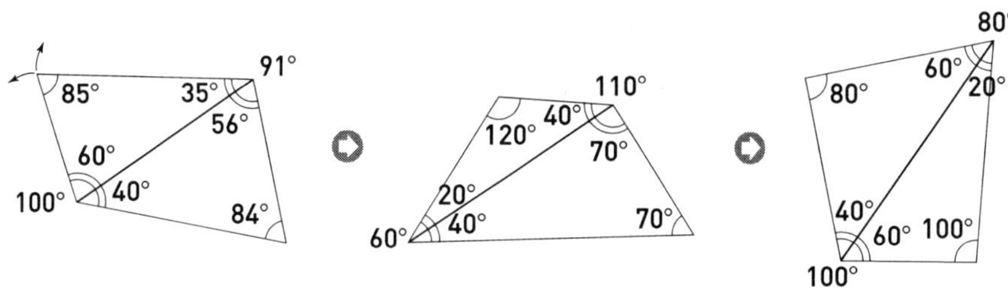


위 그림의 사각형의 어느 꼭지점에서든 마우스로 잡고 그 꼭지점을 끌어 변화를 시키더라도 항시 "사각형의 네 개의 내각들의 합은 360°"가 된다는 사실을 학생들이 충분히 경험할 수 있게 된다. 그리고 위에 만들어 놓은 도형은 사각형을 두 개의 삼각형으로 나누어 놓기도 하였기 때문에 바로 앞에서 학습한 "삼각형의 내각의 합은 180°"라는 성질을 이용하여 사각형은 대각선으로 나누어진 두 삼각형의 내각의 합과 같다는 것을 수량적으로 확인하게 할 수도 있다.

## 평행사변형의 성질

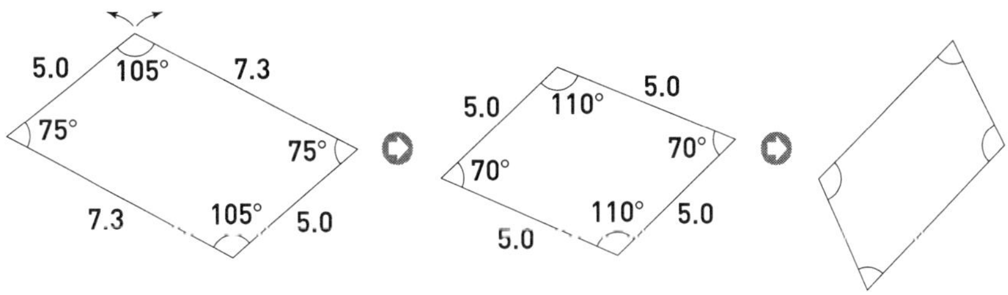


위 그림에서 만들어 놓은 평행사변형은 꼭지점을 마우스로 잡고 끌어 봄으로써 다양한 형태와 크기의 평행사변형으로 바꿀 수 있다. 따라서 마우스로 변화시키면서 그때마다 나타나는 각 평행사변형의 마주보는 변들의 길이나 마주보는 각의 크기의 변화를 관찰하면 항상 서로 같다는 것을 발견하게 된다. 따라서 위의 도형을 사용하여 평행사변형이 갖는 변의 길이와 각의 크기에 관련된 기본적인 성질을 이해하는데 도움이 될 것이다.

## 직사각형과 정사각형의 성질

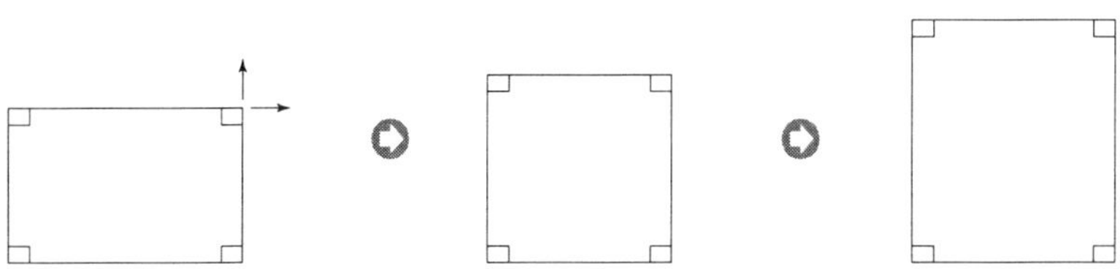

위의 경우도 직전의 평행사변형 경우와 같이 마우스를 사용하여 직사각형의 크기와 모양은 물론 정사각형도 만들 수 있다. 직사각형들이 갖고 있는 기본적인 성질은 물론, 직사각형을 변화시키다 보면 정사각형이 만들어지기도 하고 직사각형들이 갖고 있는 기본적인 성질 중에는 평행사변형의 성질과 일

치하는 점이 존재함을 깨닫고 이로부터 교사의 적절한 지도에 의해서 직사각형도 평행사변형이 될 수 있음과 정사각형도 직사각형이 될 수 있음을 발전적으로 이해시키는 것도 용이하다.

## 4. 도형의 대칭

### 점대칭

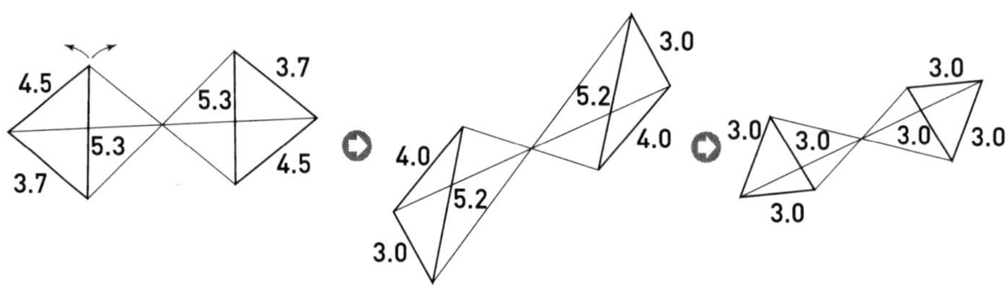


위의 그림은 Cabri의 'Symmetrical Point' 기능을 이용하여 만들어 본 도형으로 주어진 삼각형을 특정 점을 중심으로 점대칭되게 작도해 본 것이다. 이 그림에서도 각 도형들이 고정된 것이 아니고 어느 점이든 마우스로 잡고 끌면 그에 따라 도형들이 모양이 변화하지만 처음에 설정한 두 삼각형의 점대칭의 관계는 변함 없이 유지된다. 따라서 한 개의 그림으로부터 무한히 다양한 변화를 시켜볼 수 있으며, 그때마다 처음에 설정한 기하적 관계들이 보존되면서 시각적으로 전개되어 학생들의 이해를 도울 수 있다. 또한 점대칭의 성질을 이용하여 두 개의 도형이 합동이 된다는 사실을 발전적으로 학습할 수도 있다.

## 5. 원

### 부채꼴의 중심각, 원주각

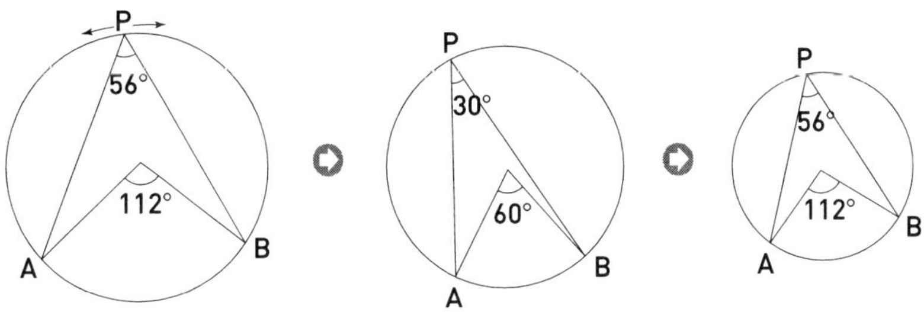


위의 그림에서는 점 P를 원주상에서 움직여 봄으로써 주어진 호 AB에 대한 원주각은 위치가 변화해도 불변한다는 성질과 점 A나 B를 원주상에서 움직여 봄으로써 호의 길이가 변화함에 따라 그 호에 해당하는 원주각이나 중심각이 어떤 규칙성을 갖고 변화하는지 쉽게 발견하게 해준다. 그리고 항시 같은 호에 대한 중심각은 원주각의 두 배가 된다는 성질도 쉽게 발견할 수 있다. 또 위 그림에서 중심을 마우스로 잡고 끌어 봄으로써 원의 크기가 변화하게 되는데 이때 원주각과 중심각의 크기에는 변함이 없다는 사실을 관찰하게 되어 원주각이나 중심각은 원의 크기에 관계없이 일정하다는 성질도 이해하게 된다.

## 6. 도형의 닮음

### 도형의 닮음비

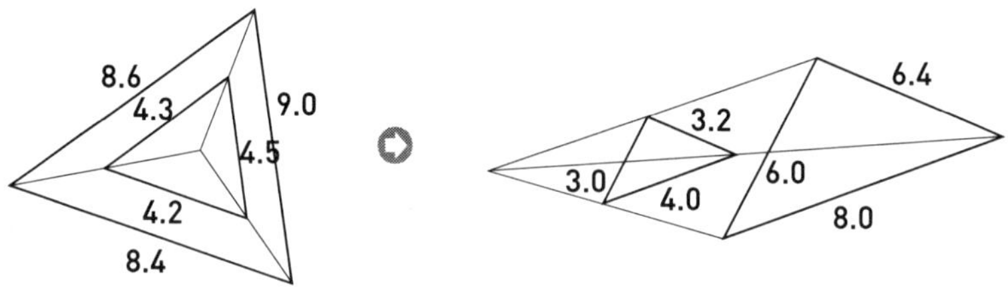


위 그림에서 보여주는 두 삼각형의 닮음비는 1 : 2로 고정되어 있지만 위 도형의 각 점들을 마우스로 잡고 이리저리 끌어서 변화시켜 보면 두 삼각형은 모두 닮음비가 언제나 1 : 2라는 것을 알 수 있게 해준다. 그리고 삼각형이 아닌 다른 도형도 같은 방법으로 지도할 수 있기 때문에 도형의 닮음과 닮음비의 지도에 효율적으로 사용할 수 있는 방법이다.

Cabri의 사용에서 발생하는 오류로는 선분의 길이나 각의 크기를 수치화하여 나타낼 때 근사값 처리의 방법을 사용함으로써 오차가 발생하는 경우가 나타나는 현상이다. 즉, 예를 들어 삼각형의 내각의 합이 그 삼각형의 모양의 변화에 따라 180° 로 정확하게 떨어지지 않는 경우가 있거나, 변의 길이도 논리적으로는 같은 크기의 변임에도 불구하고 수치상으로는 미세한 오차가 발생하는 경우가 있다. 이와 같은 점을 고려하여 학생들에게 지도시 적절한 설명이 있어야 하겠다.

# Ⅲ. 정리

일반적으로 대부분의 학생들은 수학 학습을 어렵게 생각하고 재미없는 교과로 인식한다. 수학의 내용 중에도 특히 기하의 내용은 일견 도형을 주로 다루기 때문에 수학의 여타 영역의 내용보다 구체적이고 형상적으로 생각되어 상대적으로 쉽게 이해를 할 수 있을 것으로 생각되나 오히려 상반된 결과를 보여 준다. 이는 형상적이고 물리적인 성향이 강한 기하의 내용을 지도할 때 대부분은 교사가 준비한 간결한 알고리듬적인 해결이나 논증의 과정을 학습자의 입장에서 느낄 수 있도록 의미 전달을 소홀히 하고 기계적인 암기를 주로 유도하기 때문에 학습자는 자연히 구체적인 형태를 갖는 기하를 생각보다 어렵게 학습하게 됨으로써 빚어지는 결과이다. 기하 학습에 대한 이와 같은 부정적인 반응을 해소하기 위해서는 기하의 지도 방법에 있어서의 새로운 전환을 모색할 수밖에 없다.

이러한 경우에 우리가 찾게 되는 새로운 지도 방법은 앞에서도 언급한 바와 같이 결국 학습자의 수동적이고 기계적인 암기 위주의 방식을 탈피하여 학습자가 주도하는 역동적인 학습 활동을 통하여 스스로 그 수학적인 의미를 체험하고 조작 활동의 과정에서 즉시 피드백되는 결과를 접하면서 자신의 기하 학습 활동을 수정 보완하여 처음에 의도했던 기하적 발견을 이루게 하는 발견식의 학습을 유도하는 지도 방법에 귀착하게 된다. 이와 같은 발견 학습이 갖는 최대의 약점은 학습자가 주도하는 발견의 과정은 시행착오의 정도도 크고 비효율적이라는 점으로 이는 다시 학습자의 기하 학습에 대한 태도에 역기능으로 작용할 것으로 우려되는 점이기도 하다. 따라서 학습자의 발견 학습을 효율적이며 경제적으로 도울 수 있는 도구가 존재하면 이와 같은 발견 학습의 단점을 어느 정도 해소할 수 있게 된다.

본 장에서 기용한 Cabri는 기하 학습에서 학습자의 발견 학습을 좀더 효율적이며 쉽게 이끌어 줄 수 있는 기능을 갖고 있기 때문에 이 도구를 활용하여 초등 기하의 중요한 내용들을 학생들이 스스로의 힘으로 학습하거나 교사가 이들 내용의 설명에 더 효과적으로 사용할 수 있게 고안하여 구상한 2차적인 도형으로 이루어진 내용들을 포함하고 있다.

# 다섯 종이접기 : 열린 초등 기하 교실

종이접기 놀이는 아동들이 초등학교 시기에 접하기 쉬우면서 실제로 거의 대부분의 아동들이 경험하고 있는 대표적인 놀이 문화이다. 종이접기는 다른 놀이와 달리 미(美)적 '창작' 활동이라는 점에서 그 놀이의 고유한 특성을 찾아볼 수 있다. 이 창작의 과정은 종이라는 다루기 용이한 물체를 사용하는 일련의 인지적 조작 활동의 과정이다. 또한 자신의 조작 활동에 따른 구체적인 피드백이 즉시 이어질 수 있는 개별 학습의 과정이며, 구체적 형상을 평면적으로는 물론 입체적으로 표현하는 흥미로운 과정으로 양질의 풍부한 기하 학습 환경을 포함하고 있다.

종이접기의 주수재인 종이는 아동들이 쉽게 구하여 부담 없이 소모시킬 수 있는 안전한 물품이라는 점과 특별한 부가적 도구를 필요로 하지 않고 자신의 손만으로 의도하는 바 조작 활동을 쉽게 해낼 수 있다는 조작적 편리성을 장점으로 갖고 있는 놀이 소재이다.

이와 같은 종이를 소재로 하여 목적하는 바 특정 형태를 만들어 가는 종이접기 과정은 대부분의 경우 그 경로가 한, 두 가지 정도로 제한되는 선형적 다단계의 과정으로 종이접기 과정에 집중하면서 스스로의 활동을 모니터하고 평가하게 하는 고급의 학습 행위를 촉발시키는 교육적 환경을 제공한다. 초등학교 시기는 아동들이 또 다른 자아로서 자신에 대하여 모니터와 평가를 해내는 것이 어려운 시기이다. 한편 이러한 높은 수준의 학습 활동을 위한 교육적 환경을 제공하는 기회가 드물다는 점을 감안할 때, 종이접기 활동은 자연스러우면서도 스스로 이와 같은 활동에 몰입할 수 있게 해 준다는 교육적 장점을 많이 지니고 있다. 또한 자신의 조작 활동을 모니터하고 평가하는 과정에 피드백이란 가역적(可逆的)인 학습 행위가 연계되어 이루어지면서 풍요한 학습 환경을 제공하게 된다.

초등학교 수학 학습 지도와 관련하여 종이접기는 '접기' 활동이 선분으로 묘사되는 조작 활동이므로 자연히 선분과 점, 각, 다각형, 면 등의 기초 기하학적 요소를 구성적, 조작적으로 함유하고 있어 평면 기하는 물론 입체 기하의 기본적 개념이나 성질을 실제적이며 구체적인 방식으로 체험하게 된다.[1) 뿐만 아니라 창작이라는 의욕적인 학습의 역동성과 의도하는 목적 달성에서 오는 성취욕이란 흥미적 요소가 종이접기의 활동에 전반적으로 잠재되어 있기 때문에 초등학교 학생들에게는 최적의 학습 환경이 됨이 틀림없다.

이와 같이 창작적 조작 활동으로 이루어지는 종이접기 놀이를 초등 기하 교육과정에 도입하여 교육적 효과를 꾀하기 위해서는 좀더 체계적인 연구가 필요하다. 본 장에서 이와 연계하여 실제적인 종이접기의 예를 몇 가지 들어서 각 종이접기 과정에 구체적으로 포함되어 있는 기초 기하 내용에 대한 분석을 꾀하였다. 따라서 본 장에서는 실제적인 종이접기의 예 속에 함유되어 있는 초등 기하 학습 지도의 환경에 대한 세부적인 분석을 해 봄으로써 차후 연계될 "종이접기라는 학습 지도의 환경을 실제 초등기하의 지도에 어떻게 도입할 것인가"라는 문제에 답을 위한 사전 준비적 성격을 갖고 있다.

1) 종이접기를 공리적인 방법으로 정리하여 형식화한 경우도 찾아 볼 수 있다. 예를 들면 Alton T. Olson(1975)의 *Mathematics through Paper Folding*이 대표적인 예라 할 수 있다.

# 1. 종이접기의 실제와 초등 기하

종이접기[2] 활동에서는 정사각형이나 직사각형의 종이를 사용하여 평평한 형태의 모양을 만드는 경우가 대부분이므로 자연히 평면도형과 관련된 학습 환경이 풍부하게 전개된다. 물론 공이나 튤립 등의 입체적인 모양을 만들기도 하여 이 과정을 통하여 공간도형의 개념이나 공간 감각을 습득, 훈련시킬 수 있는 기회도 구성해 볼 수 있지만 본 연구에서는 평면도형과 관련된 사항만 다루기로 한다.

다음은 '부엉이' 라는 모양의 종이접기를 하는 과정에 함유되어 있는 평면도형의 학습 요소를 분석하여 정리한 것이다.

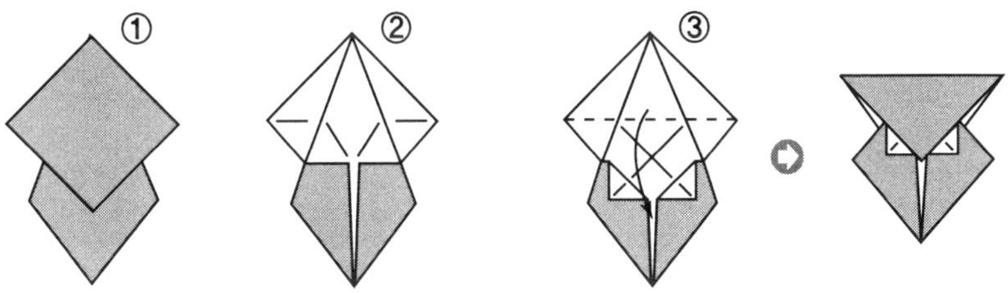


**그림 1. 부엉이**

2) 종이접기를 교육적인 목적으로 사용하고자 시도했던 교육자는 독일의 F. Fröbel(1782-1852)으로 유치원에서 사용할 수 있는 교육적 遊具 20가지를 개발하였는데 그 중 종이접기도 포함되어 있다. 다음은 당시 Fröbel이 사용하였던 종이접기의 예와 같은 모형을 보여주는 그림으로 Fröbel은 이 종이접기를 통하여 직관적 기하학의 지도를 꾀하였던 것이다. (자료 제공 : 종이접기협회 김상헌 이사)

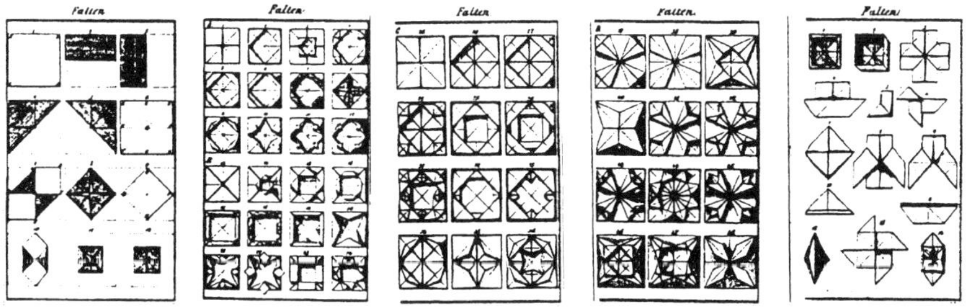

'부엉이' 접기의 경우도 대부분의 종이접기처럼 정사각형의 종이를 사용하여 대각선을 따라 접는 것으로부터 시작한다. 대각선을 따라 실제 종이를 마주 접어 두 쌍의 변이 일치하도록 함으로써 정사각형은 네 변의 길이가 모두 같고, 네 각의 크기가 모두 일치함을 조작적인 방법으로 경험할 수 있게 해 준다. 또, 이 경우 직각이란 각의 크기(90도라는 각의 양적 감각)와 모양(직각을 형성하는 두 변의 벌어진 정도)은 물론 정사각형의 내각의 합이 360도가 됨을 직관적으로 알게 해주는 좋은 기회가 된다.

대각선을 따라 한 번 접으면 직각 이등변삼각형이 만들어지고, 이를 또 다른 대각선을 따라 한 번 더 접으면 이등변삼각형의 두 옆변과 밑각이 일치하여 이등변삼각형이 갖고 있는 성질을 쉽게 이해할 수 있게 해준다.

또한, 대각선을 따라 접혀진 종이를 펼쳐 놓음으로써 나타나는 접힌 선에 의하여 정사각형이 네 개의 합동(대각선을 따라 네 겹으로 접어 겹쳐짐을 통하여)인 직각 이등변삼각형이 만들어져 결국 정사각형의 넓이가 4등분된다는 것을 시각과 촉각을 통하여 경험하게 해준다.

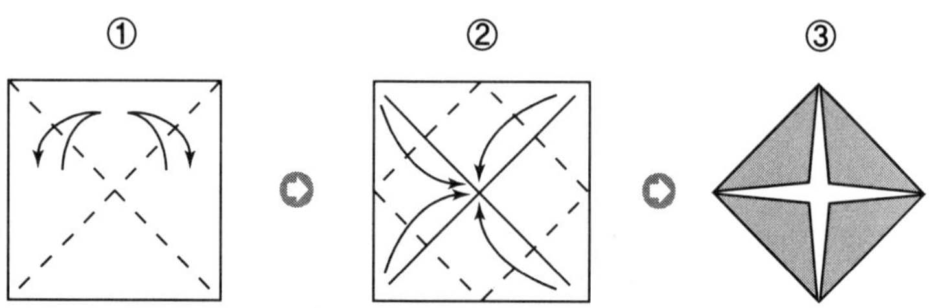


**그림 2.**

그림 3과 같이 새로 만들어진 작은 정사각형의 넓이는 처음 정사각형 종이의 넓이에 절반이 됨을 쉽게 알 수 있다. 여기서 역으로 생각해 보면 현재의 작은 정사각형 넓이의 두 배가 되는 넓이를 갖는 정사각형은 바로 처음의 정

사각형 종이가 되는 것이다. 즉, 이와 같은 추론의 과정은 "어떤 정사각형 넓이의 두 배가 되는 정사각형의 한 변의 길이는 처음 정사각형의 대각선 길이와 같게 하면 된다."는 성질의 발견을 할 수 있는 좋은 경우이다. 이는 바로 그 유명한 플라톤의 《대화편》 〈Menon편〉에서 소크라테스가 한 아동에게 건넨 긴 대화 끝에 아동이 발견—"상기"—하게 만든 기하학적 성질이다. 당시에는 현재의 종이와 같은 마땅한 소재가 없어서 소크라테스가 종이접기와 같은 아이디어를 발상해내지 못했는지는 몰라도 이와 같은 종이접기를 활용하였더라면 아마도 그 아동은 좀더 짧은 시간에 스스로의 발견 — 소위 소크라테스의 '산파법'이라는 수학 교수학의 발생적 원리보다 더 역동적인 교수의 원리인 발견의 과정 — 을 경험시킬 수 있었을 것이다.

②

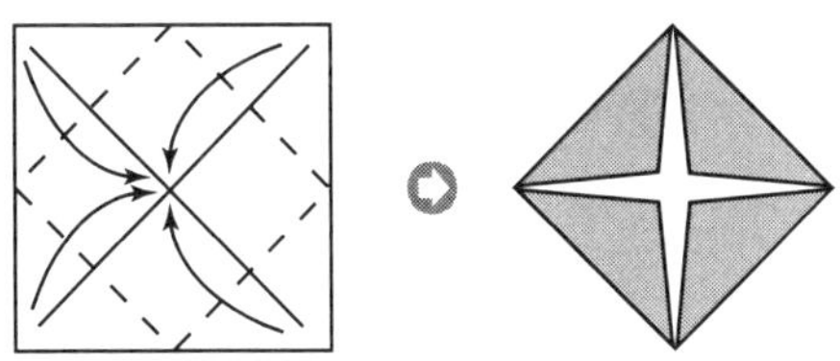

그림 3.

그림 4가 보여주는 세 단계의 접힌 모양은 모두 가운데 접힌 선을 따라 좌우의 모양이 일치하는 — 접힌 선을 따라 접었을 때 좌우의 모양이 일치한다는 사실로부터 — 선대칭 모양을 이루고 있다. 정사각형 모양의 종이로부터 출발하는 종이접기에서는 대부분 이와 같은 선대칭의 모양이 수시로 나타난다. 종이접기를 하는 동안 선대칭 모양을 반복적으로 경험함에 따라 자연히 선대칭 도형이 갖는 성질들을 직관적으로 이해할 수 있다. 그림 4의 ㄴ에서도 직선 $l$에 선분 ab와 cd는 수직으로 만나고(직교), 선분 ao와 선분 bo의 길이가

같고, 선분 cp와 선분 dp의 길이도 서로 같음을 현 단계까지의 종이접기 과정과 시각적인 직관에 의해서 알 수 있다. 즉, 이는 바로 선대칭 도형이 갖는 성질을 분석적으로 파악하는 좋은 방법이 된다.

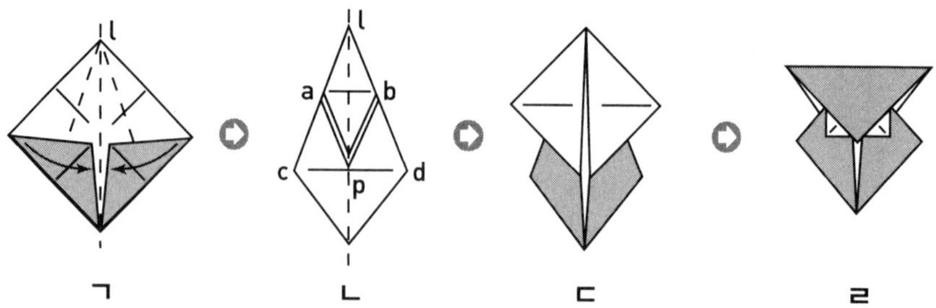


그림 4.

다음은 '쌍배' 접기 과정에서 찾아볼 수 있는 평면도형의 학습 요소를 분석, 정리한 것이다.

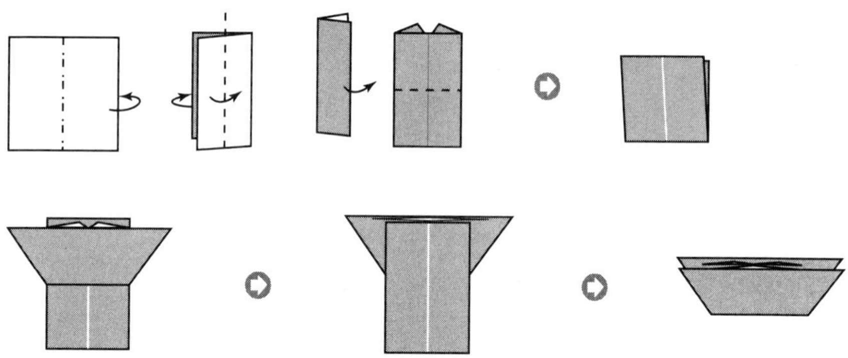

그림 5. 쌍배

쌍배접기도 정사각형의 종이를 사용하는 종이접기로 평행, 직사각형, 사다리꼴 등의 개념과 각 도형의 성질들을 학습할 수 있는 좋은 소재와 상황을 제공해 준다. 그림 6과 같이 쌍배접기의 초기 단계에서는 정사각형의 종이를 평행인 세 선분(접는 선)에 의해서 정확히 4등분하는 작업이 필요하다. 이때 세 선분이 평행에 가까울수록 마지막 단계에서 만들어지는 배의 모양이 어긋남이 없이 각 모서리가 일치하면서 반듯하게 만들어지게 된다. 이와 같은 사실을 학생들은 반복적인 쌍배접기의 과정을 통하여 시행착오의 방법으로 터득하게 된다. 즉, 이는 평행이라는 개념이 갖는 성질을 물리적인 인과 과정 속에서 자연스럽게 이해하게 된다.

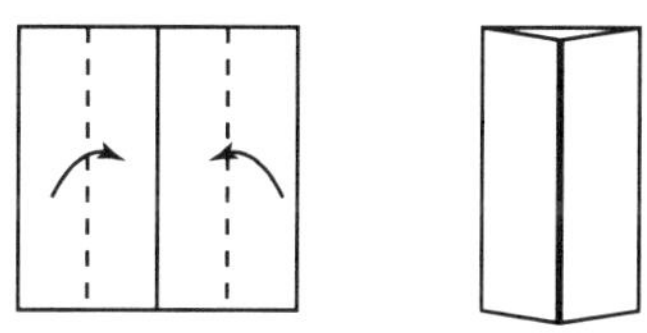

그림 6.

그림 6에서 접힌 선들이 서로 평행이 된다는 개념 파악으로부터 이 선들을 따라 접혀서 만들어지는 그림 7의 ㄱ과 ㄴ의 직사각형들처럼 직사각형들은 마주보는 변끼리 서로 평행을 유지한다는 성질을 유추해 낼 수 있다. 이외에도 직사각형이 갖는 성질은 다음과 같다. 마주 보는 변의 길이가 서로 같다. 네 개의 내각은 정사각형의 경우와 같이 — 처음의 정사각형 모양의 종이로 시작했음을 잠재적으로 인식하고 있기 때문에 — 모두 직각이며 따라서 내각의 합이 360도다.

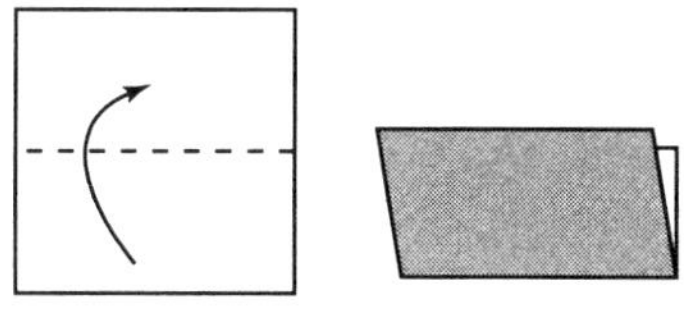


그림 7.

그림 8과 같이 최종적으로 만들어진 쌍배의 옆모양은 사다리꼴 — 정확히 등변사다리꼴 — 로 직사각형 모양으로부터 변형된 것을 생각해 보면 아래, 윗변이 평행이고 두 옆변의 길이가 같다는 등변사다리꼴의 개념과 성질을 직관적으로 파악할 수 있게 해준다.

**그림 8.**

다음의 종이접기는 '크레마치스' 라는 꽃을 접는 과정이다. 여기서도 정사각형 모양의 종이를 사용하는데, 그림 9의 ㄷ은 직각을 3등분하는 과정이다. 이때 정확히 3등분을 하려면 접는 선과 직각의 변이 모두 일치하도록 접어야 하는데 이는 학생들이 시행착오를 통한 반복 연습으로 터득할 수 있다. 이 단계에서부터 차례로 추론해 나가는 과정을 이용하면 정육각형의 한 내각의 크기가 120도임을 어렵지 않게 이해시킬 수도 있다.

다음, 이를 그림 ㄹ과 같이 잘라서 펼치면 정육각형의 도형이 만들어진다. 그런데 잘라서 펼치기 전에 자신이 접어 온 과정을 역으로 추론해 보면 펼친 도형이 어떤 모양이 될 것인지를 짐작해 볼 수도 있다. 또, 펼친 종이를 보면 접힌 선들이 이루어 놓은 여러 가지의 평면도형들을 경험할 수 있다. 정삼각형, 직각삼각형, 마름모, 사다리꼴 모양을 찾아 볼 수 있으며, 동시에 이와 같은 도형들이 갖는 성질을 접는 과정과 결부시켜서 생각해 보면 직관적으로 쉽게 이해할 수 있게 해준다. 한편 접힌 선들에 의하여 만들어지는 다양한 모양의 각들 — 예각, 직각, 둔각 — 에 대한 개념은 물론 각의 크기에 대한 감각적 훈련도 경험할 수 있는 학습 상황이 전개됨을 알 수 있다.

그림 ㅁ에서 정육각형의 중심에 해당하는 점을 중심으로 정육각형의 종이를 돌려보면 종이 위에 나타난 여러 도형들이 겹쳐진다는 생각, 즉 점대칭의 개념 파악도 쉽게 이루어 낼 수 있다.

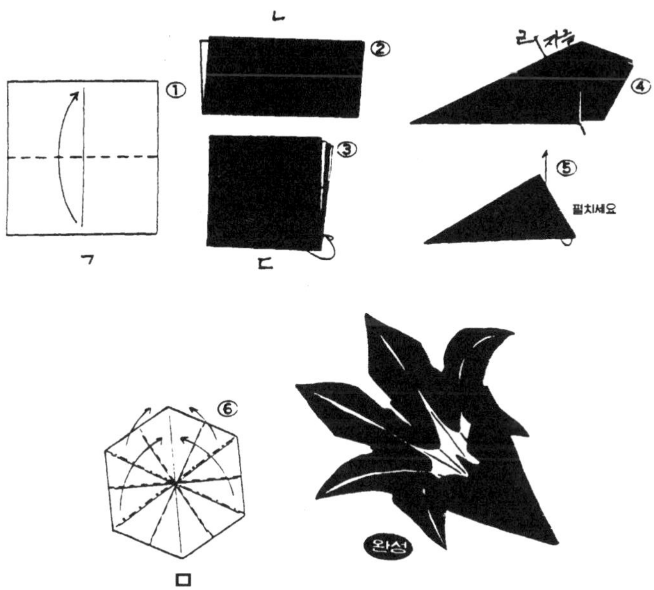


그림 9. 크레마치스

그림 10의 과정은 '국화꽃' 을 접는 과정으로 정사각형 모양의 종이로부터 출발하여 그림 ㄹ과 같은 정팔각형을 기본 모양으로 하여 종이접기가 이루어진다. 그림 ㄱ은 직각을 4등분하는 과정으로 처음부터 접는 순서와 접힌 선을 세심히 관련지어 알아보면 정팔각형의 한 내각의 크기가 135도가 된다는 계산도 학생들에게 그리 어려운 것이 아님을 알게 할 수 있다.

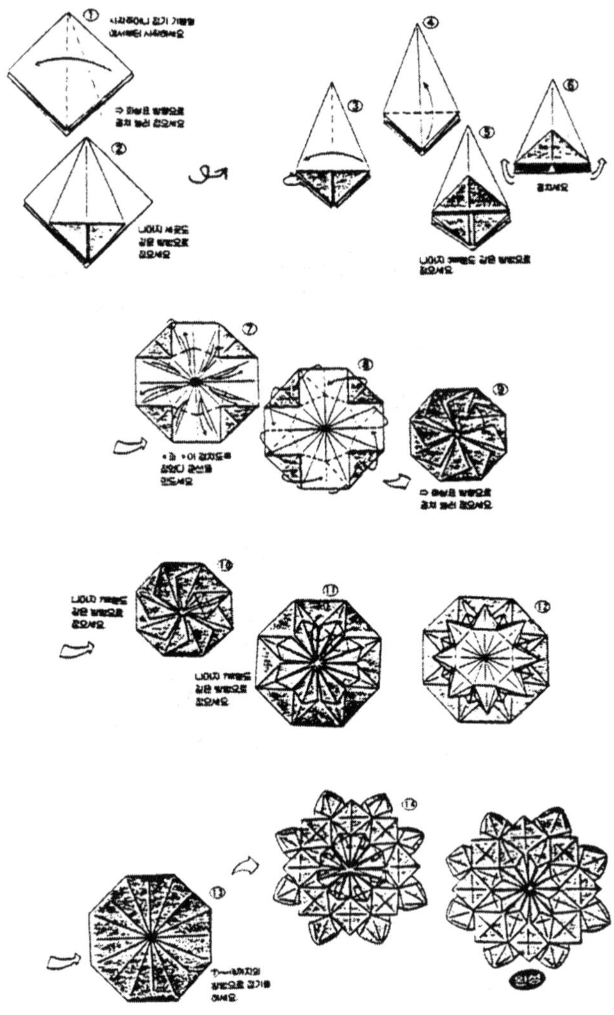

그림 10. 국화

이상의 종이접기 과정에서 찾아볼 수 있는 평면도형의 학습 환경은 종이접기를 단순히 숙련된 기술로 받아들이거나 평면도형 학습이라는 의미의 유입이나 의식화의 과정 없이 단순 반복 작업을 시키는 경우에는 학습 효과를 얻기 어렵다. 그러나 각 단계마다 세심하게 고려된 교사의 설명이나 질문 및 피드백 활동은 학생들에게 종이접기라는 흥미 있는 놀이 활동을 전개하도록 하는 가운데 평면도형이나 측도 등의 초등수학 내용에 대한 자연스러우면서도 생동감 있는 학습 효과를 끌어낼 수 있다.

## II. 종이접기와 초등 기하 교육

종이접기는 아동들이 취학을 전후하여 경험할 수 있는 놀이 중에 흥미 있고, 준비가 까다롭지 않아서 아동들 사이에 쉽게 전이될 수 있는 놀이가 된다. 이 종이접기는 일반적으로 정사각형이나 직사각형의 종이를 사용하기 때문에 접는 과정에 따라 여러 가지 기초적인 기하적 도형이 만들어지게 되며, 주어진 순서에 따라 잘 접었을 때 비로소 의도하는 모양을 만들 수 있게 되어 있다. 즉, 초등 학교 기하에서 다루고 있는 도형들의 성질뿐만 아니라 도형들 상호간의 관계를 재미있는 놀이를 하는 가운데 은연중 학습하게 되는 기회를 갖는 것이다.

그리고 학습 심리적인 면에서 볼 때 특정 종이접기와 관련된 수학의 학습을 흥미롭게 할 수 있도록 해줄 뿐만 아니라, 하나의 모양이 완성될 때까지 집중한 채 일종의 문제해결 경험을 할 수 있게 해준다. 그 때 느낄 수 있는 성취감 등은 모두 수학 학습에서 학생들이 경험하여야 할 긍정적인 심리 요소들이며, 이들을 자연스럽고 자발적인 가운데 경험을 하게 해주는 양질의 환경을 제공한다. 이와 같은 종이접기가 갖고 있는 수학 교육의 환경적 요인을 기초로 하여 세심한 계획에 따라 구성된 일종의 비정형적인 수업 모델을 적용시킬 때, 초등학교 학생들의 수학 특히 기하의 교육에 있어서 양질의 효과를 기대할 수 있다고 생각된다.

앞에서 다룬 네 종류의 종이접기 과정에서 찾아 볼 수 있는 초등수학과 관련된 내용은 다음과 같다:

### (1) 평면도형의 구성 요소

- 점 : 꼭지점, 중심
- 선 : 선분, 수선, 평행선, 대각선, 대칭선
- 변 : 윗변, 아랫변, 밑변, 옆변
- 각 : 꼭지각, 밑각, 직각, 둔각, 예각

### (2) 평면도형의 개념

- 삼각형 : 직각삼각형, 예각 삼각형, 둔각삼각형,
- 이등변삼각형, 정삼각형, 직각 이등변삼각형
- 사각형 : 정사각형, 직사각형, 마름모, 사다리꼴, 평행사변형
- 정다각형 : 정삼각형, 정사각형, 정육각형, 정팔각형
- 각 : 예각, 직각, 둔각

### (3) 평면도형의 성질

- 정사각형의 성질 : 변의 길이, 내각의 크기
- 직각삼각형의 성질 : 내각의 크기
- 정삼각형의 성질 : 변의 길이, 내각의 크기
- 정다각형의 성질 : 정육각형, 정팔각형의 내각의 크기

### (4) 평면도형의 조작

- 각의 등분 : 직각의 2, 3, 4 등분
- 면적의 등분 : 정사각형의 2, 4 등분, 삼각형의 2 등분
- 합동 변환 : 겹쳐 보기
- 닮음 변환 : 닮음비의 가시화

### (5) 평면도형의 관계

- 도형의 대칭 : 선대칭, 점대칭
- 도형의 합동 : 변의 길이, 각의 크기 일치

### (6) 평면도형의 측도

- 변의 길이 측도 : 변의 길이 변화, 비
- 도형 넓이의 측도 : 넓이의 변화, 비

앞에서 분석한 종이접기는 모두 정사각형 모양의 종이로부터 시작하는 경우로 일반적인 종이접기에서 기본적으로 다루는 과정들이 포함되어 있는 종이접기들이다. 불과 네 가지 정도의 종이접기에서도 초등기하 내용과 관련하여 풍부한 학습 요소와 환경이 전개되고 있다. 따라서 지도 교사의 적절하고 계획적인 개입과 설명의 활동은 학생들에게 다양하고 재미있는 종이접기를 즐김과 동시에 양질의 '발견 학습' 을 경험할 수 있게 해준다.

# Ⅲ. 종이접기와 문제해결 지도

종이접기의 과정 중 문제해결 학습의 효과를 기대할 수 있는 상황은 다음의 두 가지 경우로 나누어 생각해 볼 수 있다.

첫째, 교사나 교재에 의하여 종이접기의 최종적인 모양과 접는 방법에 대한 지도가 일차적으로 이루어진 후 학생이 동일한 모양의 종이접기를 하고자 하는 경우.

둘째, 최종적인 모양이나 그 접는 방법에 대한 제시나 설명 없이 현재 배운 여러 가지의 종이접기를 응용하여 만들 수 있다고 생각되는 모양을 접도록 요구하는 경우.

첫 번째의 상황에서 학생들은 접고자 하는 최종의 모양과 접는 과정에 대하여 설명을 들었기 때문에 기억력에 의존하여 종이접기를 할 수도 있다. 그러나 접고자 하는 모양이 복잡하고 접는 과정에 숙달되어 있지 않으면 전 과정을 기억해 내기는 어렵다. 따라서 중간의 특정 단계에서 접는 방법이 기억나지 않는 경우 현재의 모양이 어떻게 변화하여 최종적인 모양에 도달할 수 있을까를 여러 가지의 방법을 시도하여 일일이 그 가능성을 평가해 보는 과정을 거쳐야만 목적하는 바 종이접기를 완수하게 된다. 이 경우 대부분의 종이접기 모양이 대칭성을 갖고 있다는 점을 고려하거나 완성된 최종적인 모양과 기하학적인 면에서 선분의 길이의 비나 만들어지는 각의 크기 등을 기준으로 하여 현재의 모양에서 다음 단계로의 접기를 시도하였을 때 예상되는 변화가 최종적인 모양이 갖고 있는 기하학적 특성에 가까워지고 있는가의 평가를 통하여 현 단계에서 부딪힌 문제를 해결하게 되는 것이다.

한편, 앞뒷면의 색이 다르게 만들어진 색종이를 사용함으로써 이와 같은 문제해결의 과정에 최종적인 모양이 갖고 있는 앞뒷면의 색이 서로 구성된 모양을 다음 단계에서 접어야 하는 방법을 찾는데 기준으로 사용할 수도 있다. 즉, 무계획한 시행착오의 방법이 아닌 현 단계에서 다음 단계로 넘어 갈 때 예상되는 기하학적 성질의 변화가 최종적인 모양이 갖고 있는 기하학적 성질에 가까워지고 있는가에 대한 모니터링이나 평가 등의 방법을 사용하여 논리적인 추론을 함으로써 성공적인 문제해결을 경험, 학습하게 되는 것이다.

두 번째의 종이접기 상황은 첫 번째의 경우보다 어려운 문제해결의 상황이라고 할 수 있다. 일종의 창작력까지 요구되는 '열린 문제'의 상황으로 이 경우 요구되는 최종적인 모양은 한 가지로만 정해지는 것이 아니다. 예를 들어 그림 1의 부엉이 접기 방법을 사용하여 개구리의 얼굴 모양을 접도록 요구하는 경우 익숙해진 부엉이 접기 과정의 어느 단계에서 어떤 방식으로 변화를 시켰을 때 개구리의 얼굴 모양에 가깝게 접을 수 있는가를 연구하는 과정은 기하학의 미적 측면까지 고려되는 높은 수준의 문제해결 상황을 학생들에게 경험, 연습하게 할 수 있다.

학생들이 일상적으로 접하는 수학의 문제해결에서 요구하는 사항이 이 정도로 복잡한 문제 상황인 경우 대부분 그 해결의 의욕을 상실하기 쉽지만 종이접기의 경우는 그 상황 고유의 흥미와 자연스러움 때문에 학생들의 지속적인 시도를 기대할 수 있다. 따라서 종이접기는 창의적이고 높은 수준의 문제해결력 훈련을 할 수 있는 좋은 학습 상황이 되는 것이 틀림없다.

## Ⅳ. 정리

대부분의 아동들은 초등학교 입학을 전후하여 종이접기의 경험을 한다. 종이

배나 종이 비행기 등을 접어 보기도 하며, 이보다 더 복잡한 학과 같은 모양의 종이접기를 하는 것도 볼 수 있다. 종이접기를 할 때, 대부분의 경우 정사각형이나 직사각형 모양의 종이를 사용하는데, 이들 종이를 일정한 순서와 방법에 따라 접어 가면서 여러 가지 모양의 기하학적인 도형이 만들어지는 것을 경험한다. 특히, 처음 배워서 익숙하지 않은 모양을 만드는 경우에는 여러 가지로 시행착오를 거치면서 나름대로 논리적인 생각도 하게 된다. 즉, 종이접기의 과정은 초등 기하에서 필요로 하는 도형인 삼각형이나 사각형 등이 갖는 성질을 무의식적으로 경험하고 익숙하게 해주는 양질의 비정형적인 학습 환경을 제공한다. 더욱 중요한 것은, 기초적인 도형들이 갖고 있는 성질이 종이접기 과정 속에 함유되어 있을 뿐만 아니라, 의도하는 모양을 이루어 가는 과정이 수학 문제해결의 과정과 흡사한 점이 많다는 것이다. 그리고 도형의 넓이의 등분이나 도형의 대칭성, 선분의 길이 비교, 각의 등분 등 기초 기하적인 개념이 흥미 있는 놀이의 과정 속에 풍부하게 잠재되어 있음을 알 수 있다.

종이접기에서 각자가 의도하는 모양을 성공적으로 만들 수 있기까지 노력하는 과정에 자연스럽게 얻게 되는 수학적 지식을 두 가지로 구분하여 볼 수 있다. 예를 들어 정사각형 모양의 색종이를 대각선을 따라 반으로 접는 경우에 만들어지는 삼각형이 갖는 성질이나 그 삼각형의 넓이와 처음 정사각형의 넓이의 비교에서 얻게 되는 기본 도형의 성질과 같은 개념적 지식을 생각해 볼 수 있다. 그리고 의도하는 모양을 만들기 위해서 종이를 접는 순서와 각 단계에서 정확하게 접기 위해서 주의해야 할 점이 무엇인가와 같은 논리성이 개재되어 있는 과정적 지식이다. 즉, 기초 기하적인 도형에 관한 개념적 지식이나, 수학 문제해결과 같은 고급의 논리성 있는 과정적 지식과 같은 양질의 수학적 능력을 종이접기라는 흥미 있고 자연스러운 과정을 통해서 훈련하고 학습할 수 있는 기회가 된다.

앞에서 분석해 본 바와 같이 종이접기의 과정은 특히 초등학교 학생들의 기하 학습에 인지적, 정의적인 양면 모두에 있어서 풍부한 효과를 기대할 수 있는 양질의 학습 상황을 함유하고 있다. 즉, 종이접기의 상황은 수학교육에서 중요시 여기고 있는 학생들의 능동적, 적극적 학습 활동의 참여는 물론 탐구 학습의 실현 가능성과 함께 수학 학습 동기 부여 및 수업에 대한 흥미를 불러일으킬 수 있는 학습의 장이 된다. 그리고 학생 스스로가 기하의 기본 개념과 성질을 스스로 구성해 나갈 수 있는 학습 환경이 되며, 소위 '열린 수학교실' 의 운영에 있어서도 좋은 소재가 된다고 할 수 있다. 또 종이접기의 상황은 초등기하의 내용은 물론 축도나 비, 비율 등의 내용 영역의 학습에 있어서도 구체적이고 조작적인 수학 내용 학습의 장을 제공하며, 창작적이며 미적인 수학 문제해결을 연습하기에 적합한 기회가 될 수 있다.

그러나 종이접기는 이와 같은 양질의 학습 환경을 갖추고 있기는 하지만 지금까지 일상적으로 아동들이 해왔듯이 종이접기를 그들 나름대로 단순한 놀이로만 다루게 하는 경우에는 우리가 기대하는 바의 학습 효과를 거둘 수 없다. 접고자 하는 모양의 선정은 물론 그 여러 모양들의 접기 활동을 어떠한 순서에 따라 지도할 것인가 또는 각 접기의 단계마다 목적하는 바 기하의 내용과 연결된 적절한 교사의 설명이나 학생들의 사고를 유도하는 질문이나 지적 등과 같이 치밀한 지도 계획이 수반되지 않을 때에 종이접기 활동은 단순한 오락의 한 종류로 전락할 수도 있는 위험성을 갖고 있다.

# 여섯 프로젝트형 과제를 통한 열린 수학 학습 지도

일반적으로 수학은 여러 학교 교과목 중 어려운 교과목으로 여기고, 흥미 또한 느끼기 쉽지 않다고 생각해 온 교과목이지만 아이러니컬하게도 교사나 학생 모두가 중요하게는 생각하고 있는 교과목이다. 이러한 수학 교과에 대하여 특히 지도의 입장에서는 지도 방법의 개선이나 개발 또한 쉽지 않다고 여겨 왔으며, 이는 본디 수학 교과의 속성상 어쩔 수 없는 특성으로 여겨 왔음을 부인할 수 없다. 즉, 수학이란 교과는 중요하게는 생각되나 어렵고 재미없는 교과라는 아이러니를 해결할 수 있는 방법은 결국 수학은 중요한 학교 교과목이기 때문에 반드시 해야 되는 교과이므로 수학을 학생들이 재미있고 쉽게 이해할 수 있도록 수학교육 전반에 있어서의 개선을 위한 노력이 필요하다는 생각에 이르게 된다. 이를 위해서는 우선적으로 기존의 지도 방법 개선이 필요함은 물론이다. 특히, 요즈음 학교 교육 현장에서부터 붐이 조성되고 있는 '열린교육' 의 움직임은 이러한 수업의 흥미 증진이란 의도와도 밀접히 연결되어 있음을 알 수 있다. 수학 교과의 입장에서 이와 같은 열린교육의 움직임을 받아들이고자 할 때 앞서 말한 수학교육 문제의 특성상 수학을 실제 생활 영역과 관련지으면서 학생들에게 흥미를 갖게 유도하는 지도 방법의 개발이란 방향으로 연구의 시도가 필요하다. 따라서 수학의 학교 교과로서의 아이러니의 해결을 위하여 열린교육이 갖고 있는 의미를 살리고자 하는 지도 방법적 측면에서의 개발을 위한 연구는 근자의 학교교육의 움직임에 있어서 시의적절한 연구 배경이 된다고 할 수 있다.

## 1. 열린교육과 프로젝트 수업

열린교육에 대한 논의에서 우선적으로 생각해 보아야 할 문제점은 열린교육에 대한 통일되거나 체계화된 이론이 성립되어 있지 않다는 점이다. 이는 결코 열린교육에 대한 연구나 논의의 기간이 일천해서라기보다는 열린교육이란 주제 자체가 구성하고 있는 본질적 특징 때문이라고 생각한다. 즉, 열린교육은 '열린(Open)' 교육이란 용어의 조성(Barth, 1972)과 동시에 생겨난 새로운 교육의 개념 내지는 방법을 의미하는 것이 아니라 여타 일반적인 교육적 논의에서 보여주고 있는 바와 같이 이미 우리의 교육 상황 속에 부분적으로 용해되어 존재하고 있었던 기존의 교육 개념이며 방법론이었지만 20세기 중후반에 이르러 교육계의 실천적 관심이 증가되면서 요즈음 우리의 교육 현장에서도 현직 교사들의 실천적 관심에 따라 표면화되기 시작한 교육 개념 내지는 철학 또는 방법론이라고 할 수 있다.

소크라테스나 플라톤과 같은 고대 철학자들의 사상까지는 거슬러 올라가지 않아도 근대 철학자나(Montaigne; Locke; Rousseau; Dewey 등) 교육자(Pestalozzi; Montessori 등), 교육학자(Herbart; Froebel 등), 심리학자(Piaget; Bruner 등)들 중에는 오늘날 열린교육이 의미하고 있는 바를 연구하고 교육 현장에 실천코자 하는 의도가 많이 존재해 오고 있음을 알 수 있다(Stephens, 1974). 즉, 이들의 생각이나 철학은 외형적으로는 서로 다를지 모르지만 결국 지도의 효율적 측면보다는 학습의 질적 측면에 상대적으로 관심을 집중하고,

지도나 교육 환경적 측면보다는 학습자의 조건과 성향에 배려를 둔 교육 원리나 방법론, 학습 지도 이론을 펼치고 있다. 이와 같은 주장이나 이론을 실천하기 위하여 방법론적으로 필요한 요소들을 제시, 요구하는 것이 바로 요즈음의 열린교육이 내세우고 있는 바와 일치한다. 즉, 열린교육의 이론은 앞서 열거한 교육 관계자들의 주장을 '교수-학습의 원리' 라고 한다면 일종의 '학습 환경 조성' 이라는 차원에서의 주장이라고 할 수 있다.

열린교육의 이론은 그 성격상 특유의 이론이라기보다는 일반적인 여러 이론의 스펙트럼상에 한 부분을 자리하고 있는 이론이라고 할 수 있다. 따라서 열린교육 이론의 여러 측면의 특성은 일반 교육 이론을 구성하는 각 기능적 요소나 측면에 대한 변수적 고려하에 이 변수에 특징적 규정을 함으로써 파악될 수 있다. 열린교육 이론이 갖는 이러한 특성은 앞서 기술한 바 열린교육 이론이 갑자기 등장한 새로운 이론이 아닌 오랜 교육사 속에 잠재해 오던 부분적인 이론이라는 지적과 맥을 같이 한다. 열린교육의 이론을 구성하는 변수적 요소들이 일반적 저교육 이론과 같다면 그 변수의 특징적 규정에 있어서 여타의 교육 이론과 달리하는 원칙에 대한 규명이 바로 열린교육 이론의 본질을 이해하는 핵심이 된다고 할 수 있다. 열린교육 이론을 구성하는 요소들을 규정하는 원칙으로는 우선 기존의 교육 이론들과는 달리 각 요소마다 특정의 정도를 정하여 경직된 외형을 요구하지 않는 이른바 유연성 있게 열려 있는 외형을 원칙으로 하는 점을 들 수 있다. 그리고 각 상황마다 외형적 모습을 유연성 있게 결정할 때의 주된 결정 요인으로 작용하는 것은 학습자의 학습 활동의 측면에서 학습자의 조건을 최대한 배려하고 학습의 최대 효과와 질을 추구하는 의도 하에 보편적 학습 원리에 부응하는 교육 환경 조성이라는 관점이 된다. 즉, 열린교육 이론의 핵심은 여타의 일반적 교육 이론과 비교할 때 교육 환경 운영의 효율성 추구라는 지도의 기능적 측면에 대한 중시의 관점에서 학습의 본질 파악과 정직한 학습 효과의 추구라는 학습자의 측면을 중시하는 관점으로 이동한 것이며, 이는 자동적으로 최대의 학습 효과와 질을 실현하기 위하여 교육 환경의 여러 조건을 각 교육 상황에 맞추어 유연성 있게 대처할 수 있도록 열어 두겠다는 기능적 준비성을 요구하게 된다.

기존의 열린교육 이론에서 자주 거론되는 열린 공간, 열린 교육과정, 자유로운 교육 환경, 다양한 학습 방법, 여러 형태의 학습 집단, 교과 영역 통합, 학습의 자유 등은 교육 이론을 구성하고 있는 학습 공간, 교육과정, 학습 방법, 학습 집단, 학습 영역 등 여러 변수적 요소들을 획일적으로 규정하고 있던 기존의 경직된 생각을 열어 보겠다는 시도이다. 그리고 학습자의 개성과 창의성의 존중, 학습자 고유의 가치 인정, 학습자의 학습 능력 고려, 교사의 조력자로서의 역할 등과 같은 주장은 열린교육을 위한 제반 여건 조성시 그 원칙은 학습자로부터 비롯된다는 열린교육의 철학을 의미한다. 열린교육의 철학은 교육의 시, 공간과 같은 물리적인 요소는 물론 교육 내용이나 방법과 같은 교육을 구성하는 제반 요소의 상태를 결정지을 때 학습자의 조건을 충분히 배려하고자 하는 교육의 인간화를 추구하는 인본주의적 자연주의, 경험주의의 철학에 기초한다고 할 수 있다.

이와 같은 열린교육이 갖고 있는 근본적인 생각을 수학교육에 적용시킬 때 수학 교과에서의 열린교육 실천을 뒷받침할 수 있는 이론은 그 자체가 특정의 형태로 고정될 수 없으며, 다양한 수학교육의 상황에 따라 유연하게 대처하여 열린교육의 의미를 실천시키는데 적합한 방법론이 되어야 할 것이다. 즉, 수학교육에서 소위 열린교육의 의미를 최대한 반영하기 위해서는 고정되거나 체계화된 이론보다는 다양한 수학교육의 상황에 대처하기에 효율적인 다양한 수학교육의 방법론 개발이 더 중요하다고 생각한다. 여타의 학교 교과의 경우에도 비슷한 양상이 가능하리라고 예상되지만 수학 교과에 있어서 획일적인 열린교육의 이론이 존재한다고 생각하기는 어려우며, 과거 수학교육을 위한 여러 이론들이 다양하게 산재하고 각 이론들이 적용되기에 적합한 수학교육의 상황이 존재하듯이 열린교육의 이론이 정형화 또는 고정되어 존재할 때 이는 또 다른 새로운 수학교육 이론으로 전락하기 쉽다. 수학교육에 적합한 열린교육의 이론은 일반적인 의미에서의 이론이라기보다는 수학교육 방법론적인 면에서의 기본적 조건을 결정하는 전술한 바 두 가지 원리 — 열린교육의 외형적인 면을 결정 짓는 제요소에 대한 유연한 변수적 규정의 원리, 학습자의 조건과 입장 배려를 우선으로 하는 교육 철학적 원리 — 에 충실하면서 각 수학교육의 상황에 대응하고자 하는 실천적 자세라고 할 수 있다.

## Ⅱ. 프로젝트 수업의 실제

본 연구는 기존의 학교 수학 수업에서 보여 주고 있는 경직되고 생동감이 상실된 수업 성향을 새로운 형태의 수학 수업의 부분적 도입을 시도함으로써 학습자의 흥미는 물론 생동감 있고 실제적인 수학 수업을 창출하고자 하는데 그 근본 목적이 있다. 이를 위해서 교사는 학생들이 현재 배우고 있거나 이미 학습된 수학적 내용이 함유되어 있는 세밀하게 고안된 프로젝트 형태의 수학 과제를 부여하여, 이를 학생들이 이미 편성된 소그룹 내에서 그룹 협동의 방식으로 해결케 하고, 일련의 보고서를 작성하여 수업 시간에 발표하게 하여, 그룹간 토론의 방식으로 해당 단위의 수업을 마무리하는 방식을 취한다. 여기서 학습자는 기존의 정형화된 수학 문제나 과제가 아닌 종합적이고 실질적이면서 비정형적으로 열려 있는(Open-ended) 프로젝트의 해결을 통하여 우선 수학 수업에 대한 신선한 느낌을 받게 된다. 수학의 실용성은 물론 협동 체제 속에서 수학적인 의사 교환의 방법으로 자신의 수학적 능력을 발휘할 수 있으며, 기존의 수업 체제 속에서 학습한 수학의 내용을 실제로 적용해 보는 경험을 통하여 수학이란 교과의 속성이나 가치성을 경험할 수 있다. 따라서 자칫 무미건조하게 받아들이기 쉬운 수학의 학습을 의미 있고 생동감 있게 느낄 수 있는 기회를 갖게 되어 기학습한 내용에 의미를 부여할 수 있게 되며, 주어진 프로젝트의 성격에 따라 수학만이 아닌 다른 분야가 수학과 어떻게 연결 될 수 있는가를 알게 됨으로써 각 교과간의 연결성에 대한 이해를 도모할 수 있어 결국 전체적으로는 전과는 사뭇 다른 외형적으로나 내용 면에 있어 소위 '열린' 의미를 충분히 살릴 수 있는 수업을 구성해 내고자 하는 것이다.

## 1. 연구 수업의 형태

프로젝트형 과제를 통한 수학 학습의 지도(이하, 프로젝트식 수업)는 학교 수학 수업 전반의 상시적 실시보다는 일정 범위의 수학의 내용이나 개념의 지도가 이루어진 후 이에 대한 숙달이나 의미 파악 또는 적용을 위한 목적으로 단원 끝에 두세 시간 정도의 실시가 적절하다고 생각한다.

## 2. 프로젝트의 성격

프로젝트식 수업에서는 일단의 수학 내용이나 개념을 포함하고 있는 실제적 상황을 문제화한 프로젝트의 구성이 무엇보다 중요한데 그 규모에 따라 한두 개의 프로젝트를 구성하여 이를 5, 6명으로 구성된 그룹에게 주어 경쟁적으로 준비하게 함으로써 수업의 다이내믹한 면을 강조한다. 프로젝트는 외형적인 면에서는 특별한 제한은 없으나 우선 학습된 수학의 내용이나 개념이 충실히 반영되어야 하며, 실제 생활이나 주변에서 찾을 수 있는 소재를 통하여 만들어진 실재적 상황이 프로젝트의 배경이 되어야 학생들의 흥미는 물론 수학의 실제적 적용의 가치를 인식하게 한다. 프로젝트를 소위 문제라는 관점에서 볼 때는 그 조건이나 해결 방법, 해답 등의 모든 면에서 열려 있는 방식을 취하여 현장감을 살리고 학생들의 자유로운 사고 경험의 기회를 충분히 제공할 수 있게 구성한다. 가능하면 과학이나 사회 등과 같은 타 교과와도 연계되도록 구성한다.

## 3. 프로젝트의 부과 및 준비

일단의 수학 내용이나 개념 학습이 끝난 직후 과제로 제시한다. 하나의 프로젝트를 해결할 때는 학생들의 입장에서 면밀히 사전 분석하여 예상되는 소요 시간은 물론, 학생들이 취할 수 있는 방법의 경우와 발생할 수 있는 문제점, 소요 경비 및 자료 등에 대한 파악이 앞서야 한다. 또한 과제 부여시 예상되는 문제점은 사전 인식시켜 안전 조치를 취하고 해결하는 데 충분한 여유를 주고, 해결 과정과 결과를 보고하기 위한 보고서 작성의 대략적인 요령과 발표 방법과 준비물 등에 대하여 상세히 언급한다. 그리고 발표 수업의 다이내믹한 분위기를 조성하기 위하여 상대 그룹의 발표에 대한 경쟁적 토론을 펼치게 하기 위한 평가 방안을 마련하여 이에 대하여 주지시킨다.

## 4. 프로젝트의 발표

각 그룹당 자신들의 프로젝트 해결을 보고서의 형태로 미리 준비한 내용을 가지고 발표하되 상대가 과정과 결과에 대하여 이해가 쉽도록 한다. 이를 청취한 학생들은 발표 그룹의 단점이나 잘못된 점을 비판하고 발표 그룹은 이에 맞서 자신들이 취한 과정이나 결과에 대한 효율성이나 우수성에 대한 방어의 토론을 하도록 유도한다,

## 5. 수업의 정리

발표와 논쟁이 완료된 후 교사는 종합적으로 이와 같은 프로젝트의 해결이 해당 수학 교과 내용과의 관련성 및 의의에 대하여 간단히 정리한다. 그리고 그룹별 평가와 이러한 수업을 통하여 얻을 수 있는 수학교육적 측면에서의 효과를 분석하여 정리하고, 이를 차후 프로젝트식 수업에 반영하여 더욱 발전적인 프로젝트식 수업이 되도록 이끈다.

금번 실시된 프로젝트형 과제를 통한 수학 학습 지도(이하, 프로젝트형 수업) 전개 과정의 개념도는 다음과 같다.

| 소그룹 편성 | → | 프로젝트 부여 | → | 프로젝트 해결 | → | 보고서 작성 | → | 보고서 발표 | → | 논의 및 정리 |
|---|---|---|---|---|---|---|---|---|---|---|
| 담당교사 | | 담당교사 | | 각 그룹별 | | 각 그룹별 | | 각 그룹별 | | 학급 전체 |
| \|←발표 2주 전→\| | | | | \|← 2주의 기간 →\| | | | | \|← 발표 당일 →\| | | |

그룹별 활동 녹화

(1) **소그룹 편성**: 1개 학급을 한 그룹 내의 학생 수가 5, 6명 정도 되게 소그룹

(8개 정도의 소그룹)을 편성한다. 편성된 각 소그룹은 교사가 부여하는 프로젝트를 공동의 작업으로 해결하며, 프로젝트 해결 과정에 서로 충분한 수학적 의견 교환이 이루어지도록 노력한다. 소수 특정인의 주도로 이루어지지 않도록 하며, 분업의 방법은 외형적인 물리적 작업에만 적용하고 프로젝트 해결의 내용과 직접적인 부분은 모두가 참여하여 활발한 수학적 의견 교환을 통하여 이루어지도록 교사의 사신 지도가 필요하다.

(2) **프로젝트 부여**: 총 8개 소그룹 중 4개 그룹 단위로 다른 프로젝트를 부여한다. 따라서 본 프로젝트형 수업에서는 4개의 홀수 소그룹에는 '프로젝트 1' 을 나머지 4개의 짝수 소그룹에는 '프로젝트 2' 를 부여한다. 본 연구에서 사용한 프로젝트는 다음과 같다.

**프로젝트1**

**아빠가 운전하시는 자동차 '무쏘' 가 있다. 이 자동차의 부피는 얼마나 될까? 단, 모든 차창은 완전히 닫혀 있으며 바퀴를 포함한다.**

**프로젝트2**

**우리 교실에 흰색의 모조지 전지를 이용하여 벽을 바르려고 한다. 바닥, 출입문, 창문, 칠판, 게시판, 사물함 등은 제외하고 순수하게 벽과 천장만 바르려고 한다. 이 때 필요한 최소한의 비용을 산출하여라. 단, 인건비는 생각하지 않으며 반드시 모조지 전지(100원)만을 사용하며 풀을 이용해 바른다.**

(3) **프로젝트 해결**: 주어진 프로젝트를 해결하는 경우 각 그룹의 구성원 전체가 항시 모여서 같이 진행해야 되며, 자료 조사나 자료 구입 등과 같은 것은 분업을 통하여 할 수 있되 반드시 다시 모여 분업으로 수행된 작업의 결과

에 대하여 모든 구성원이 알 수 있도록 보고의 절차를 가져야 된다. 프로젝트 해결시 기본적으로는 학교에서 배운 수학의 내용을 활용하도록 하며, 그 외에 필요한 수학적 내용이나 다른 분야의 지식도 그룹 내에서 학습을 통하여 사용하여도 무방하며, 수학만이 아닌 다른 분야의 지식이나 기술적인 내용을 적절히 사용하여 프로젝트의 해결을 하도록 유도한다.

(4) **보고서 작성** : 각 그룹별 수행한 프로젝트 해결의 과정과 결과에 대한 보고서를 작성하여 발표 당시 다른 학생들에게 배부하며, 그 보고서의 내용을 기초로 하여 발표한다. 보고서 작성시 특정의 형식은 없지만 다음과 같은 사항이 반드시 들어가야 된다.

a. 주어진 프로젝트의 해결에 필요한 수학적 지식들의 요약(수학적 지식)
b. 주어진 프로젝트의 해결에 필요한 다른 분야의 지식들의 요약(다른 분야의 지식)
c. 주어진 프로젝트의 해결에 필요한 자료나 도구의 나열 및 용도(자료, 도구 및 그 용도)
d. 주어진 프로젝트의 해결 과정이나 순서의 요약(해결 과정)
e. 주어진 프로젝트의 해결에 사용한 방법의 한계점이나 오차(해결 방법의 한계)
f. 주어진 프로젝트의 해법 및 결과(해법 및 결과)
g. 주어진 프로젝트의 해결에 대한 종합적 반성(종합적 반성)

(5) **보고서 발표** : 준비된 각 소그룹은 보고서에 기초하여 자신들의 수행 결과에 대하여 발표하되 다른 학생들이 잘 이해할 수 있도록 필요하면 시청각 기자재나 모형을 사용하여 발표한다. 한 그룹당 발표 소요 시간은 10분 정도로 하되 발표 직후 약 5분 정도의 자유 토론의 시간을 갖는다. 발표할

때는 대표자 한 사람이 단독으로 발표할 수도 있으며, 구성원 모두가 참여하는 분담 발표를 할 수도 있다. 발표시에 해당 소그룹의 구성원은 모두 앞으로 나가서 필요한 때 보충 설명을 곁들이거나 또는 질문에 대비한다. 시간 제약상 2, 3그룹씩 모두 4, 6그룹만을 사전에 선별하여 발표하게 한다. 선발에서 제외된 학생들은 평가단으로 참여하며 각 그룹을 10점 만점으로 평가하도록 하고, 그러한 평가를 하게 된 이유를 준비하여 뒤에 종합적인 토론 시간에 표하게 한다.

(6) **논의 및 정리**: 각 그룹별 발표 후 5분간의 토론과 함께, 각 프로젝트 별로 발표가 완결된 경우 10분 정도의 종합 토론을 2회 실시한다. 토론시에는 모든 학생들이 참여할 수 있으며, 주로 발표된 내용에 따라 수학적으로나 다른 면에서 잘못된 점에 대한 지적이나 프로젝트의 의도에 더 근접한 해결 방법이 있다고 생각될 때 이에 비교한 해결 방법이 갖고 있는 단점은 물론 장점에 대한 지적을 할 수 있다. 이러한 지적에 대하여 해당 발표 그룹은 적절한 설명을 통하여 방어를 할 수 있다. 프로젝트별 종합 토론이 끝난 경우 평가단의 학생들은 발표한 각 그룹의 점수를 10점 만점으로 무기명으로 평가하여 제시하고 교사는 이를 합산하여 각 그룹의 점수로 반영, 발표한다. 즉, 토론의 분위기는 좀더 나은 해결 방법에 대한 모색을 꾀하기 위하여 경쟁적으로 활발히 논의가 이루어지게 한다.

# Ⅲ. 프로젝트 수업 지도

| 일시 | | 장소 | | 대상 | |
|---|---|---|---|---|---|
| 단원 | 4. 도형의 닮음 | 본시 주제 | 실생활에서 접하는 모양이 일정하지 않은 도형의 넓이, 부피 구하는 방법 알기 | 지도 교사 | |
| 학습 목표 | • 모양이 일정하지 않은 실제 입체 도형의 부피는 어떻게 구하는지 방법을 알고 설명할 수 있다.<br>• 우리 교실의 벽과 천장의 넓이를 구하는 법을 알고, 경제적이고 합리적인 생각을 할 수 있다. | | | | |
| 예습 과제 해결 | • 1, 3, 5, 7두레 : 아빠가 운전하시는 자동차 '무쏘' 가 있다. 이 자동차의 부피는 얼마나 될까? 단 모든 차창은 완전히 닫혀 있으며 바퀴를 포함한다.<br>• 2, 4, 6, 8두레 : 우리 교실에 흰색의 모조지 전지를 이용하여 벽을 바르려고 한다. 바닥, 출입문, 창문, 칠판, 게시판, 사물함 등은 제외하고 순수하게 벽과 천장만 바르려고 한다. 최소의 비용을 산출하여라. 단, 인건비는 생각하지 않으며 반드시 모조지 전지(100원)만을 사용하며 풀을 이용해 바른다. | | | | |

| 학습 과정 | 학습 활동: 교사 | 학습 활동: 아동 | 시량 | 자료 및 유의점 |
|---|---|---|---|---|
| 학습 동기 유발 | □ 과제를 해결할 때 재미있었던 일 발표<br><br>□ 과제를 해결할 때 어려웠던 점은? | □ 과제를 해결할 때 재미있었던 일 발표하기<br>• 과제 해결 방법을 의논할 때 다양한 의견들이 있어서 무척 재미있었다.<br>□ 실제를 조사할 때 재미있었다.<br>• 과제를 해결할 때 어려웠던 점 발표하기 | 8분 | 자료 : 두레별 보고서, 단매 괘도, TP자료, 지휘봉, 유인물, 기타<br>• 즐거운 학습 분위기가 되도록 자유롭게 자신들이 경험한 것을 발표하도록 유도한다. |
| 발표 토의 학습 | □ 프로젝트 1에 대한 두레별 학습 결과 발표 질의 답변 및 토의<br><br>□ 평가 두레 활동<br><br>□ 학습 내용 정리 모양이 정해지지 않은 실제 입체 도형의 부피 구하는 방법 | □ 1두레 발표<br>• 질의 답변 및 토의<br>□ 3두레 발표<br>• 질의 답변 및 토의<br>□ 5두레 발표<br>• 질의 답변 및 토의<br>□ 평가 두레 발표<br>• 평가 결과 질의 답변 및 토의 | 20분 | • 조리 있게 똑똑한 소리로 발표하며, 다른 조의 발표를 잘 듣도록 한다.<br>• 질의에 대한 답변은 조원 중 누구라도 할 수 있으며, 조원이 의논하여 질문에 답변할 수 있게 한다. |
| | □ 프로젝트 2에 대한 두레별 학습 결과 발표 질의 답변 및 토의<br><br>□ 평가 두레 활동 | □ 2두레 발표<br>• 질의 답변 및 토의<br>□ 4두레 발표<br>• 질의 답변 및 토의<br>□ 6두레 발표<br>• 질의 답변 및 토의<br>□ 평가 두레 발표<br>• 평가 결과 질의 답변 및 토의 | 20분 | • 중요한 내용은 메모하며 듣게 한다. |
| 정리 | □ 학습 내용 정리 교실의 면적 구하는 방법과 경제적인 벽 바르는 법 주요 내용 설명 | □ 주요 내용 설명 듣기 메모하기 | 7분 | • 학습자 자신들이 해결하고자 하는 프로젝트를 찾도록 한다. |
| 차시 예고 | □ 차시 예고<br>□ 예습 과제 제시 | □ 예습과제 토의하여 결정하기<br>□ 분단별 과제 해결 방법 토의 개인별로 조사할 내용 알기 개인별 조사 방법 알기 | 5분 | |

# Ⅳ. 정리

각 조마다 보여준 발표의 외형적인 면은 사전에 각 조 모두에게 발표 준비와 요령에 대하여 통일된 지시가 있어서 예상한 대로 형태를 유지해 주었다고 생각된다. 발표 준비나 방식 등에 대해서도 학생들 스스로의 아이디어를 살릴 수 있도록 배려하는 것도 본 연구의 취지에 부합할 것이겠지만 이와 같은 형태의 수학 수업이 처음이라는 점과 금번 수업을 열린 수학 수업 모델로서 제시하고자 하는 의도에 따라 시행착오를 줄이고자 하는 생각에서 발표에 관한 외형적인 면은 미리 지시하여 통일을 시켰기 때문이다. 실제의 발표는 기대했던 것보다 다소 산만한 분위기 속에서 이루어졌는데 이는 단위 시간 내의 발표 조의 수를 2, 3개조로 하거나 각 조별 발표 인원을 1, 2명으로 줄이고, 발표에 사용되는 기자재의 성능이나 품질 등을 개선시키면 학생들의 발표에 대한 집중도를 증가시킬 수 있을 것으로 생각한다. 단순한 발표가 아니라 경쟁심과 비판력을 유발하기 위하여 다른 조의 발표 내용에 대한 질의와 이에 대한 응답의 교류와 같은 수업의 역동성을 의도했는데 이는 어느 정도 효과를 보았다고 생각한다. 그러나 의외로 학생들이 상대 조의 발표에 대한 핵심적인 파악이나 비판 능력이 부족하여 앞으로 이와 같은 형태의 수업을 위해서는 훈련이 더 필요하다고 생각된다. 자신이 수행한 수학적 행위에 대한 스스로의 분석과 평가의 과정도 중요하다고 생각되어 이를 자극하기 위하여 각 조의 발표를 공정한 입장에서 객관적인 기준에 따라 평가하는 역할을 맡은 평가단을 구성하였는데 이 평가단이 의외로 역할을 잘 수행하여 수업의 효과를 높이는 결과를 가져다주었다. 상대방의 수학적 행위를 객관적으로 파악하는 능력은 물론 이를 합리적인 기준에 따라 평가할 수 있는 능력은 수학 학습에서 습득해야 할 중요한 능력임은 더 말할 나위 없다. 실제 수업에서도 몇 개 조에서는 자신들의 발표에 대한 평가단의 평가에 대하여 불만스러움을 표하는 질문을 하고 또 평가단은 자신들의 생각을 피력하는 등의 역동적이며 합리적인 수학적 교류 활동을 보여주고 있음을 볼 수 있었다.

발표의 각 항목 중 첫 번째 항목인 금번 프로젝트의 해결에 필요한 '수학적 지식' 에 대한 내용은 대부분의 조에서 바람직하게 발표를 하였다. 이 항목을 통하여 학생들은 생활 영역에서 부딪히게 되는 수학적 문제를 해결하는데 필요한 수학적 지식이 자신들이 배운 내용 가운데 어떤 것들인가를 스스로 찾아내고 이를 적용할 줄 아는 능력을 훈련시킬 수 있게 된다. 두 번째 항목으로 금번 프로젝트의 해결에 필요한 '수학 이외 분야의 지식' 에 대한 발표는 '보고서 양식에 대한 지식' 에서부터 '무쏘 자동차의 구조' 와 같이 다양하게 언급되고 있었다. 이 항목은 학생들이 해결하고자 하는 생활 주변의 수학적인 문제들이 단지 수학적 지식만이 관련된 고립된 경우는 거의 없으며, 결국 여러 분야와 직간접적으로 관련되었음을 이해하게 해준다. 수학은 더 이상 고립되어 유리되어 존재하는 학문 분야가 아니라 여러 영역에 걸쳐 관련이 깊고 적용 범위 또한 넓음을 시사해 줄 것이다. 세 번째와 네 번째의 항목인 프로젝트 해결을 위한 필요한 자료나 도구 그리고 해결 과정이나 순서는 더 치밀하고 계획적인 프로젝트 해결을 위한 필요한 순서를 훈련시키기 위한 항목으로 이에 대한 각 조의 발표는 대부분 잘 되었다고 생각한다. 특히 무쏘의 부피 측정 프로젝트의 해결을 위한 과정에 대한 설명에서는 다양한 아이디어들이 — 다소 무리한 생각이 들어 있기도 하지만 — 나타나고 있음을 볼 수 있다. 기존의 수학 문제들은 완전하게 '수학화' 되어 정형적으로 완성되어 있는 문제의 형태를 갖추고 있는 경우가 대부분이다. 주로 이와 같은 문제를 다루어 온 학생들은 생활 속에서 부딪히게 되는 문제 상황을 수학화하는데 어려움을 느끼고 따라서 프로젝트형의 문제해결에 실패하는 것을 흔히 볼 수 있다. 따라서 주어진 수학적 상황을 다양한 방법을 통하여 수학화하는 능력을 훈련하는 것은 수학 학습 과정에 필요한 중요한 과정이 된다. 다섯 번째의 해결 과정에 나타날 수 있는 방법의 '한계점이나 오차' 에 대한 항목은 기존의 문제들에서는 찾아 볼 수 없는 요소로 자신이 수학화하여 만들어 놓은 문제와 해결 과정의 정확도나 합리성 등에 대한 스스로의 비판 과정을 요구하는 항목이라고 할 수 있다. 이에 대한 대부분의 조에서 측정상의 한계와 오차에 대하여 주로 언급을 하고 있으나 전체적으로 자신들이 선택한 방법보다 너 정확한 방빕 또는 그 방법이 정확하다고 할 수 있는 이유 등에 대한 설명은 찾아보기 어렵다. 여섯 번째의 '해결 및 결과' 는 수학화해 놓은 문제를 수학적으로 해결하는 과정으로 기존의 수학 문제를 푸는 과정과 흡사한 과정이다. 마지막으로 일곱 번째의 '종합적 반성' 의 항목은 각 조에게 자신들이 수행한 수학 활동에 대한 종합적인 반성의 과정으로 수학을 학습하는 과정에 필수적인 과정이며, 자신의 수학 학습의 완성도를 높일 수 있는 과정이라고 할 수 있다. 여기서는 자신들의 수학 활동에 대한 수학적인 관점에서의 결함에 대한 지적은 물론 소그룹의 협동 학습에서 발생될 수 있는 정의적인 측면에서의 문제점 등을 다양하게 지적, 반성하고 있음을 볼 수 있다.

본 연구를 통하여 제시한 열린 수학 수업의 례시는 기존의 학교 수학 수업과는 외형적인 면에서는 물론 내용적인 면에서도 상이한 점이 많음을 볼 수 있다. 우선, 교사 위주의 수동적이고 수용적인 기존의 수학 학습 활동이 학습자가 중심이 되어 소그룹 협동 학습 활동과 탐구 활동을 통한 능동적이고 역동적인 수업의 형태로 바뀌었음을 볼 수 있다. 이는 기존의 정형화된 수학 수업의 형태 내에서는 역동적이고 효과적인 수학 수업의 기대가 어려움을 생각하여 과거 정형화된 수업의 틀을 열어 학습자 위주의 활동적인 수업 체제로 전환시킨 결과이다. 그리고 이와 같은 수업의 핵심 내용이 될 수 있는 프로젝트의 해결에서 다루고 있는 프로젝트는 기존의 수학 문제와는 달리 우리 생활 주변에서 부딪힐 수 있는 수학적인 문제 상황으로서 수학이 결코 다른 분야와 고립된 폐쇄적인 학문이 아니며, 적용 범위 또한 우리의 생활과 밀접함을 알게 하여 수학 학습에 대한 가치관을 바꿀 수 있는 기회를 제공한다고 할 수 있다. 소그룹 단위의 협동 학습 체제를 통하여 수학적으로 서로의 생각을 교통할 수 있으며 상대방의 생각을 이해하려고 노력하는 것은 물론 합리적인 기준을 가지고 논리적으로 비판할 수 있는 훈련의 기회가 될 수 있다. 이는 기존의 어떤 수학 수업에서도 찾아 볼 수 없는 중요한 요소들이라고 할 수 있다. 더 이상 수학 수업은 수동적이고 폐쇄적이며 고답적일 수 없으며, 이와 같은 기존의 수학 수업의 부정적 요소들을 탈피할 수 있는 방법은 교사의 수학 수업에 대한 문제의식에서 출발하여 이를 개선시키고자 하는 적극적이고 창의적인 시도를 통하여 가능할 수 있다.

본 연구에서 소개하는 수학 수업의 모델은 그러한 교사들이 구상해 낼 수 있는 방법 중의 한 가지 예이며, 이외에도 지도하고자 하는 수학의 내용이나 학생들의 학습 수준에 따라 적합한 수업의 형태는 다양하게 만들어질 수 있다고 생각한다. 즉, 수학 교과 교육에서의 '열림' 정신은 이와 같이 학생 위주의 효과적인 수학 수업을 지향하는 지도의 철학이라고 할 수 있으며, 이러한 철학의 실천은 의욕적인 교사의 노력으로부터 실현 가능해질 수 있다.

# 활용편

# 하나 탱그램 활동

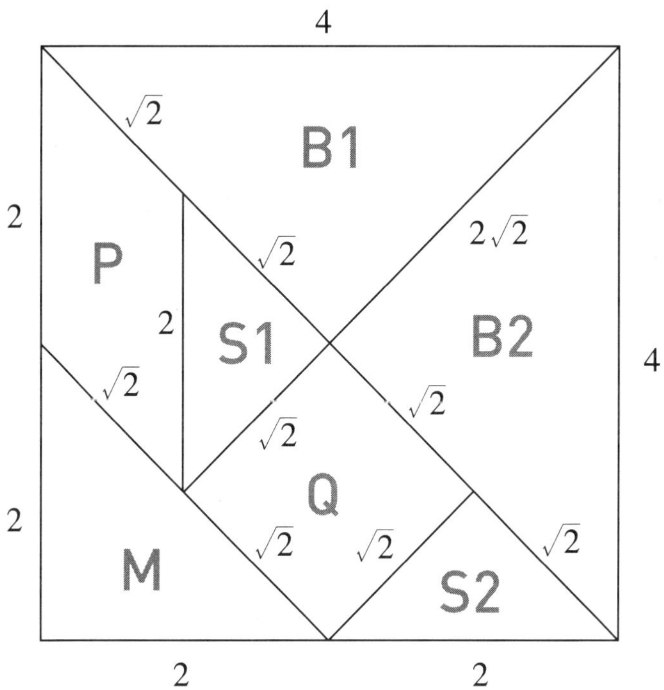

## 1. 다각형 만들기

주어진 조각으로 지시된 다각형을 만들어라. 그리고 탱그램(tangram) 조각을 자르기 전 큰 정사각형의 한 변의 길이를 4로 가정한 다음, 만들어진 각 도형에 대하여 둘레의 길이, 도형 내부의 넓이, 내각의 크기, 내각의 크기의 합 등을 조사하여라. 또, 각 도형의 볼록, 오목을 조사하여라.

### (1) 이등변 삼각형

(1) B1, B2
(2) S1, S2
(3) S1, S2, P
(4) M, S1, S2
(5) S1, S2, B1, P
(6) S1, S2, B1, Q
(7) S1, S2, Q
(8) S1, S2, M, B1
(9) S1, S2, M, Q, P
(10) S1, M, B1, P
(11) S1, M, B1, Q
(12) ALL

● 탱그램으로 만들 수 있는 삼각형의 종류에는 어떤 것이 있는가? 왜 그런가?

● 탱그램으로 만들 수 있는 삼각형을 크기별로 모양별로 분류하여 보아라.

● 탱그램 7조각을 두 그룹으로 나누어 삼각형 2개를 만들어라.

● 넓이가 1, 2, 3, …, 16인 삼각형을 만들어 보아라. 불가능한 것은 어떤 것인가?

### (2) 직각이 없는 평행사변형

(1) S1, S2
(2) B1, B2
(3) S1, S2, P
(4) S1, S2, Q
(5) S1, S2, M, B1, B2
(6) S1, S2, B1, B2, Q
(7) S1, S2, B1, B2, P
(8) S1, S2, B1, Q
(9) ALL

◉ 탱그램으로 만들 수 있는 평행사변형의 종류에는 어떤 것이 있는지 분류하여 보아라.

### (3) 가로, 세로의 길이가 다른 직사각형

(1) S1, S2, Q
(2) S1, S2, P
(3) S1, S2, M, B1
(4) S1, S2, M, P
(5) S1, S2, M, Q, P
(6) S1, S2, Q, P
(7) S1, S2, B1, B2, Q
(8) S1, S2, B1, B2, P
(9) S1, S2, M, B1, Q, P
(10) S1, S2, M, B1, B2
(11) ALL

◉ 탱그램으로 만들 수 있는 직사각형의 가로, 세로의 비는 어떤 것이 있는가?

◉ S1, S2, M, B1으로 만들 수 있는 도형에는 어떤 것들이 있는가?

### (4) 정사각형

(1) S1, S2
(2) B1, B2
(3) S1, S2, M
(4) S1, S2, M, B1
(5) S1, S2, B1, P
(6) S1, S2, M, Q, P
(7) S1, S2, B1, Q
(8) ALL

● 탱그램 7조각을 두 그룹으로 나누어 정사각형 2개를 만들어라.

● 탱그램의 삼각형 조각 5개를 두 그룹으로 나누어 정사각형 2개를 만들어 보아라.

● S1, S2, M, B1으로 만들 수 있는 다각형의 종류에는 어떤 것이 있는가?

### (5) 직각이 없는 등변 사다리꼴

(1) S1, S2, Q
(2) S1, P
(3) S1, S2, M
(4) S1, S2, B1. B2, P
(5) S1, S2, B1, B2, Q
(6) S1, S2, Q, P
(7) S1, S2, M, B1, Q, P
(8) ALL

### (6) 비대칭 사다리꼴

(1) S1, M
(2) M, B1
(3) S1, Q
(6) S1, S2, B1, B2
(7) S1, S2, M, B1, B2
(8) S1, S2, M, B1, Q, P

(4) M, B1, B2

(5) S1, S2, B1

(9) S1, S2, B1, Q

(10) ALL

**(7) 평행한 변이 없는 사각형**

(1) S1, B1, P

(2) S1, M, P

(3) S1, B1, B2

(4) S1, M, B1

(5) S1, S2, M, B1, B2

(6) S1, S2, M, B1, B2, Q

(7) S1, S2, M, B1, Q

(8) S1, M, B1, B2, Q

(9) S1, S2, M, B1, B2, P

**(8) 직각이 이웃하지 않은 선대칭 오각형**

(1) S1, B1, P

(2) S1, M, Q, P

(3) S1, S2, M, B1, B2, Q

(4) S1, S2, M, B1, B2, P

(5) S1, S2, B1, B2, Q, P

**(9) 직각이 이웃한 선대칭 오각형**

(1) S1, M, Q

(2) M, B1, B2

(3) S1, S2, B1, B2

(4) S1, S2, M, B1, P

(5) S1, S2, M, B1, Q

(6) S1, S2, M, B1, B2, Q

(7) S1, S2, M, B1, B2, P

(8) S1, S2, M, P

(9) S1, S2, M, Q

(10) ALL

### (10) 선대칭 육각형

(1) S1, S2, M, Q, P
(2) S1, S2, M, Q
(3) S1, S2, M, B1, B2
(4) S1, S2, Q, P
(5) S1, S2, M, B1, Q
(6) S1, S2, M, B1, P
(7) S1, S2, B1, B2, Q, P
(8) S1, S2, M, B1, B2, P
(9) ALL

### (11) 선대칭 칠각형

(1) S1, M, B1, B2, Q, P
(2) S1, S2, B1, B2
(3) S1, S2, M, B1, B2, Q
(4) S1, S2, B1, B2, P
(5) S1, S2, M, B1, P
(6) S1, S2, B1, B2, Q
(7) S1, S2, M, B1, B2, P
(8) S1, S2, M, B1, B2
(9) ALL

### (12) 선대칭 팔각형

(1) S1, S2, M, B1, Q, P
(2) S1, S2, B1, B2, Q
(3) S1, S2, B1, B2, P
(4) S1, S2, M, B1, B2, P
(5) S1, S2, M, B1, B2, P
(6) ALL

### (13) 선대칭 구각형

(1) S1, S2, B1, B2, Q, P
(2) S1, S2, M, B1, B2, P
(4) S1, S2, M, B1, B2, Q
(5) ALL

(3) S1, S2, M, B1, B2

### (14) 선대칭 십각형

(1) M, B1, B2, Q

(2) S1, S2, M, B1, B2, Q

(3) S1, S2, M, B1, B2, P

(4) ALL

### (15) 선대칭 십이각형

(1) S1, S2, M, B1, B2, Q

(2) ALL

## 2. 합동인 다각형

### (1) 합동인 삼각형

(1) S1≡S2

(2) B1 = B2

(3) S1, S2 ≡ M

(4) S1, S2, M ≡ B1

(5) S1, S2, Q ≡ B1

(6) S1, S2, P ≡ B1

(7) 7 조각 모두를 사용하여 합동인 두 삼각형을 만들어라.

### (2) 합동인 사다리꼴

(1) S1, M ≡ S2, Q

(2) S1, Q ≡ S2, P

(3) M, B1 ≡ S1, S2, B2

(4) S1, S2, Q ≡ M, P

### (3) 합동인 일반사각형

(1) S1, M, B1 ≡ S2, B2, P

### (4) 합동인 평행사변형

(1) S1, S2 ≡ P

(2) S1, S2 ≡ Q

(3) 7 조각 모두를 사용하여 합동인 두 정사각형을 만들어라.

### (5) 합동인 오각형

(1) S1, B1, P ≡ S2, M, B2

## 3. 닮음인 다각형

### (1) 닮은 삼각형

(1) S1 ∽ B1

(2) M ∽ B1

(3) S1 ∽ M

(4) S1, S2 ∽ B1

(5) M ∽ B1, B2

(6) S1, S2 ∽ B1, B2

(7) S1, S2, M ∽ B1, B2

(8) S1, S2, Q ∽ M

(9) S1, S2, Q ∽ B1, B2

(10) S1, S2, P ∽ M

(11) S1, S2, P ∽ B1, B2

(12) S1, S1, M, Q, P ∽ B1

### (2) 정사각형 (생략)

### (3) 순평행사변형

(1) B1, B2 ∽ P

(2) B1, B2 ∽ S1, S2

(3) B1, B2 ∽ S1, S2, Q

(4) B1, B2 ∽ S1, S2, M

(5) M, S1, S2 ∽ P

### (4) 사다리꼴

(1) M, B1 ∽ S1, Q

(2) M, B1 ∽ S1, P

## 4. 볼록과 오목

(1) M, B1으로 볼록 사다리꼴과 오목 오각형을 만들어라.

(2) S1, Q로 볼록 사다리꼴과 오목 칠각형을 만들어라.

(3) S1, S2, M으로 볼록 사각형과 오목 육각형을 만들어라.

(4) S1, S2, Q로 볼록 직사각형과 오목 팔각형을 만들어라.

(5) S1, S2, P로 볼록 삼각형과 오목 칠각형을 만들어라.

(6) B1, B2, M으로 볼록 오각형과 오목 육각형을 만들어라.

## 5. 반힐 모자이크 퍼즐

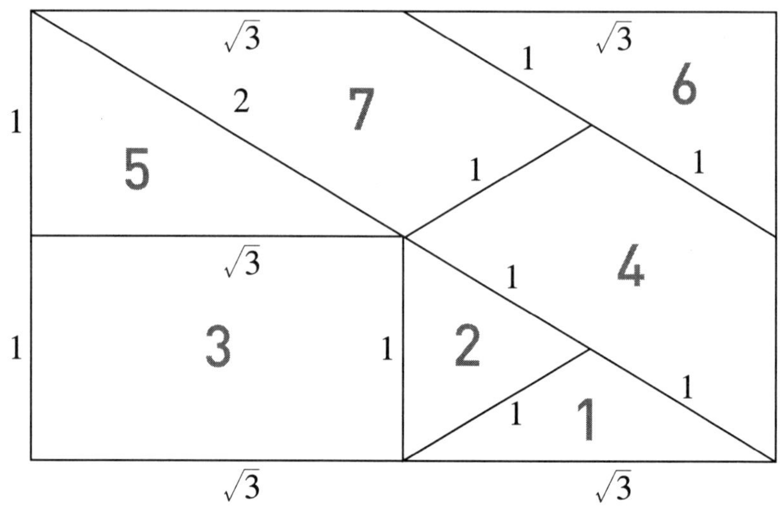


7조각 모자이크 퍼즐(Seven-piece Mosaic Puzzle)은 기하 학습의 수준 이론으로 유명한 피에르 반힐(Pierre M. van Hiele)이 고안한 것이다.

이 7개의 조각은 정삼각형 모눈종이에 잘 들어맞는다.

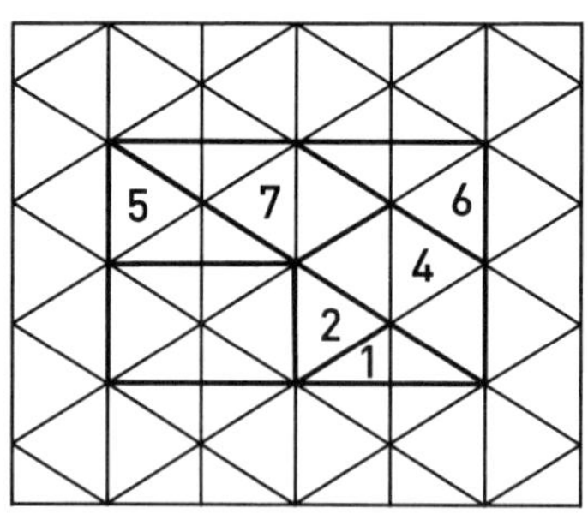

이 7개의 조각을 몇 개씩 모아 변과 변을 맞대어 적당히 배열하면 사람이나 집과 같은 재미있는 모양을 만들 수 있다.

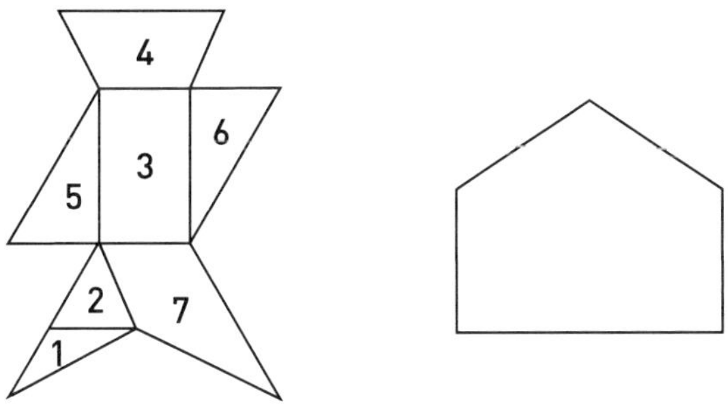

- 2조각을 골라 다른 한 조각의 모양을 만들어 보아라. 예를 들어, 조각 5와 6으로 조각 3을 만들 수 있다. 어떤 조각을 만들 수 있는가? 만들 수 없는 조각은 무엇인가?

- 3조각을 골라 다른 한 조각의 모양을 만들어 보아라. 어떤 조각을 만들 수 있는가? 만들 수 없는 조각은 무엇인가?

- 2조각을 골라 여러 가지 모양을 만들어 보아라. 각각 몇 가지 모양이 만들어지는가? 예를 들어, 조각 5와 6으로 모두 6가지 모양을 만들 수 있다.

| | | | | | |
|---|---|---|---|---|---|
| 조각 1과 2로 | ( )가지 | 조각 2와 4로 | ( )가지 | 조각 3과 7로 | ( )가지 |
| 조각 1과 3으로 | ( )가지 | 조각 2와 5로 | ( )가지 | 조각 4와 5로 | ( )가지 |
| 조각 1과 4로 | ( )가지 | 조각 2와 6으로 | ( )가지 | 조각 4와 6으로 | ( )가지 |
| 조각 1과 5로 | ( )가지 | 조각 2와 7로 | ( )가지 | 조각 4와 7로 | ( )가지 |
| 조각 1과 6으로 | ( )가지 | 조각 3과 4로 | ( )가지 | 조각 5와 6으로 | ( )가지 |
| 조각 1과 7로 | ( )가지 | 조각 3과 5로 | ( )가지 | 조각 5와 7로 | ( )가지 |
| 조각 2와 3으로 | ( )가지 | 조각 3과 6으로 | ( )가지 | 조각 6과 7로 | ( )가지 |

7조각을 4그룹으로 나누어 넓이가 서로 같도록 하여 보아라.

- 3조각을 골라 여러 가지 모양을 만들어 보아라. 각각 몇 가지 모양이 만들어지는가?

- 각 조각의 모양을 살펴 보아라.
  ① 대칭인 것은 어느 것인가?
  ② 멀리 떨어져 있는 친구도 나와 같이 7조각 모자이크 퍼즐을 가지고 있다고 하자. 조각 하나를 집어들고 전화로 친구에게 내가 집어든 모양을 알아맞히게 말로 설명할 수 있는가?
  ③ 각 조각의 모양에서 꼭지각의 크기는 몇 종류가 있는가? 예각은 몇 가지인가? 둔각은 몇 가지인가? 큰 각의 크기는 가장 작은 각의 몇 배인가? 각 각의 크기는 몇 도인가?
  ④ 평행인 변을 가지고 있는 모양은 어느 조각인가?
  ⑤ 각 모양의 이름을 말해 보아라
  ⑥ 각 조각의 넓이를 가장 작은 조각과 비교해 보아라. 몇 배인가?

- 다음 모양을 만드는 방법은 몇 가지 있는가? 예를 들어, 조각 2와 4로 만들 수도 있지만 조각 1과 7로 만들 수도 있다.

- 집 모양 만들기

  ① 2조각을 골라 집 모양을 만들어 보아라.

  ② 만든 집 모양의 본을 떠 보아라.

  ③ 다른 2조각을 골라 이 모양이 되도록 하여 보아라.

  ④ 3조각을 골라 이 모양이 되도록 하여 보아라.

  ⑤ 4조각으로도 이 모양을 만들 수 있는가?

- 높은 집 모양 만들기

  ① 2조각을 골라 높은 집 모양을 만들어 보아라.

  ② 만든 집 모양의 본을 떠 보아라.

  ③ 조각 5와 7로 이 모양을 만들어 보아라.

  ④ 3조각으로도 이 모양을 만들 수 있는가?

- 퍼즐 만들기

  ① 2조각, 3조각, 또는 4조각을 골라 재미있는 모양을 만들어 보아라.

  ② 다른 조각으로도 이 모양을 만들 수 있는가?

- 2조각 또는 3조각을 골라 어느 한 조각을 확대한 모양을 만들어 보아라. 예를 들어, 조각 2와 4로 조각 2를 2배 확대한 모양(정삼각형)을 만들 수 있다. 또 다른 방법이 있는가? 7조각 모두를 사용하여 어느 한 조각을 확대한 모양을 만들어 보아라. 확대한 모양의 넓이는 처음 넓이의 몇 배가 되는가?

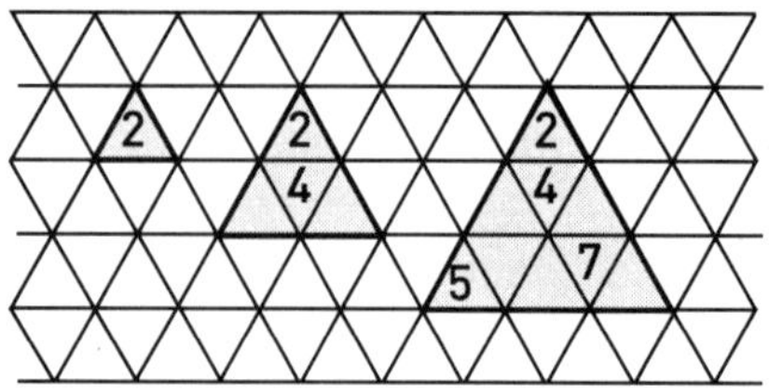


• 한 조각 또는 몇 조각을 모아 직사각형을 만들어 보아라. 어떤 모양의 직사각형이 만들어지는가? 모두 몇 가지 모양과 크기의 직사각형을 만들 수 있는가? 각 직사각형은 몇 가지 방법으로 만들 수 있는가?

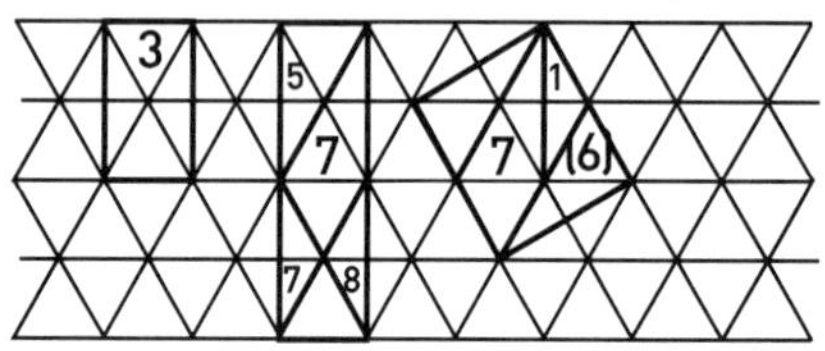


• 한 조각 또는 몇 조각을 모아 직각삼각형을 만들어 보아라. 어떤 모양의 직각삼각형이 만들어지는가? 모두 몇 가지 모양과 크기의 직각삼각형을 만들 수 있는가? 각 직각삼각형은 몇 가지 방법으로 만들 수 있는가?

• 각 조각을 알아맞히는 수수께끼를 만들어 보아라. 예를 들어, 조각 4를 알리는 단서에는 "네 변이 있다", "네 각이 있다", "두 변의 길이가 같다", "두 예각의 크기가 같다", "평행한 변이 한 쌍 있다" 등이 있다. 단서를 하나씩 말하면서 내가 말하는 도형을 상대가 알아맞히도록 하여 보아라.

### (1) 탱그램과 7조각 모자이크 퍼즐

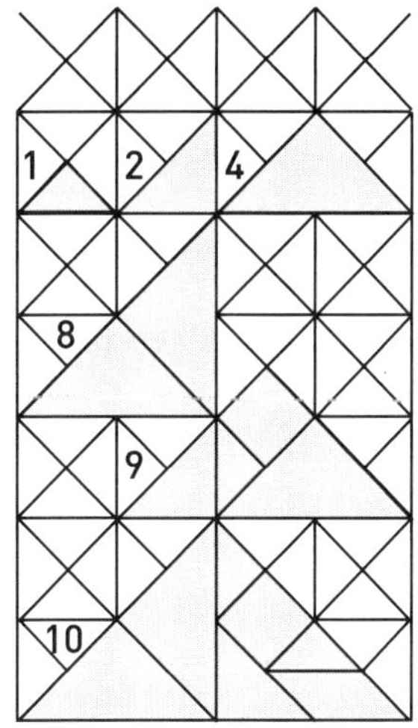


- 탱그램을 가지고 다음을 해 보아라.
  ① 한 조각 또는 몇 조각을 모아 만들 수 있는 서로 다른 삼각형은 모두 몇 가지인가?
  ② 각 삼각형을 만드는 방법은 각각 몇 가지인가?
  ③ 각 삼각형의 넓이는 가장 작은 것의 몇 배인가?

- 모자이크 퍼즐을 가지고 다음을 해 보아라.
  ① 한 조각 또는 몇 조각을 모아 만들 수 있는 서로 다른 삼각형은 모두 몇 가지인가?
  ② 각 삼각형을 만드는 방법은 각각 몇 가지인가?
  ③ 각 삼각형의 넓이는 가장 작은 것의 몇 배인가?

- 탱그램을 가지고 다음을 해 보아라.
  ① 한 조각 또는 몇 조각을 모아 만들 수 있는 서로 다른 직사각형은 모두 몇 가지인가?

② 각 직사각형을 만드는 방법은 각각 몇 가지인가?

③ 각 직사각형의 넓이는 가장 작은 것의 몇 배인가?

- 모자이크 퍼즐을 가지고 다음을 해 보아라.

  ① 한 조각 또는 몇 조각을 모아 만들 수 있는 서로 다른 직사각형은 모두 몇 가지인가?

  ② 각 직사각형을 만드는 방법은 각각 몇 가지인가?

  ③ 각 직사각형의 넓이는 가장 작은 것의 몇 배인가?

  ④ 탱그램으로 만들어지는 사각형과 같은 또는 닮은 사각형을 만들 수 있는가?

  ⑤ 정사각형은 몇 가지나 만들 수 있는가?

- 탱그램의 각 조각이 가진 각의 크기는 모두 몇 가지인가? 모자이크 퍼즐의 경우는 어떠한가?

- 탱그램의 각 조각이 가진 변의 길이는 모두 몇 가지인가? 모자이크 퍼즐의 경우는 어떠한가?

- 탱그램 조각들을 가지고 길이가 같은 변끼리 맞대어서 다각형을 만들어 보아라. 몇 각형까지 만들 수 있는가? 모자이크 퍼즐의 경우는 어떠한가?

## 6. 15조각 퍼즐

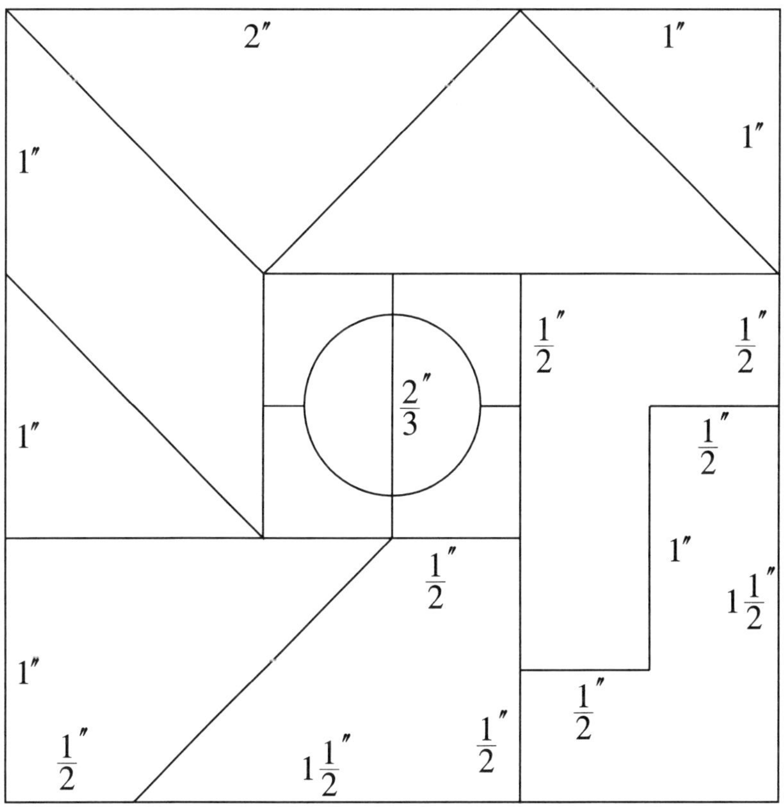

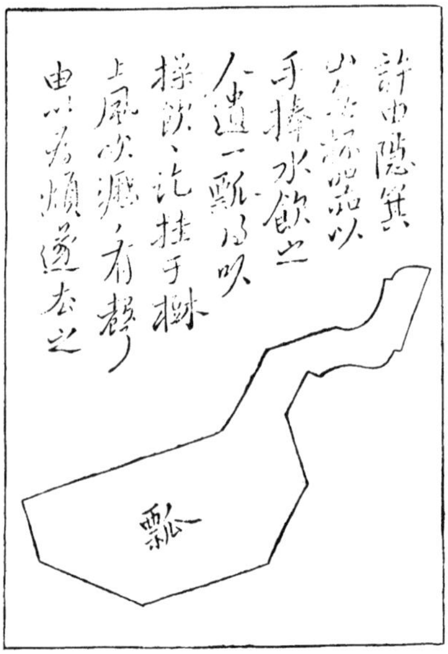
許由隱箕
山無杯器以
手捧水飲之
人遺一瓢得以
操飲飲訖挂于樹
上風吹瀝瀝有聲
由以為煩遂去之
一瓢

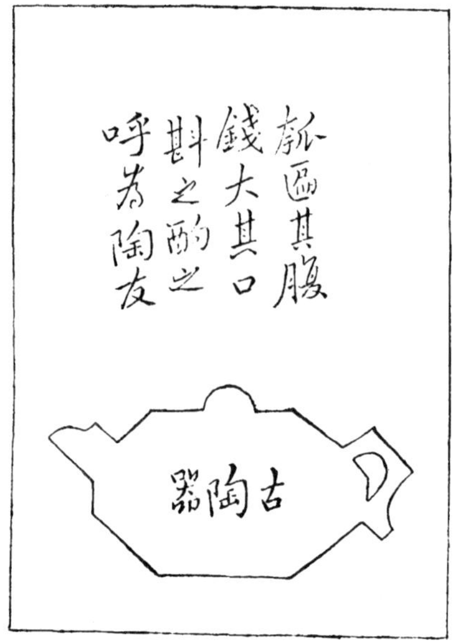
瓠画其腹
錢大其口
斟之酌之
呼為陶友
古陶器

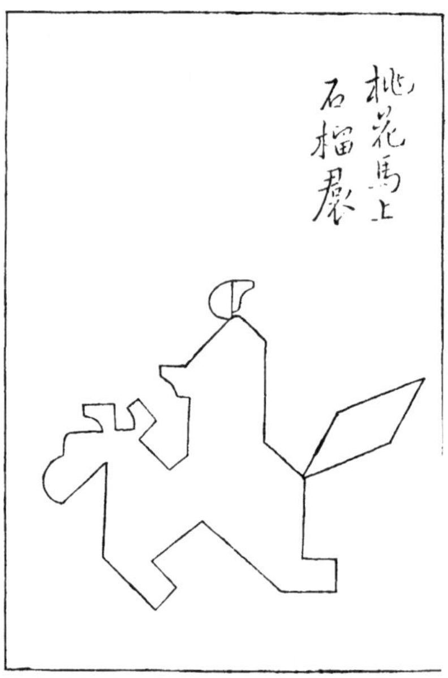
桃花馬上
石榴裙

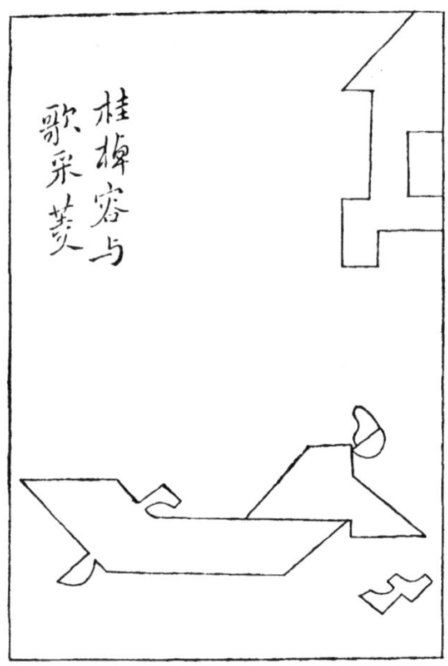
桂棹容与
歌采菱

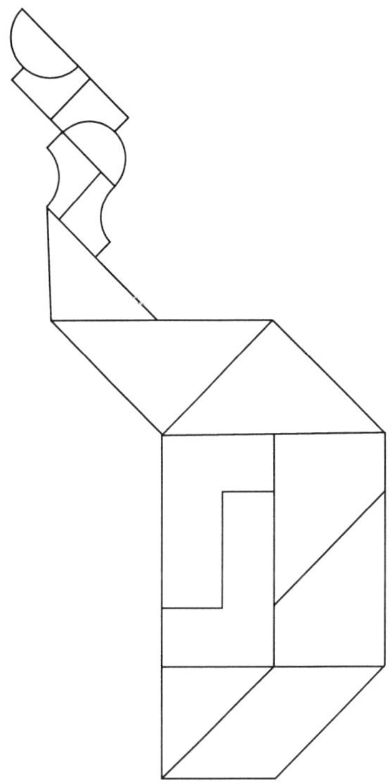

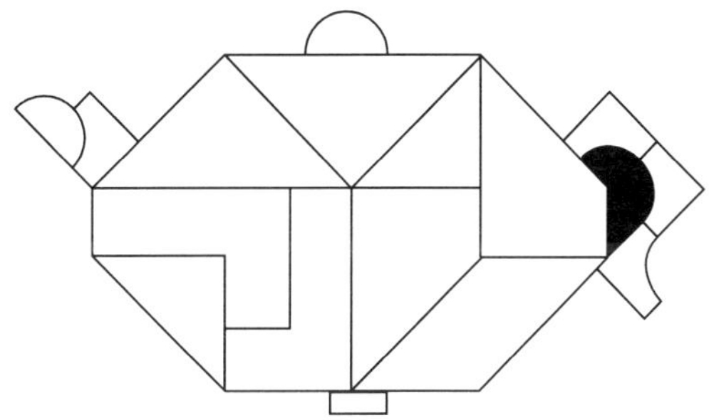

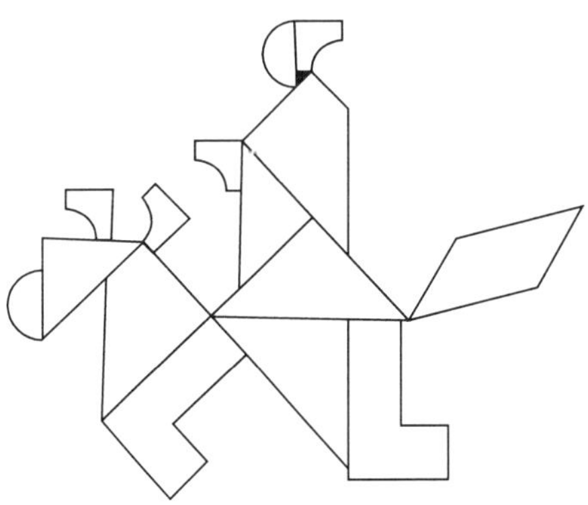

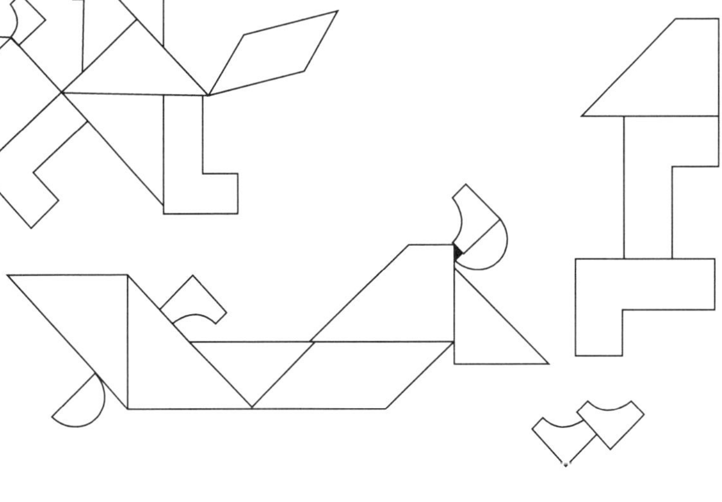

# 둘 펜토미노 활동

펜토미노는 5개의 단위 정사각형이 변끼리 붙어 이루어진 도형을 말한다. 펜토미노에는 다음과 같이 12가지 모양이 있다.

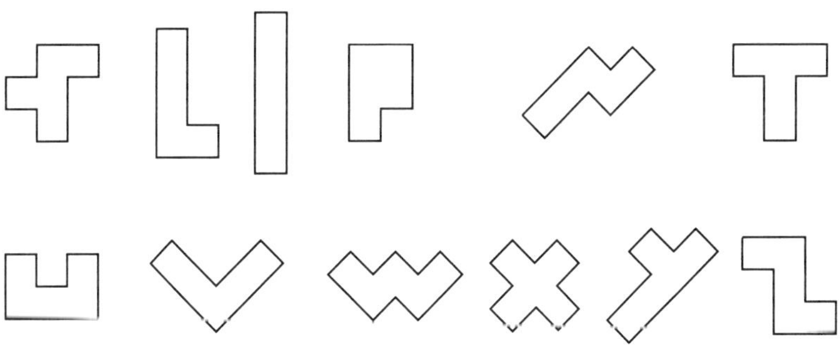

펜토미노에는 각 모양에 따라 그와 비슷한 영문자를 따서 다음과 같이 이름을 붙인다.

FLIP 'N' TUVWXYZ

1. 각 펜토미노의 모양을 모눈종이에 그려 보아라.

2. 각 펜토미노의 둘레의 길이를 구하여 보아라.

3. 가장 긴 둘레를 가진 펜토미노는 어떤 모양인가?

4. 가장 짧은 둘레를 가진 펜토미노는 어떤 모양인가?

5. 선대칭도형인 펜토미노에는 어떤 것들이 있는가? 이들의 선 대칭축을 찾아 보아라.

6. 90° 또는 180° 회전시켰을 때 같은 모양이 되는 펜토미노에는 어떤 것들이 있는가? 이들의 대칭의 중심을 찾아 보아라.

## 1. 펜토미노로 영문자 만들기

다음은 펜토미노 L형과 Y형으로 영어 대문자 A를, W형으로 M을 만들어 본 예이다. 펜토미노를 하나 또는 여러 모양을 사용하여 각 영어 대문자를 만들어 보아라.

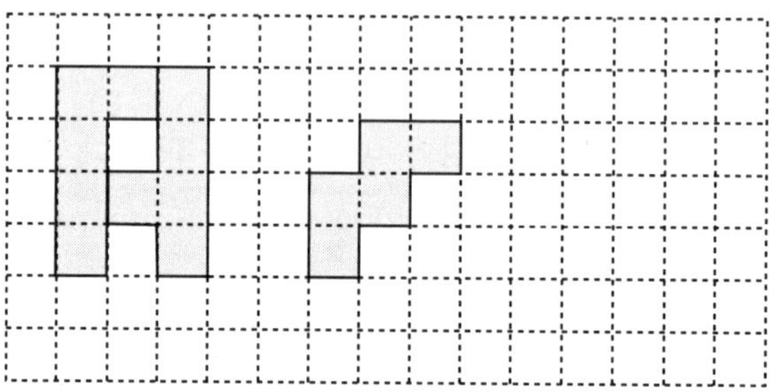

## 2. 펜토미노로 숫자 만들기

다음은 펜토미노 T형과 L형으로 숫자 1을 만들어 본 것이다. 펜토미노를 하나 또는 여러 모양을 사용하여 0에서 9까지의 각 숫자를 만들어 보아라.

## 3. 펜토미노 동물원

다음은 T형과 Y형으로 만든 펜토미노 푸들 강아지이다. 둘 이상의 펜토미노 모양을 사용하여 여러 분이 좋아하는 귀여운 동물을 만들어 보아라.

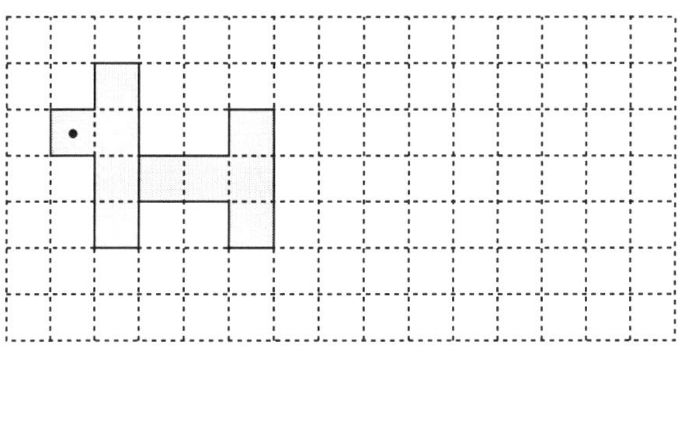

## 4. 펜토미노 동물원 퍼즐

다음은 펜토미노 퍼즐이다. 어떤 펜토미노로 이러한 모양을 만들었는지 풀어 보아라. 여러분 스스로 펜토미노 퍼즐을 만들어 보아라.

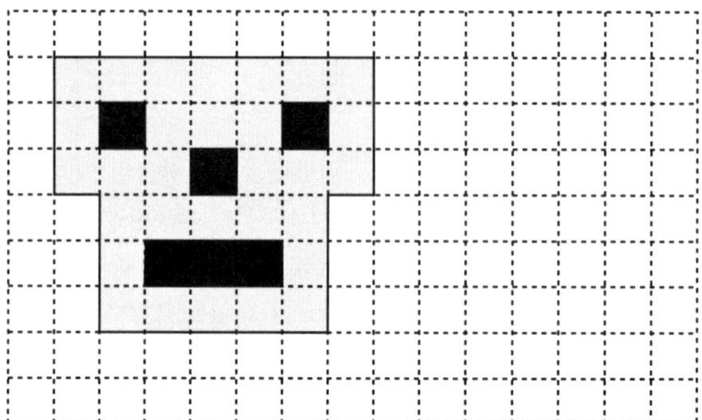

## 5. 뒤집어 대칭(선대칭)

다음은 선대칭 펜토미노 퍼즐의 두 가지 예이다. 이들을 풀어 보아라. 둘 이상의 펜토미노를 사용하여 이와 같은 선대칭 도형을 만들어 보아라.

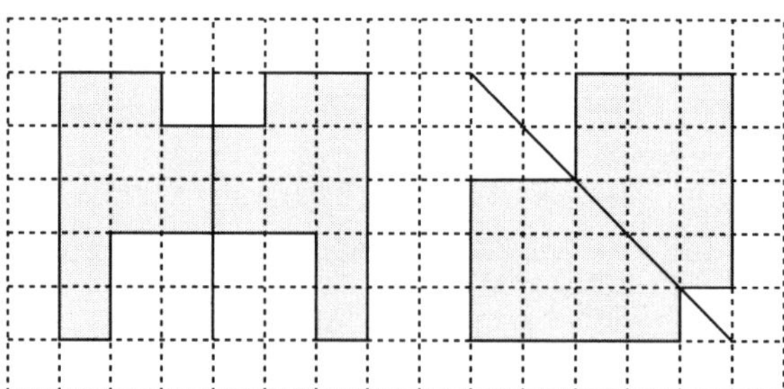

## 6. 돌려 대칭(회전대칭)

다음은 회전대칭 펜토미노 퍼즐의 두 가지 예이다. 이들을 풀어 보아라. 둘 이상의 펜토미노를 사용하여 이와 같은 회전대칭 도형을 만들어 보아라.

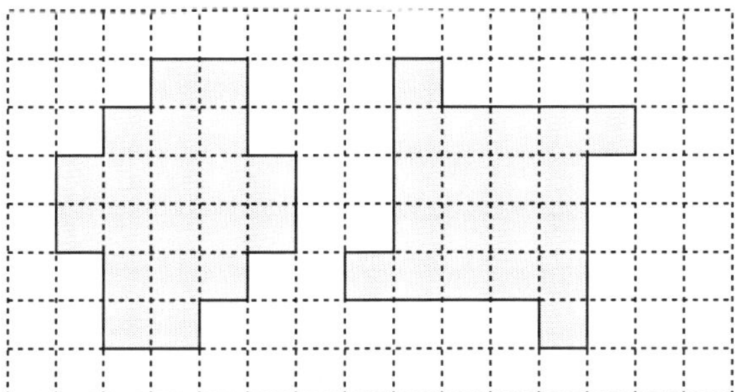

## 7. 뒤집기와 돌리기

각 펜토미노는 모눈종이 위에서 몇 가지 방법으로 놓일 수 있을까? 예를 들어 F형은 다음과 같이 8 가지 방법으로 배치할 수 있다. 90° 씩 돌려서 4가지, 그 다음에는 뒤집어 놓은 상태에서 다시 4가지가 있다.

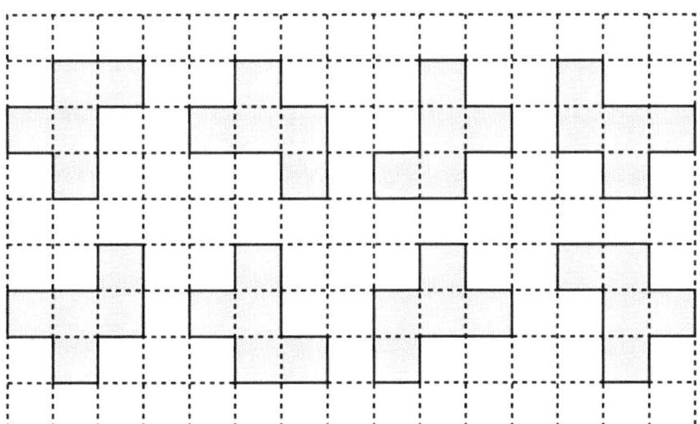

각 펜토미노에 대하여 이를 조사하여 다음 표를 완성하여라.

| F | L | I | P | N | T | U | V | W | X | Y | Z |
|---|---|---|---|---|---|---|---|---|---|---|---|
| 8 | | | | | | | | | | | |

## 8. 두 펜토미노로 된 합동인 두 도형

다음 두 도형은 서로 합동이다. 네 개의 펜토미노를 골라 두 개씩 사용하여 다음 각 도형을 덮어 보아라.

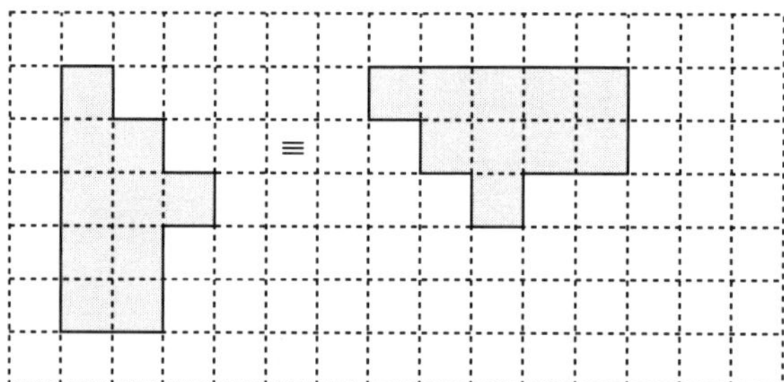

## 9. 두 펜토미노로 된 합동인 세 도형

다음 세 도형은 서로 합동이다. 6개의 펜토미노를 골라 두 개씩 사용하여 다음 각 도형을 덮어 보아라. 이 밖에도 두 펜토미노로 된 합동인 세 도형을 찾아 보아라.

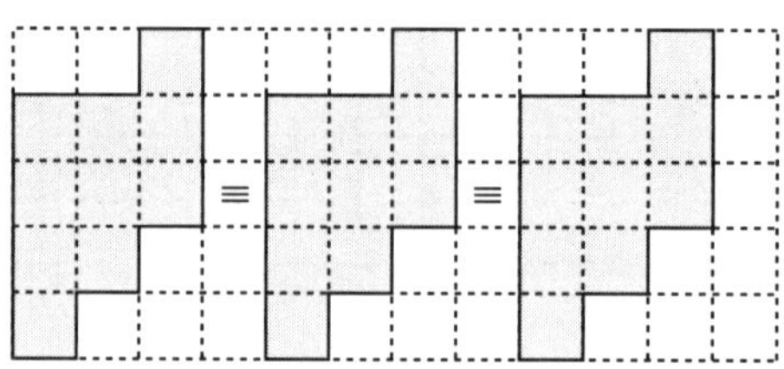

## 10. 펜토미노 짝으로 사슬 만들기

두 펜토미노를 집어 한 모양을 만들어라. 나머지 10개 중에서 두 펜토미노를 골라 이와 합동인 도형을 만들어 보아라. 후에 고른 두 펜토미노로 다른 도형을 만든 다음, 다시 나머지 10개 중에서 두 펜토미노를 골라 이와 합동인 도형을 만들어라. 다시 이 과정을 계속 반복하여라. 예를 들면, 다음과 같이 펜토미노 짝이 사슬을 이룬다.

VZ≡PU, PU ≡IN, IN≡FY, ⋯

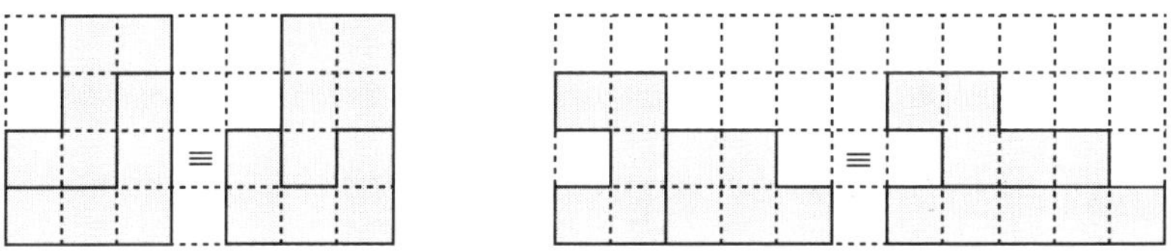

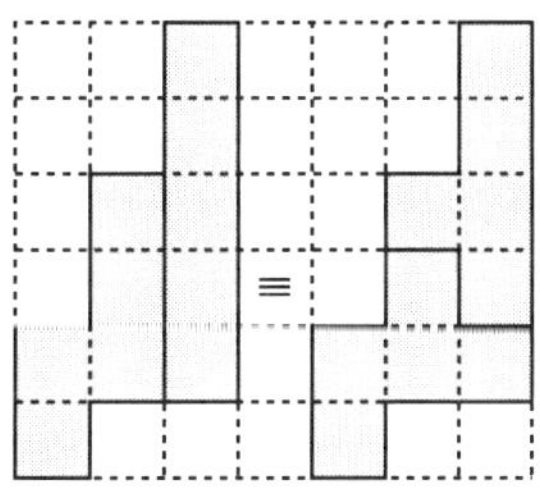

12개의 펜토미노를 모두 사용한 것 중, 가장 짧은 사슬은 어떤 것인가?

(PV－UX－PN－TW－IP－FL－YZ)

처음 시작한 두 펜토미노로 끝나는 닫힌 사슬을 만들 수 있는가?

(사슬의 끝에 －PW－FU－PV를 붙인다.)

## 11. 세 펜토미노로 된 합동인 두 도형

다음 두 도형은 서로 합동이다. 6개의 펜토미노를 골라 3개씩 사용하여 다음 각 도형을 덮어 보아라. 이 밖에도 세 펜토미노로 된 합동인 두 도형을 만들어 보아라.

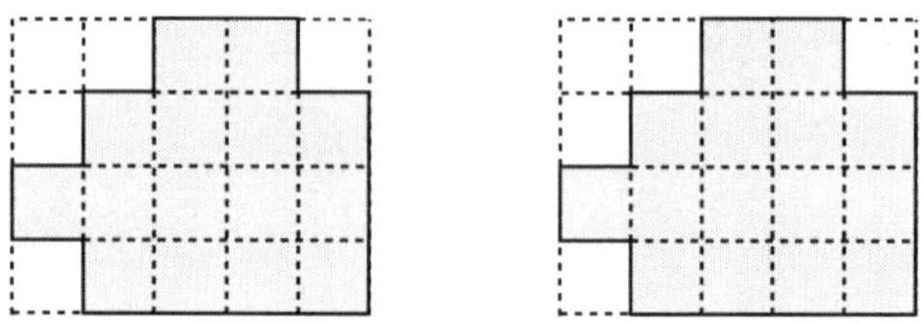

## 12. 세 펜토미노로 된 합동인 세 도형

다음 세 도형은 서로 합동이다. 9개의 펜토미노를 골라 3개씩 사용하여 다음 각 도형을 덮어 보아라. 이 밖에도 세 펜토미노로 된 합동인 세 도형을 만들어 보아라.

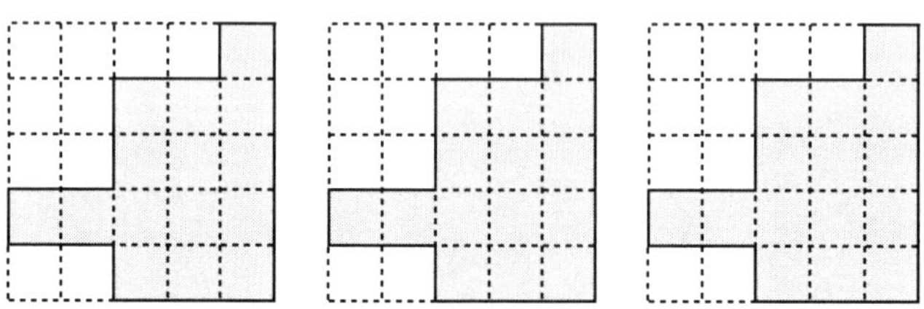

## 13. 네 펜토미노로 된 합동인 두 도형

다음 두 도형은 서로 합동이다. 8개의 펜토미노를 골라 4개씩 사용하여 다음 각 도형을 덮어 보아라. 이 밖에도 네 펜토미노로 된 합동인 두 도형을 만들어 보아라.

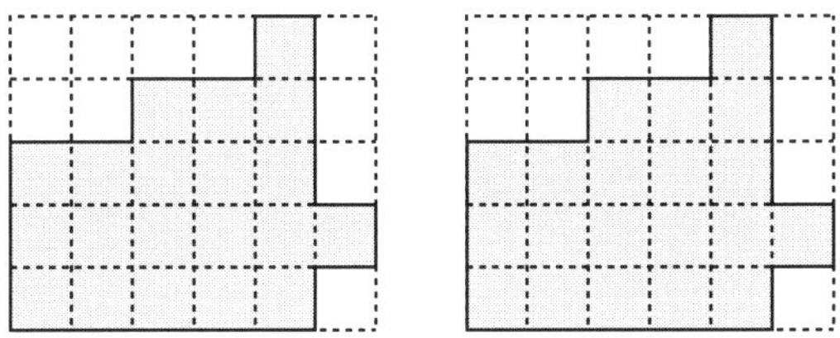

## 14. 다섯 펜토미노로 된 합동인 두 도형

다음 두 도형은 서로 합동이다. 10개의 펜토미노를 골라 5개씩 사용하여 다음 각 도형을 덮어 보아라. 이 밖에도 다섯 펜토미노로 된 합동인 두 도형을 만들어 보아라.

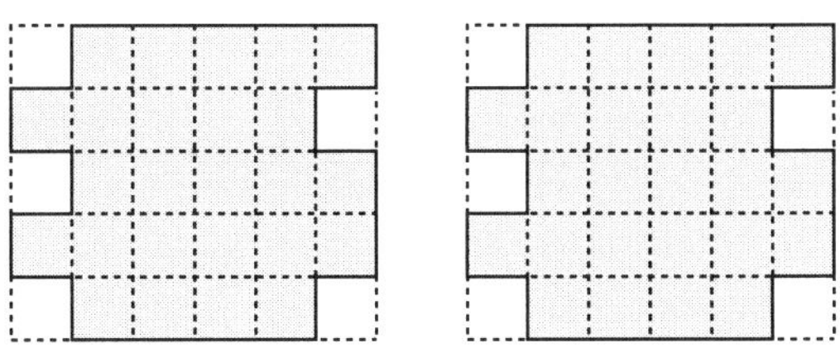

## 15. 여섯 펜토미노로 된 합동인 두 도형

다음은 서로 합동인 두 도형의 쌍들이다. 12개의 펜토미노를 6개씩 사용하여 다음 각 쌍의 도형을 덮어 보아라. 이 밖에도 여섯 펜토미노로 된 합동인 두 도형을 만들어 보아라.

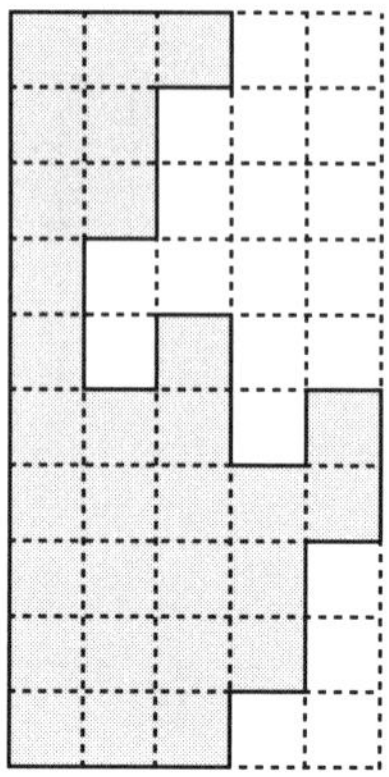
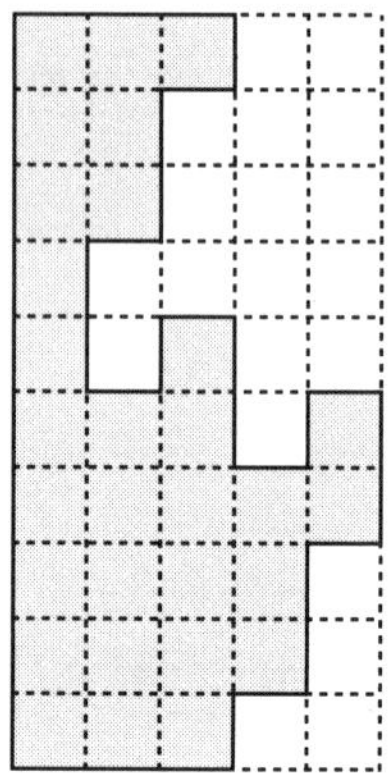

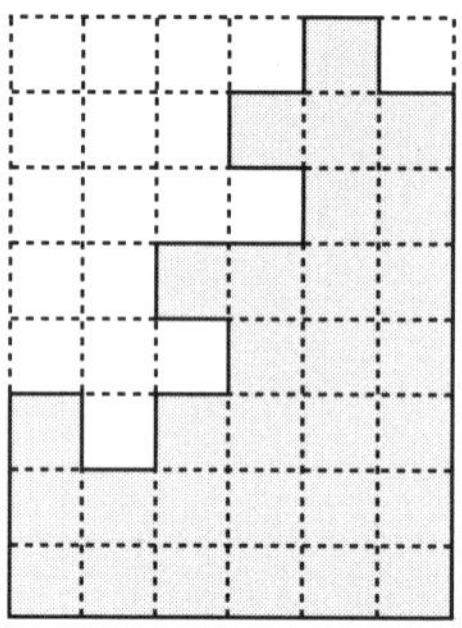
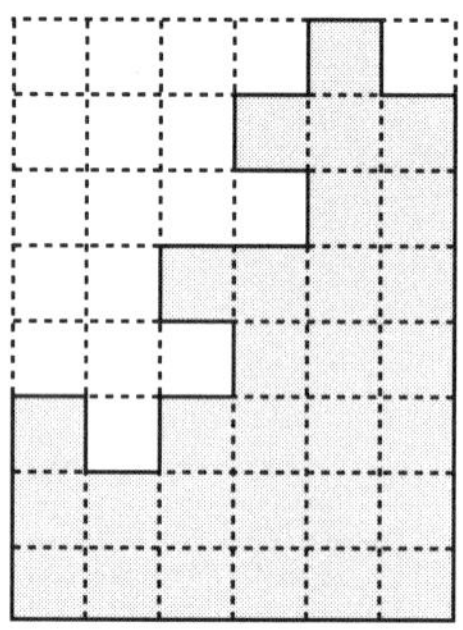

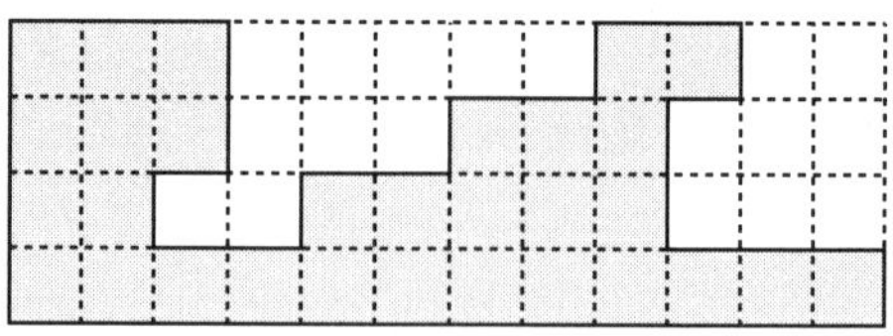

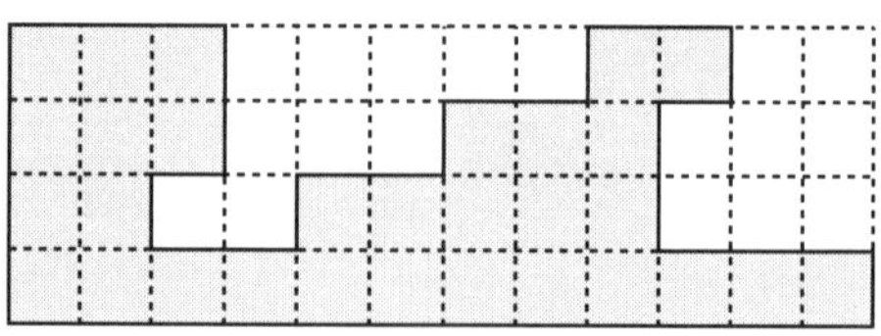

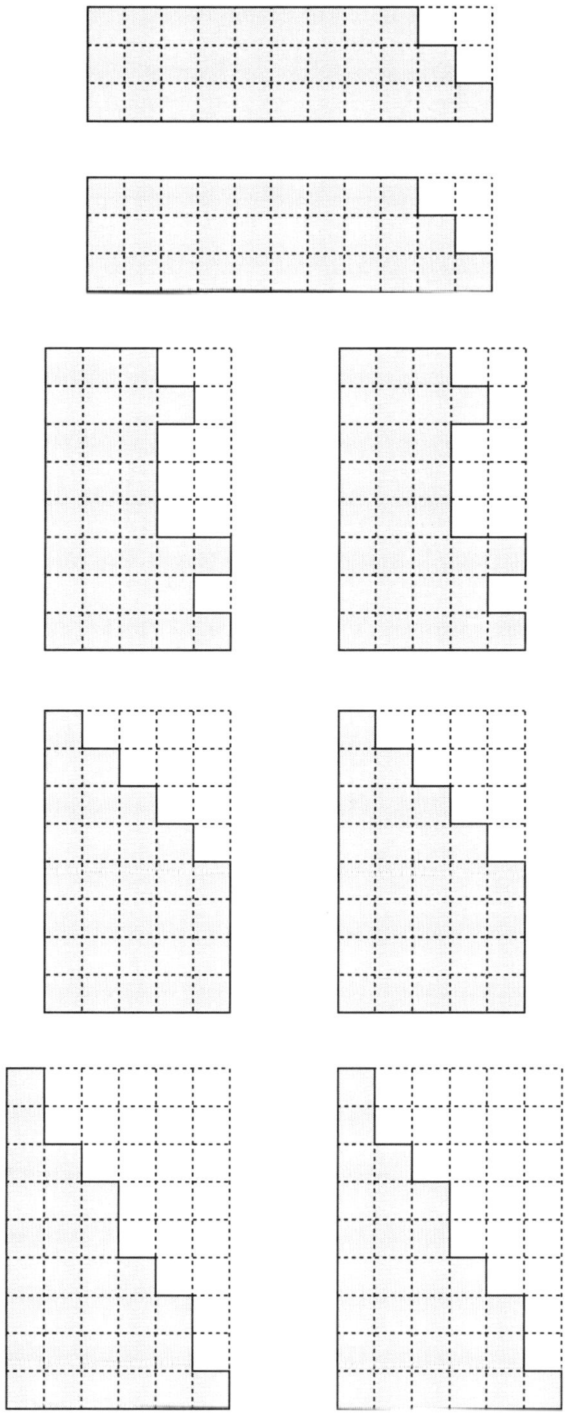

1.

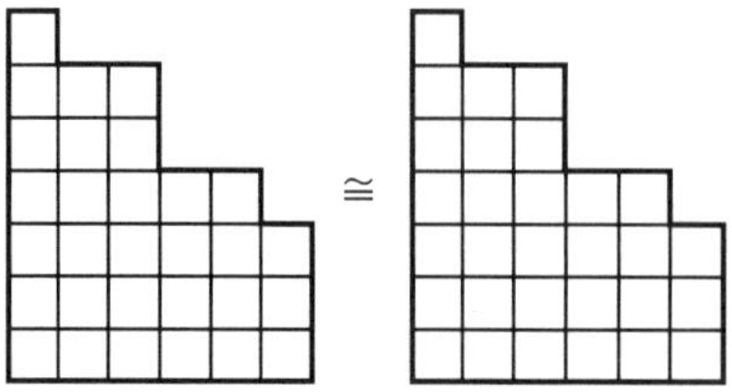

2.

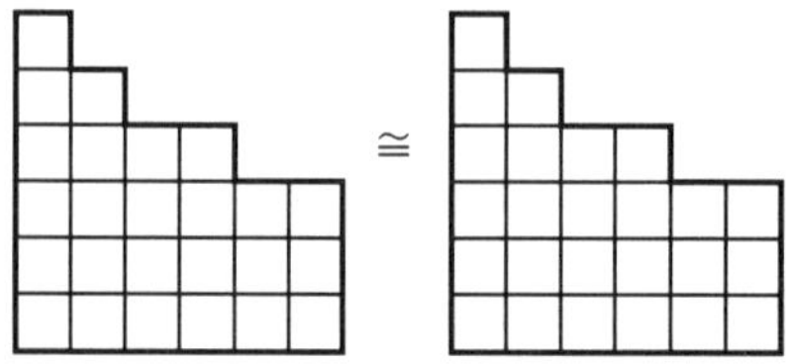

3.

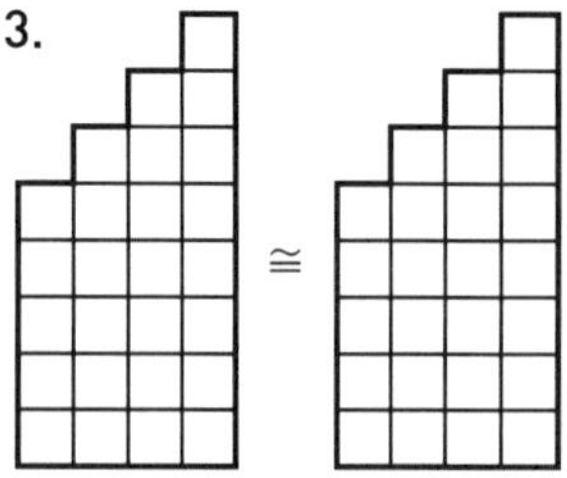

4.

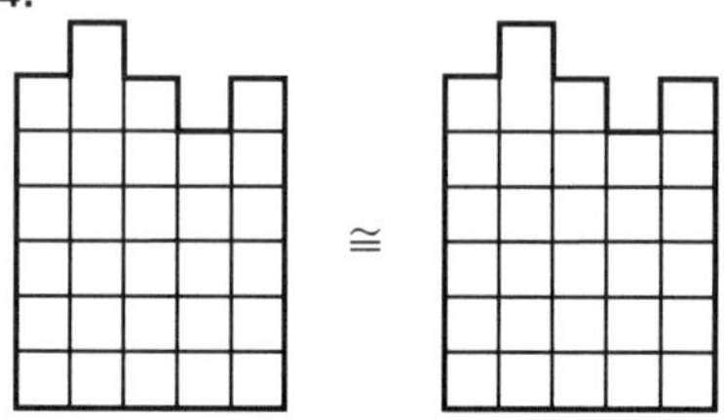

5.

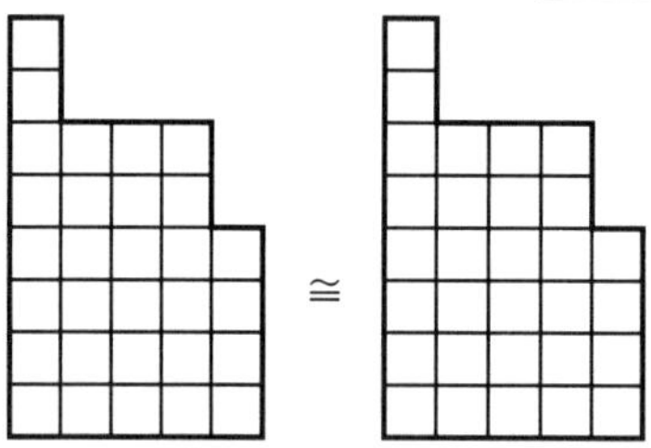

1.

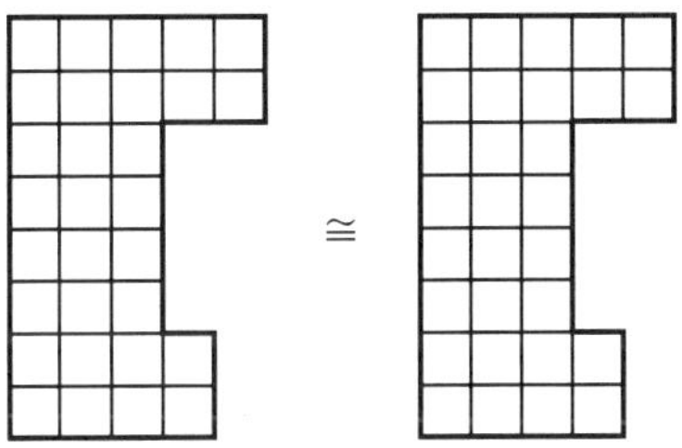

2.

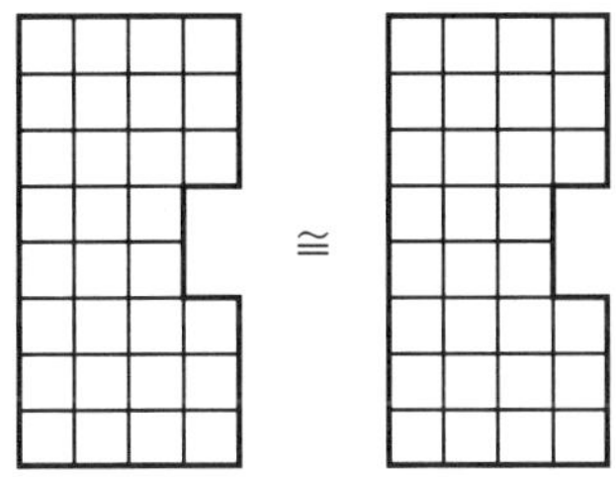

3.

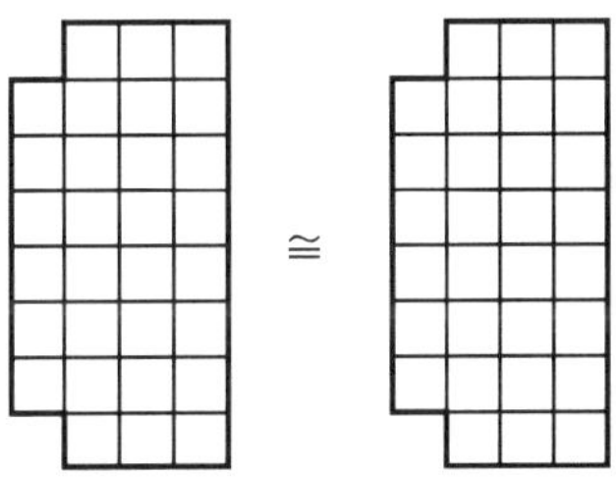

4.

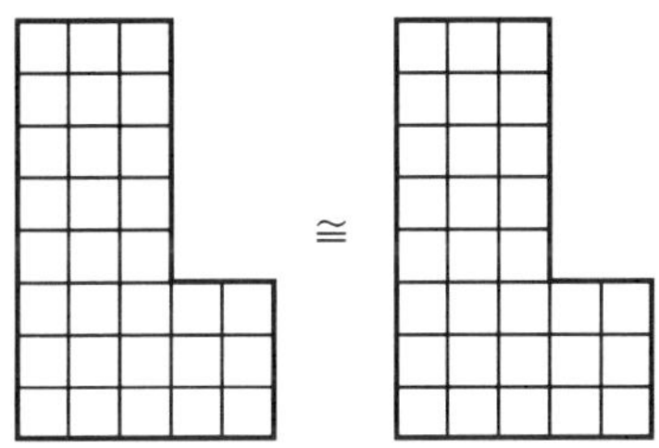

5.

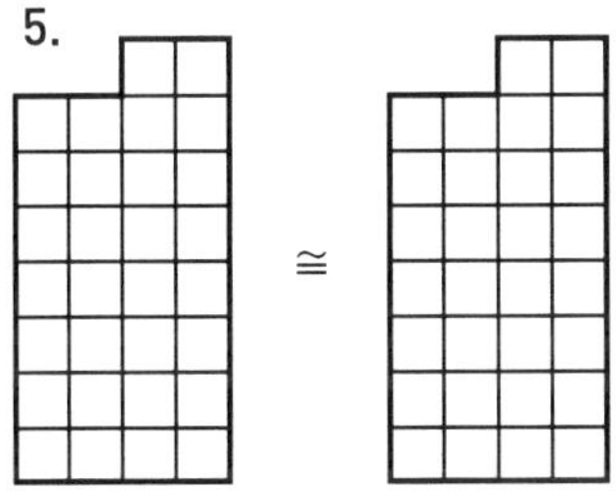

## 16. 네 펜토미노로 된 합동인 세 도형

다음은 서로 합동인 세 도형의 모임이다. 12개의 펜토미노를 4개씩 사용하여 다음 각 모임의 도형을 덮어 보아라. 이 밖에도 네 펜토미노로 된 합동인 세 도형을 만들어 보아라.

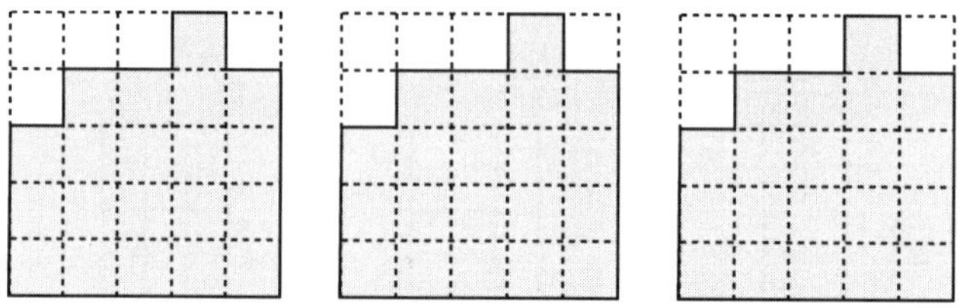

1.

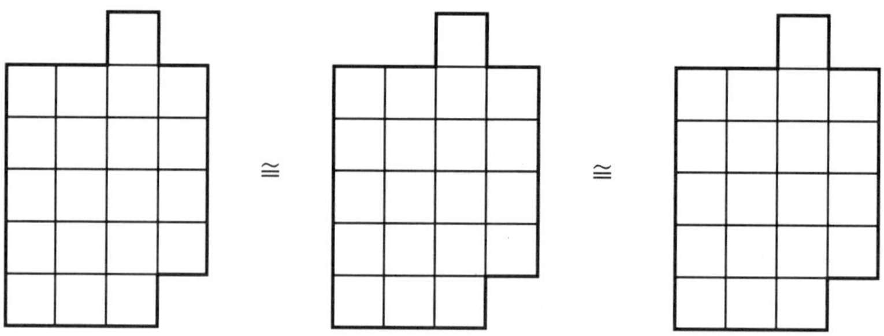

2.

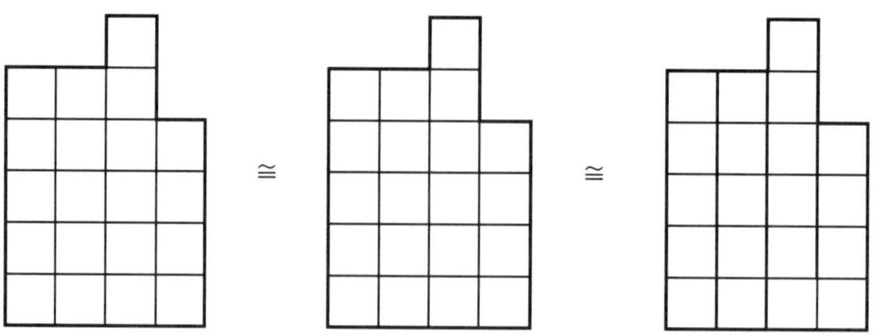

3.

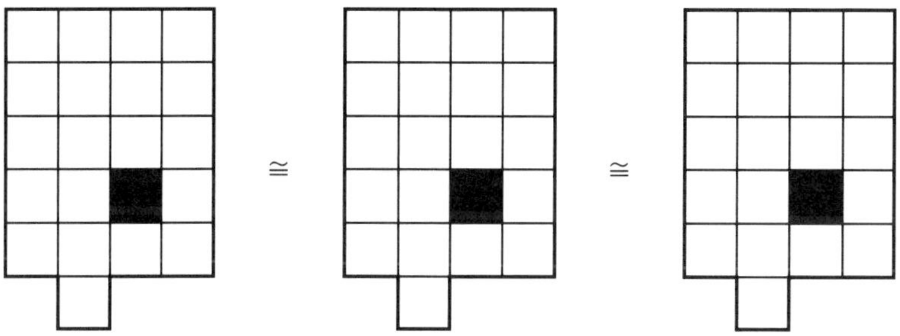

4.

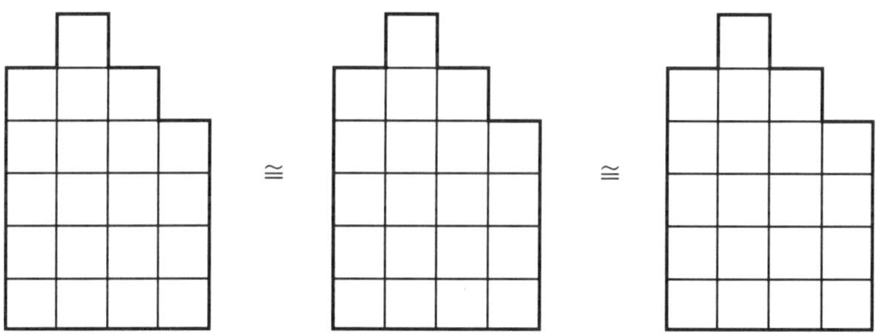

(★ 수 많은 노력에도 불구하고 아직까지 세 펜토미노로 된 합동인 네 도형에 대하여는 발견된 것이 없다. 그렇다고, 불가능하다고 증명된 것도 아니다. 또한, 두 펜토미노로 된 합동인 네 도형에 대하여도 알려진 것이 없다.)

## 17. 두 펜토미노로 된 합동인 도형 세 쌍

다음은 두 펜토미노로 된 서로 합동인 도형을 세 쌍씩 모은 것이다. 12개의 펜토미노를 모두 사용하여 다음 각 모임의 도형을 덮어 보아라.

이 밖에도 두 펜토미노로 된 합동인 도형 세 쌍의 모임을 만들어 보아라.

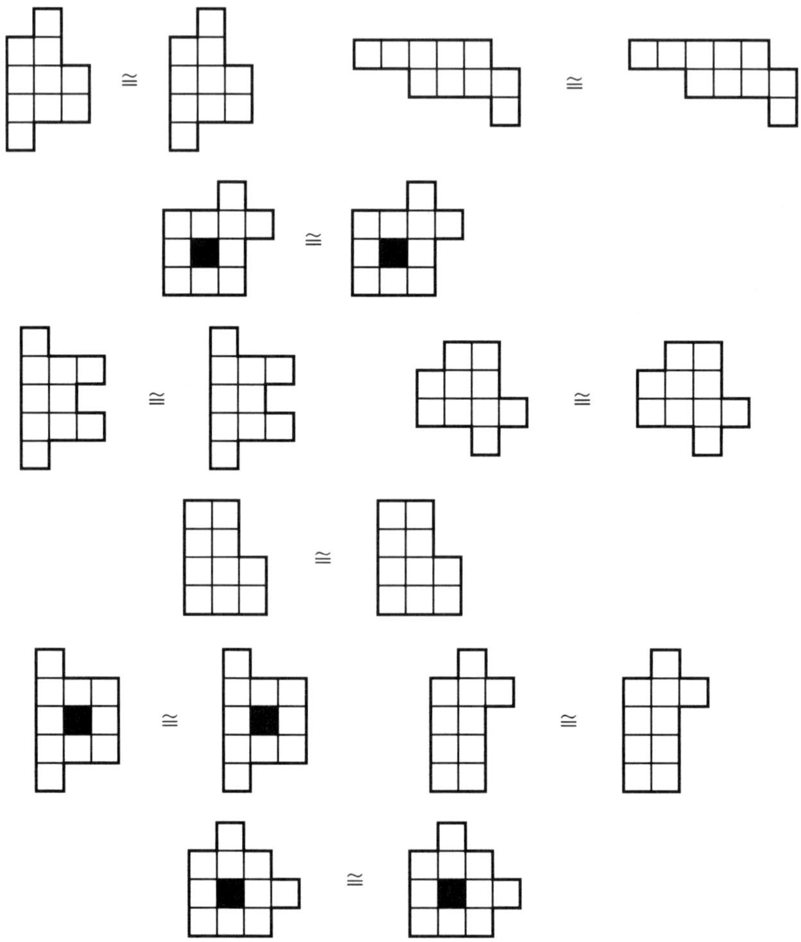

## 18. 두 배로 확대하기

각 펜토미노를 두 배로 확대한 도형을 만들어 보아라.

만들 수 없는 모양은 어느 것인가?

확대하려는 모양의 펜토미노를 사용하여 만들 수 있는 것은 어느 것인가?
그렇지 않은 것은 어느 것인가?

## 19. 세 배로 확대하기

각 펜토미노는 모두 세 배로 확대할 수 있다. 각 펜토미노를 세 배로 확대한 도형을 만들어 보아라. 이때, 확대하려는 모양의 펜토미노는 사용할 수 없다.

## 20. Double Duplication

다음에서 큰 도형은 작은 도형을 두 배로 확대한 것이다. 작은 도형 각각을 두 개의 펜토미노로 덮은 다음, 나머지 8개의 펜토미노로 큰 도형을 덮어 보아라.

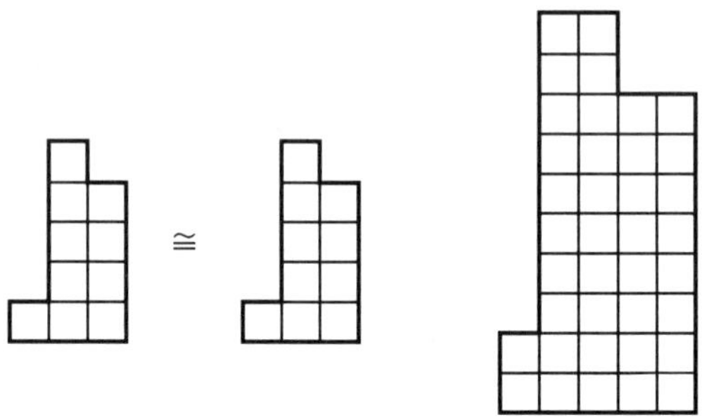

2.

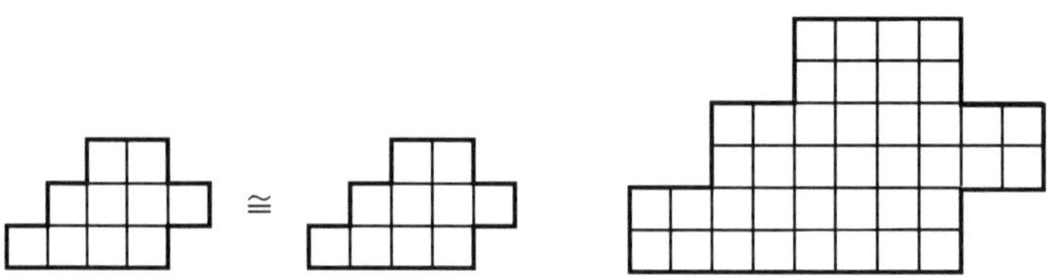

3.

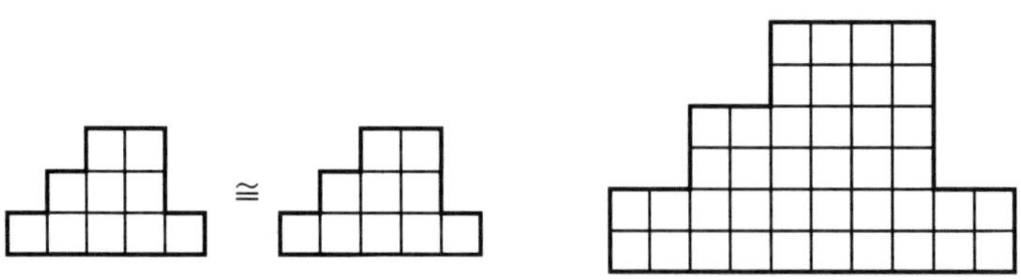

## 21. 펜토미노 직사각형

펜토미노를 사용하여 직사각형 모양을 덮었을 때, 그 직사각형의 넓이는 어떤 수가 되겠는가? 그 직사각형의 가로나 세로의 길이는 어떤 수가 되겠는가? 펜토미노로 덮을 수 있는 직사각형에는 어떤 것들이 있는지 추측해 보아라.

## 22. 3×5 직사각형

세 펜토미노를 사용하여 3×5 직사각형을 덮어 보아라. 몇 가지 방법이 있는가?

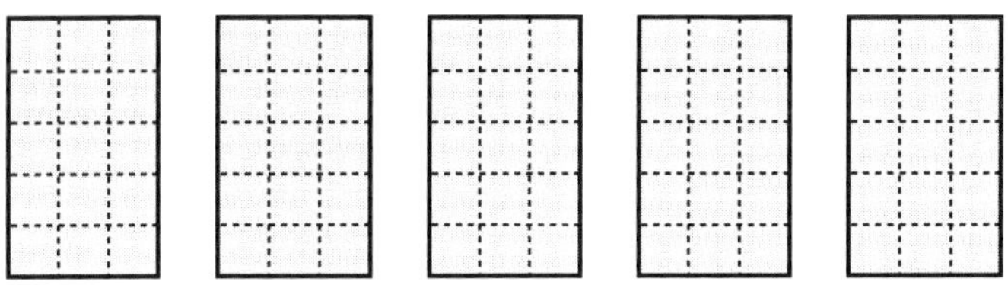

(7가지 : FPU, LNV, LPV, LTY, NPU, PUV, PUY)

## 23. 4×5 직사각형

네 펜토미노를 사용하여 4×5 직사각형을 덮어 보아라. 몇 가지 방법이 있는가?

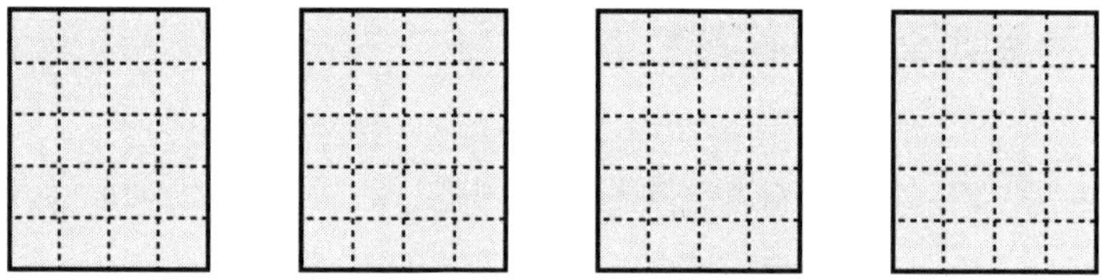

(25가지 : FIPU, FLPU, FLTY, FLUV, FLUY, FPUY, ILNV, ILPV, ILTY, INPU, IPUV, IPUY, LNPU, LNVZ, LPTV, LPUY, LPVY, LPVZ, LPWY, LPYZ, LUVY, NPUY, NTVY, PTVW, PUVZ)

# 셋 종이접기

## 1. 종이 접기 활동의 특징

- 초등학교 시기에 접하기 쉬운 놀이이다.
- 거의 대부분의 아동이 경험하는 대표적인 놀이 문화이다.
- 다른 놀이와 달리 '창작 활동' 이다.
- 흥미가 있다. (창작이라는 의욕적 역동성과 목적 달성에서 오는 성취욕)
- 양질의 풍부한 학습 환경을 포함한다.
  - ㅁ종이를 다루는 선형적 조작의 과정
  - ㅁ스스로의 피드백이 즉시 이어지는 과정
  - ㅁ구체적 형상을 표현하는 흥미로운 과정
- 종이의 조작적 수월성
  - ㅁ안전하다, 쉽게 구할 수 있다, 다루기 쉽다.
  - ㅁ특별한 부가적 도구를 필요로 하지 않는다.
  - ㅁ자신의 손만으로 의도하는 조작 활동을 쉽게 해낼 수 있다.

◎ 선분으로 묘사되는 수학적 조작 활동이다.

- ㅁ선분, 점, 각, 다각형, 면 등의 기하학적 요소를 구성적, 조작적으로 함유하고 있다.
- ㅁ평면 기하는 물론 입체 기하의 기본적 개념이나 성질을 실제적이며 구체적인 방식으로 체험하게 된다.

## II. 프뢰벨(Fröbel, 1782–1852, 독일)

종이접기를 포함한 유치원용 교육적 유구 20가지를 개발

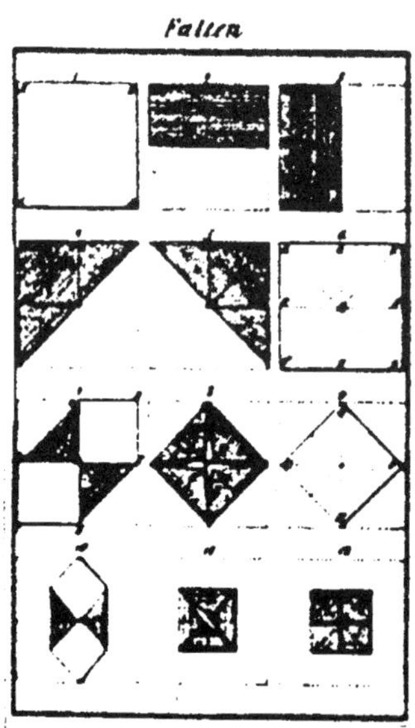


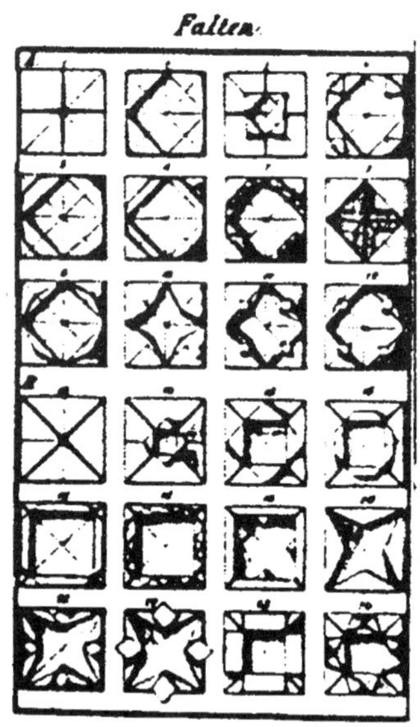

Falten

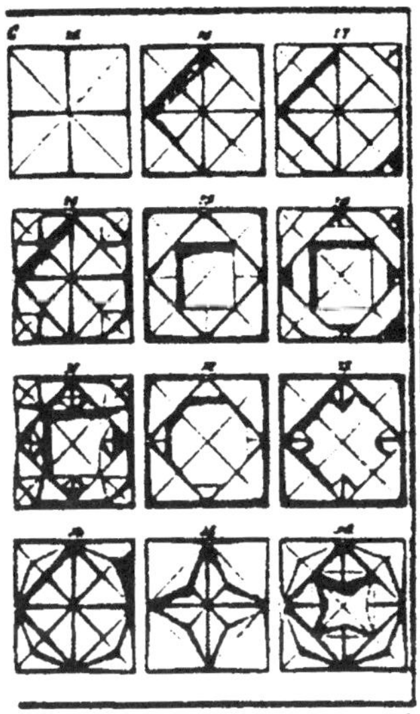

Falten

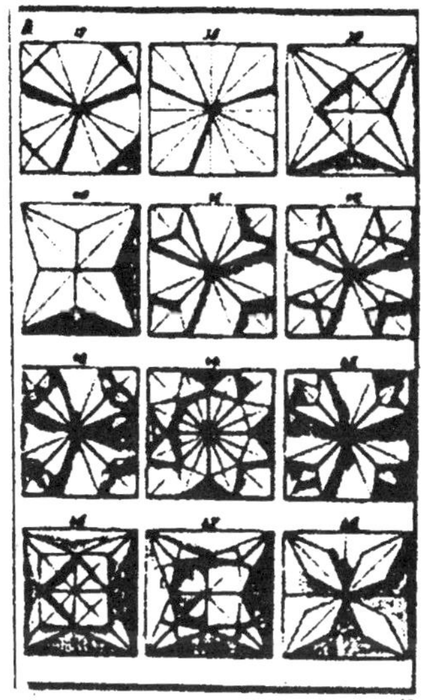

Falten

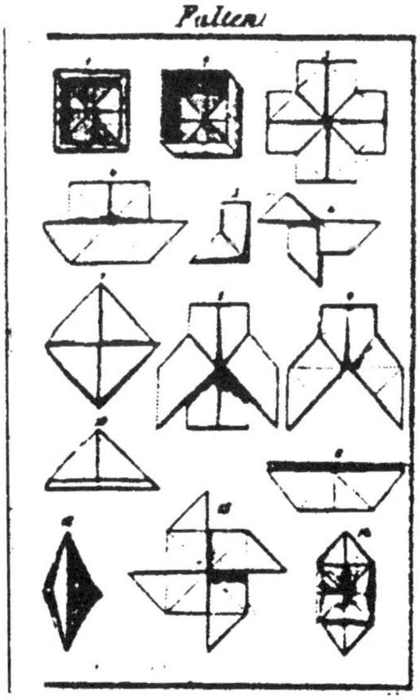

# 1. 부엉이 접기

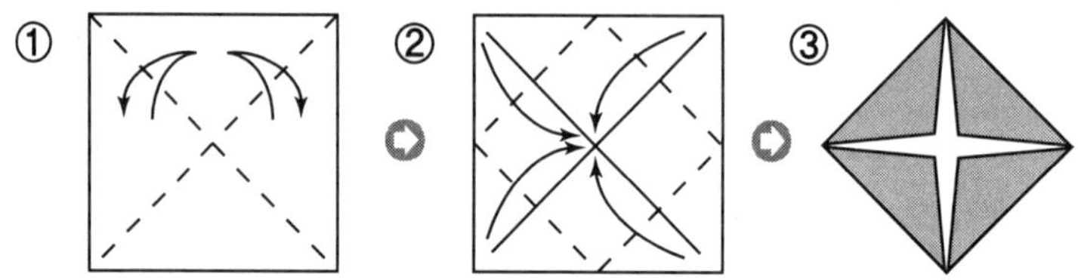


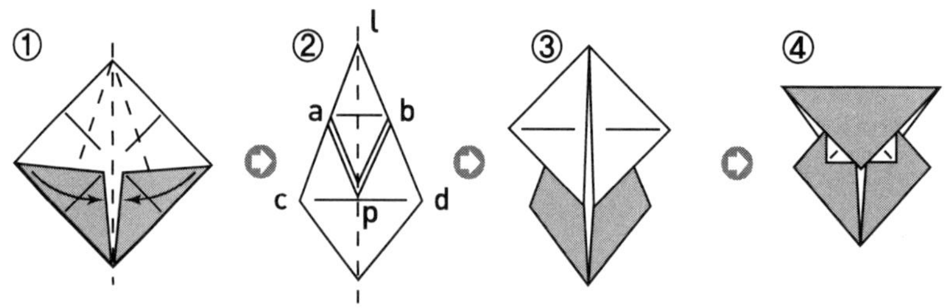


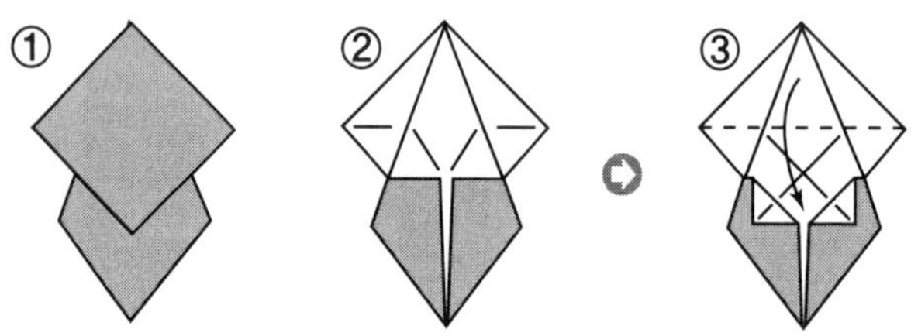

### (1) 정사각형의 종이를 사용하여 대각선을 따라 접는 과정에서의 수학적 경험

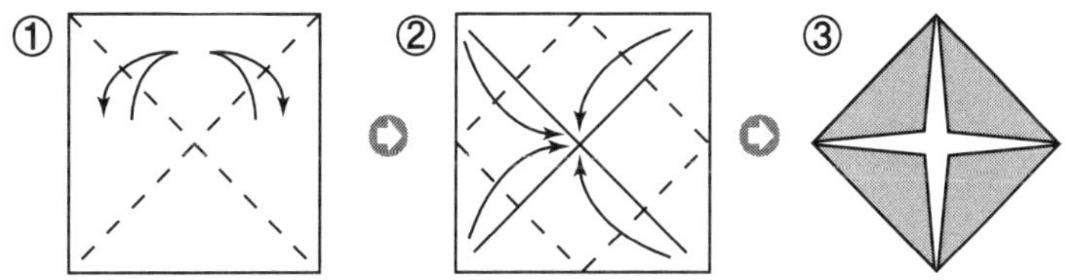

대각선을 따라 종이를 마주 접어 두 쌍의 변이 일치하도록 함으로써

정사각형은 네 변의 길이가 모두 같고,
네 각의 크기가 모두 일치함을 경험한다.

직각에 대하여

각의 크기(90도라는 각의 양적 감각)와
모양(직각을 형성하는 두 변의 벌어진 정도)를 경험한다.

정사각형의 내각의 합이 360도가 됨을 직관적으로 알게 된다.

대각선을 따라 한 번 접으면 직각 이등변삼각형이 만들어지고,
이를 또 다른 대각선을 따라 한번 더 접으면
이등변삼각형의 두 옆 변과 밑각이 일치하여
이등변삼각형이 갖고 있는 성질을 쉽게 이해할 수 있게 해 준다.

또한, 대각선을 따라 접혀진 종이를 펼쳐 놓음으로써 나타나는 접힌 선에 의하여 정사각형이

네 개의 합동(대각선을 따라 네 겹으로 접어 겹쳐짐을 통하여)인 직각 이등변삼각형으로 구성되고
넓이가 4등분된다.

는 것을 시각과 촉각을 통하여 경험하게 해준다.

(2) 작은 정사각형을 만드는 과정에서의 수학적 경험

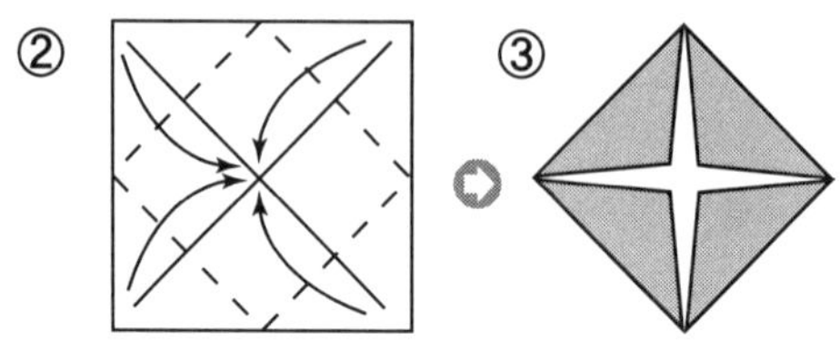

새로 만들어진 작은 정사각형의 넓이는

처음 정사각형 종이의 넓이에 절반이 된다.

추론

"어떤 정사각형 넓이의 두 배가 되는 정사각형의 한 변의 길이는 처음 정사각형의 대각선 길이와 같게 하면 된다."

역으로 현재의 작은 정사각형 넓이의 두 배가 되는 넓이를 갖는 정사각형은 바로 처음의 정사각형 종이이다.

(3) 각 단계의 접힌 모양에서의 수학적 경험

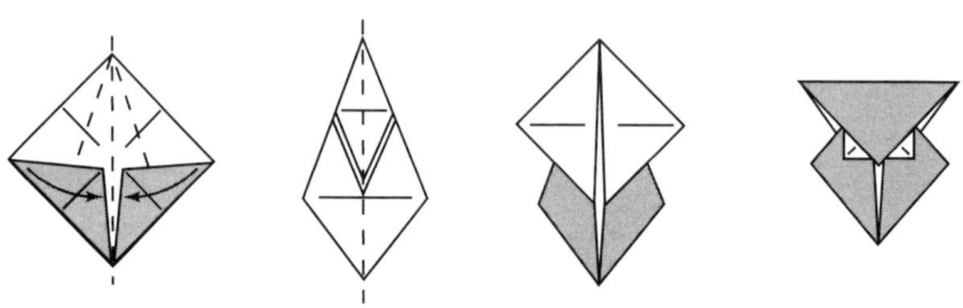

접힌 선을 따라 접었을 때 좌우의 모양이 일치한다

선대칭 도형이 갖는 성질

직선 $l$에 선분 $ab$와 $cd$는 수직으로 만나고(직교),

선분 $ap$와 선분 $bp$의 길이가 같고,

선분 $cp$와 선분 $dp$의 길이도 같다.

## 2. 쌍배 접기

평행, 직사각형, 사다리꼴 등의 개념과 각 도형의 성질들을 학습할 수 있다.

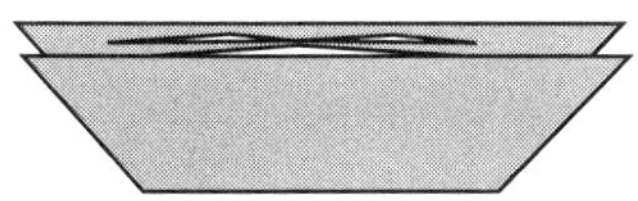

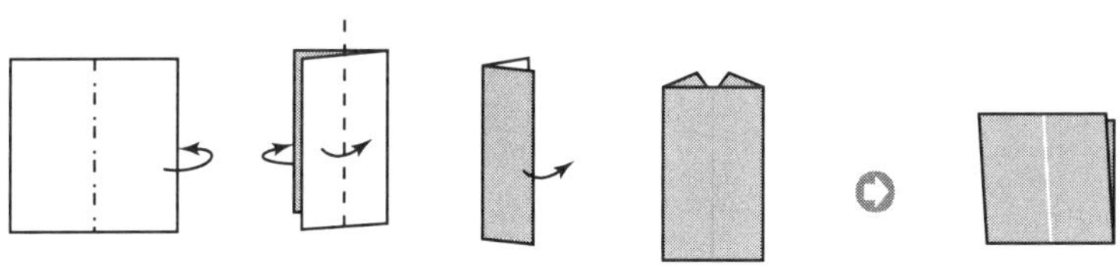

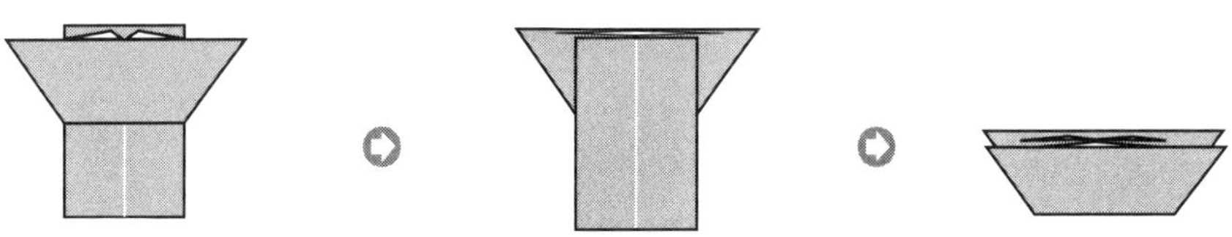

(1) 쌍배 접기의 초기 단계

정사각형의 종이를 평행인 세 선분(접는 선)에 의해서 정확히 4등분하는 작업

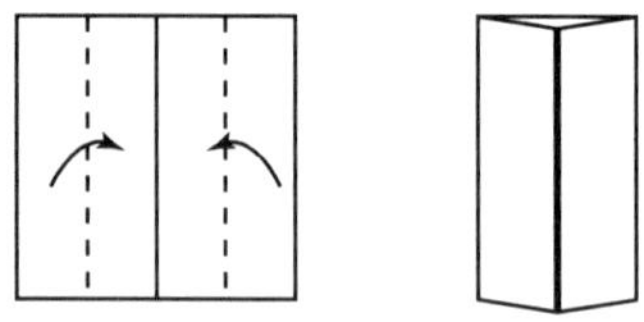

세 선분이 평행에 가까울수록

마지막 단계에서 만들어지는 배의 모양이 어긋남이 없이

각 모서리가 일치하면서 반듯하게 만들어지게 된다.

이는 평행이라는 개념이 갖는 성질을

물리적인 인과 과정 속에서 자연스럽게 이해하는 방법이다.

(2) 선들을 따라 접는다.

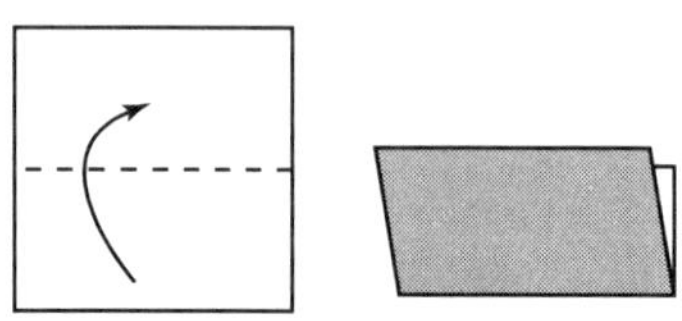

직사각형들은 마주보는 변끼리 서로 평행을 유지한다

직사각형이 갖는 성질로

마주 보는 변의 길이가 서로 같고;

네 개의 내각은 정사각형의 경우와 같이 직각이며

따라서 내각의 합이 360도가 된다.

### (3) 완성

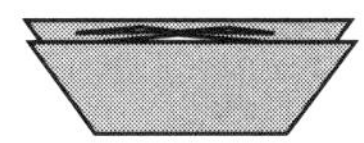

최종적으로 만들어진 쌍배의 옆모양은

사다리꼴 (정확히 등변사다리꼴)이다.

아래, 윗변이 평행이고 두 옆 변의 길이가 같다

이 모양은 직사각형 모양으로부터 변형된 것이다.

즉 등변사다리꼴의 개념과 성질을 직관적으로 파악하게 된다.

## 3. 크레마치스 접기

### (1) 직각을 3등분하는 과정

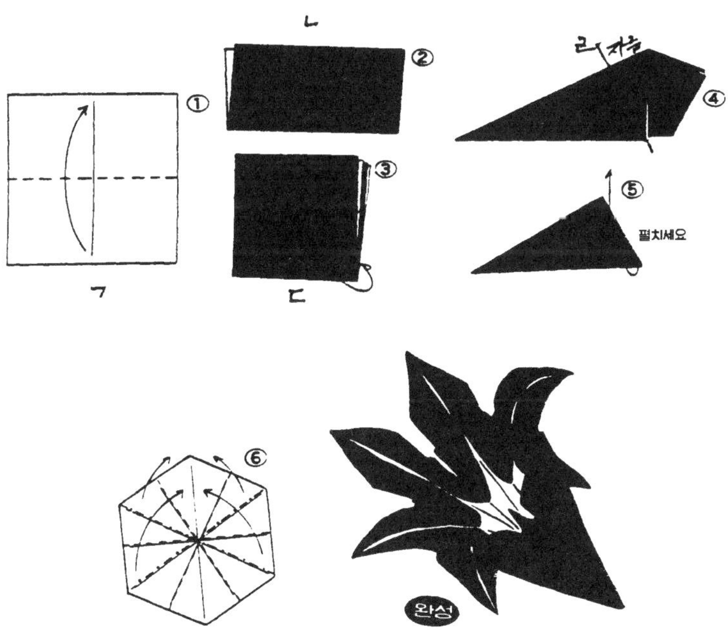

추론

정육각형의 한 내각의 크기가 120도이다.

정확히 3등분을 하려면 접는 선과 직각의 변이 모두 일치하도록 접어야 한다.

(2) 잘라서 펼치면

정육각형의 도형이 만들어진다.
잘라서 펼치기 전에 자신이 접어 온 과정을 역으로 추론해 보면 펼친 도형이 어떤 모양이 될 것인지를 짐작해 볼 수도 있다.
접힌 선들이 이루어 놓은 여러 가지의 평면도형들을 경험할 수 있다.

**정삼각형, 직각삼각형, 마름모, 사다리꼴** 모양

이와 같은 도형들이 갖는 성질을
접힌 선들에 의하여 만들어지는 다양한 모양의 각들

— **예각, 직각, 둔각** — 에 대한 개념

각의 크기에 대한 감각적 훈련
정육각형의 중심에 해당하는 점을 중심으로 정육각형의 종이를 돌려보면 종이 위에 나타난 여러 도형들이 겹쳐진다는 생각, 즉 **점대칭의 개념** 파악도 쉽게 이루어 낼 수 있다.

## 4. 국화꽃 접기

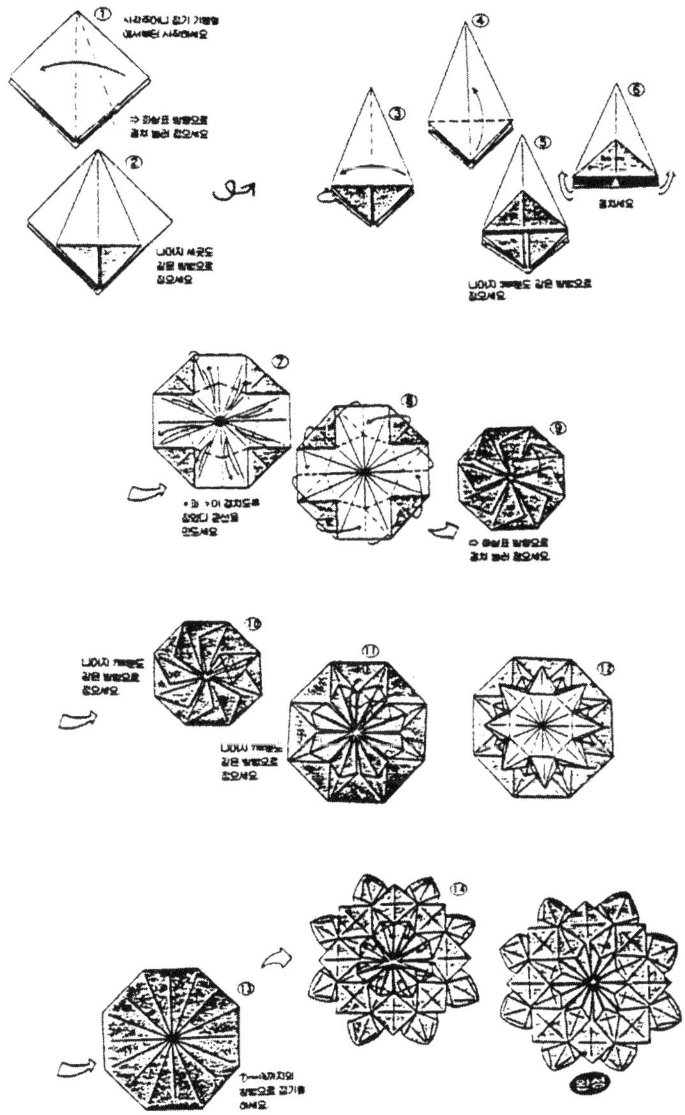

정사각형 모양에서 정팔각형이 이루어진다.

직각을 4등분하는 과정에서 정팔각형의 한 내각의 크기가 135도임을 알게 된다

## 종이 접기 활동을 통해 학습되는 기하학적 요소

### (1) 평면도형의 구성 요소

□ **점** : 꼭지점, 중심

□ **선** : 선분, 수선, 평행선, 대각선, 대칭선

□ **변** : 윗변, 아랫변, 밑변, 옆 변

□ **각** : 꼭지각, 밑각, 직각, 둔각, 예각

### (2) 평면도형의 개념

□ **삼각형** : 직각삼각형, 예각 삼각형, 둔각삼각형, 이등변삼각형, 정삼각형, 직각 이등변삼각형

□ **사각형** : 정사각형, 직사각형, 마름모, 사다리꼴, 평행사변형

□ **정다각형** : 정삼각형, 정사각형, 정육각형, 정팔각형

□ **각** : 예각, 직각, 둔각

### (3) 평면도형의 성질

□ **정사각형의 성질** : 변의 길이, 내각의 크기

□ **직각삼각형의 성질** : 내각의 크기

□ **정삼각형의 성질** : 변의 길이, 내각의 크기

□ **정다각형의 성질** : 정육각형, 정팔각형의 내각의 크기

### (4) 평면도형의 조작

□ **각의 등분** : 직각의 2, 3, 4 등분

□ **면적의 등분** : 정사각형의 2, 4 등분, 삼각형의 2 등분
□ **합동 변환** : 겹쳐 보기
□ **닮음 변환** : 닮음비의 가시화

### (5) 평면도형의 관계

□ **도형의 대칭** : 선대칭, 점대칭
□ **도형의 합동** : 변의 길이, 각의 크기 일치

### (6) 평면도형의 측도

□ **변의 길이 측도** : 변의 길이 변화, 비
□ **도형 넓이의 측도** : 넓이의 변화, 비

# 넷 빨대 모형 만들기

준비물은 작고 값싼 것이다. 실(또는 낚시줄), 큰 바늘(털실용), 자, 가위, 빨대를 사용한다. 실은 바늘에 매달아 빨대 속으로 넣을 만큼 가느다란 것이어야 한다. 가능하면 둥글고 색이 있는 빨대가 보기에 좋다.

## 1. 정사면체 만들기

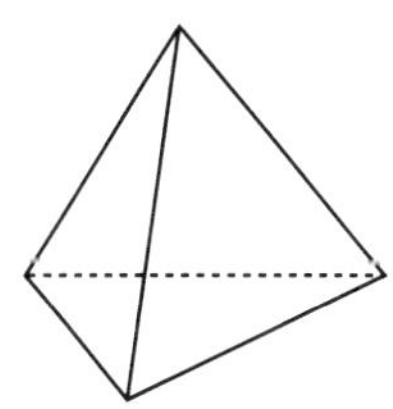

같은 길이(약 18cm 정도)의 빨대 6개를 준비한다. 약 2m 정도의 실을 바늘에 끼운다. (너무 길면 헐렁해진다. 너무 짧으면 다른 것과 묶는다.) 실을 끼운 바늘을 세 개의 빨대에 넣는다. 줄이 헐렁해지지 않게 삼각형을 만든다(그림 1).

바늘을 4번과 5번 빨대에 넣는다(그림 2).

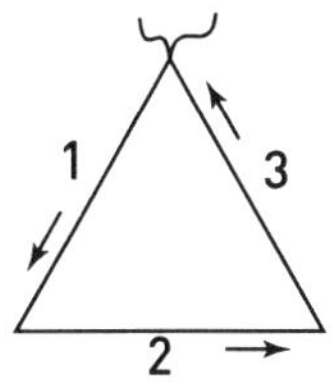


그림 1

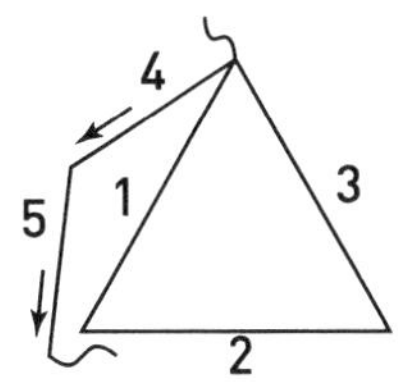


그림 2

바늘을 다시 2번 빨대에 넣어 6번 빨대의 끝에 연결한다(그림 3).
실을 팽팽하게 당긴다. 마지막으로 4번 빨대를 통하여 출발점으로 되돌아 온다(그림 4).

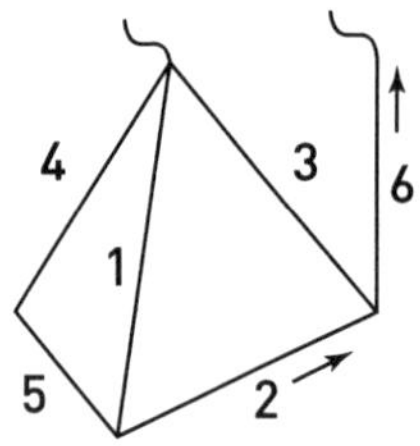


그림 3

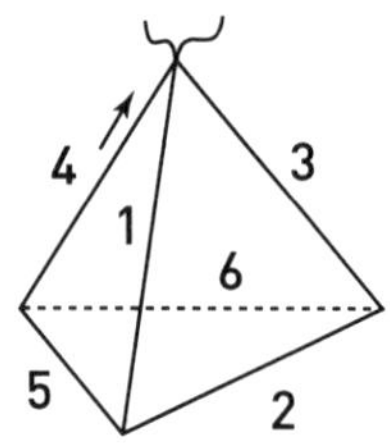


그림 4

실을 팽팽하게 묶는다. 꼭지점들을 안정시킬 생각이라면 한번 더 반복한다. 그렇지 않다면, 실의 끝을 자르면 정사면체가 완성된다.(활동 3에서 재사용)

## 2. 정팔면체 만들기

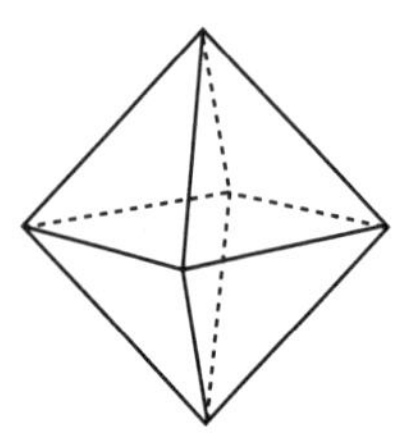

활동 1에서 적용한 기교를 발전시켜 정팔면체를 만들어 보자.

길이(18cm)가 같은 빨대 12개로 정삼각형 4개를 만들어 2개씩 연결한다(그림 5와 그림 6).

그림 5

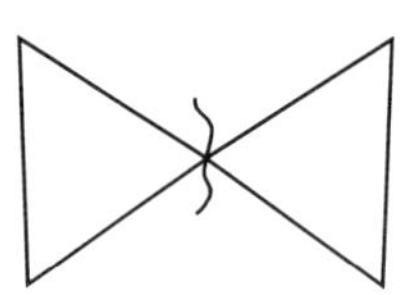

그림 6

빨대 1, 2, 3을 팽팽하게 연결하고(그림 7), 빨대 4, 5, 6도 그림처럼 단단하게 연결한다(그림 8). 꼭지점을 안정되게 고정시킨다. (활동 4에서 재사용)

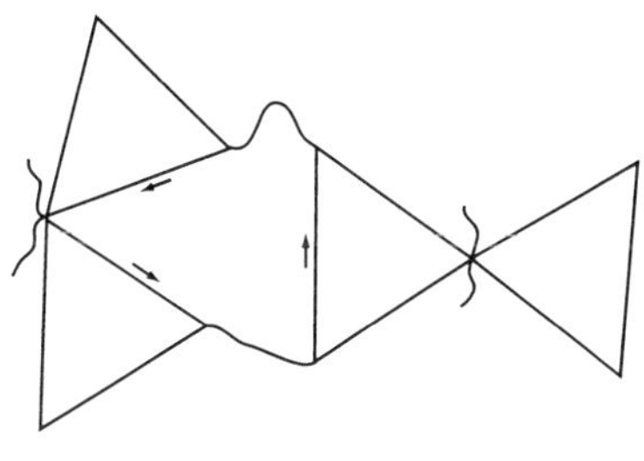

그림 7

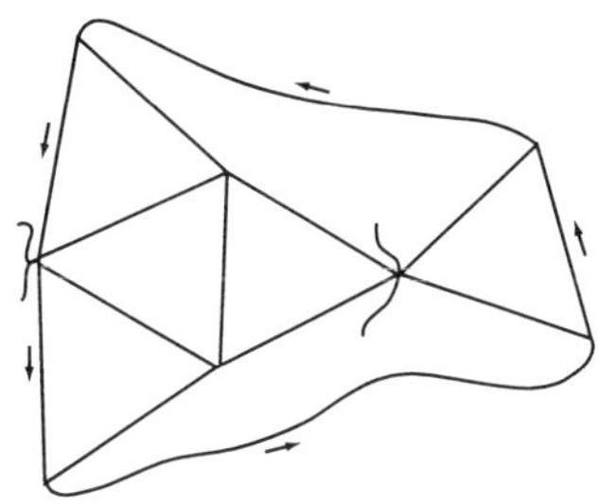

그림 8

## 3. 정사면체 안에 정사면체 만들기

### (1) 큰 정사면체 만들기

18cm인 빨대 6개를 잘라 각각의 중점에 구멍을 뚫는다. 그리고 6cm인 빨대 6개를 잘라 만든다. (길이를 같은 비율로 적절히 바꾸어도 좋다.) 18cm짜리로 활동 1처럼 정사면체를 만든다.

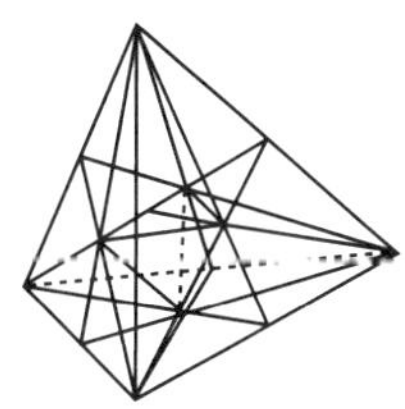

### (2) 중선 연결하기

이 단계에서는 보다 가는 바늘이 필요하다. 정사면체의 한 꼭지점에 2m의 실을 묶는다. 실의 다른 끝을 바늘에 끼운다. 그림 9와 같이 중선을 만들기로 하자. 처음에는 꼭지점 1에서 마주보는 변의 중점 2로 실을 잡아 당긴다. 그리고 반대편 꼭지점 3을 지나고 꼭지점 둘레로 바늘을 감아서 팽팽하게 만든 다음, 마주보는 변의 중점 4로 실을 잡아 당기고, 같은 방법으로 계속한다. 실이 너무 짧으면 꼭지점에 묶는다. 네 면이 그림 10과 같이 될 때까지 이러한 작업을 계속한다.

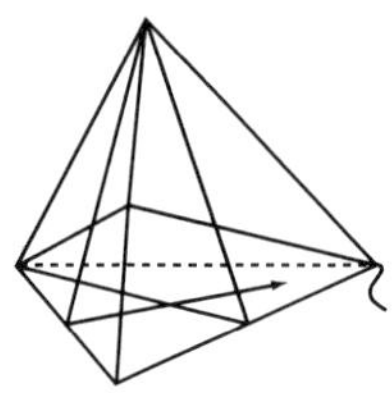

그림 9

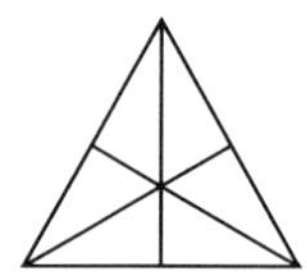

그림 10

(3) 큰 정사면체 안에 삼각형 만들기

실을 1m 정도 자른다. 정사면체의 한 면의 무게중심, 즉 세 중선의 교점에 끝이 7cm 정도 남게 실을 묶는다. 나중에 필요하므로 남은 7cm는 자르지 않는다. 실의 다른 끝을 큰 바늘에 끼운다. 정사면체의 모서리에 실을 끼운 바늘을 팽팽하게 만든다(그림 11).

작은 빨대에 바늘을 끼워 첫째 면의 중심으로 밀어 넣는다(그림 12).

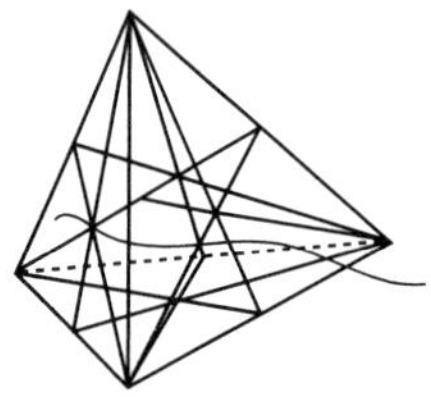

그림 11

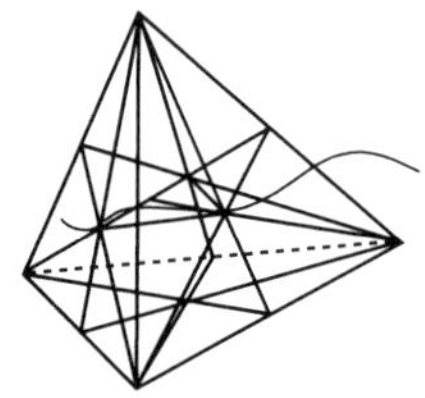

그림 12

둘째 면의 무게중심인 중선의 교점에 바늘을 한 바퀴 돌려 안전하게 고정시킨다(그림 13).

작은 삼각형이 생길 때까지 이러한 과정을 두 번 반복한다. 둘째 면과 셋째 면을 연결시키는 빨대와 셋째 면과 첫째 면을 연결시키는 빨대를 첨가하여 삼각형을 만든다(그림 14). 그리고 남은 실을 처음에 남긴 7cm의 끝에 연결한다. 아직도 실을 끝을 자르지 않는다.

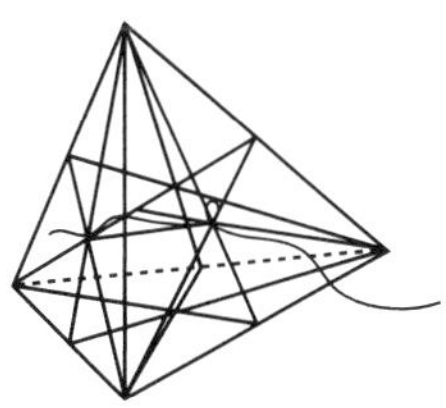

그림 13

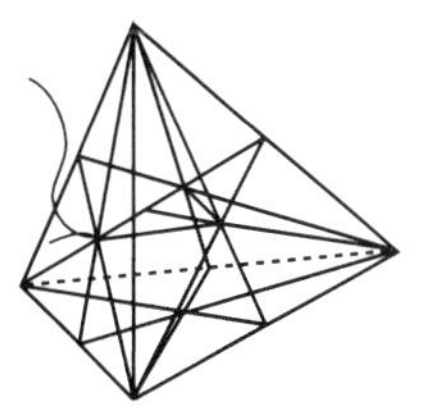

그림 14

(4) 작은 정사면체 완성하기

작은 삼각형의 한 꼭지점과 큰 정사면체의 넷째 면의 무게중심을 연결하는 빨대를 하나 더한다(그림 15).

다음에는 두 개의 작은 빨대(11 번)만을 지나고 8번 빨대에 실을 꿴 바늘을 통과시긴다(그림 16).

이제 마지막 12번 빨대를 셋째 빨대가 필요한 꼭지점에 단단하게 부착시킨다(그림 17). 실을 꿴 바늘을 처음에 남은 7cm의 실에 묶은 다음 남은 실을 잘라 없앤다.

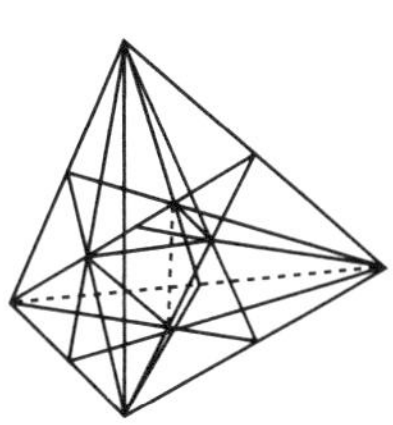

그림 13

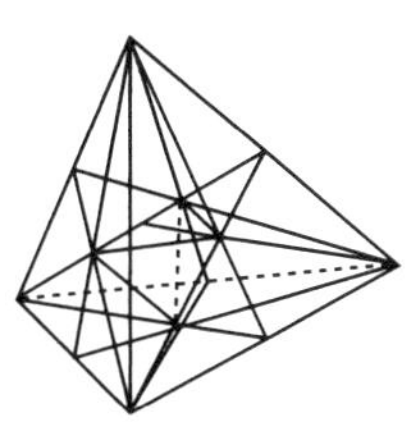

그림 14

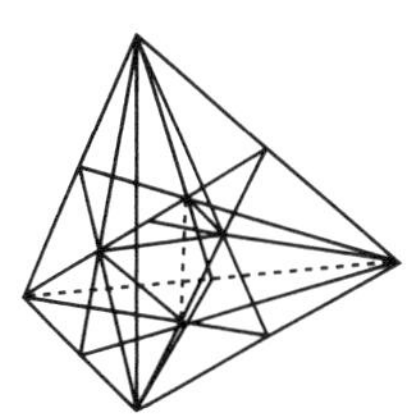

그림 15

## 4. 정팔면체 안에 정육면체 만들기

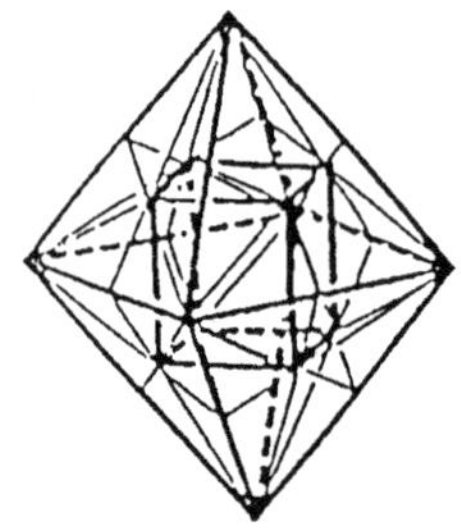

중점에 구멍이 있는 길이 18cm인 빨대 12개로 활동 2와 같은 방법으로 정팔면체를 만든다. 활동 3의 설명과 같은 요령으로 정팔면체 안에 정육면체를 만들어 보자. 다음 그림들은 각 단계를 어떻게 시작하는가를 보여 준다.

1. 각 면에 세 개의 중선이 생길 때까지 중선을 만들어간다(그림 18).

2. 각 중선의 교점(무게중심)들을 길이 8.5 cm인 빨대 12개로 연결한다(그림 19 (a) (d)).

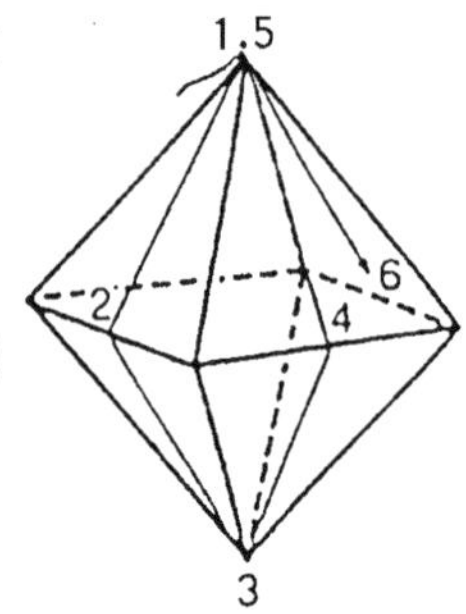


그림 18

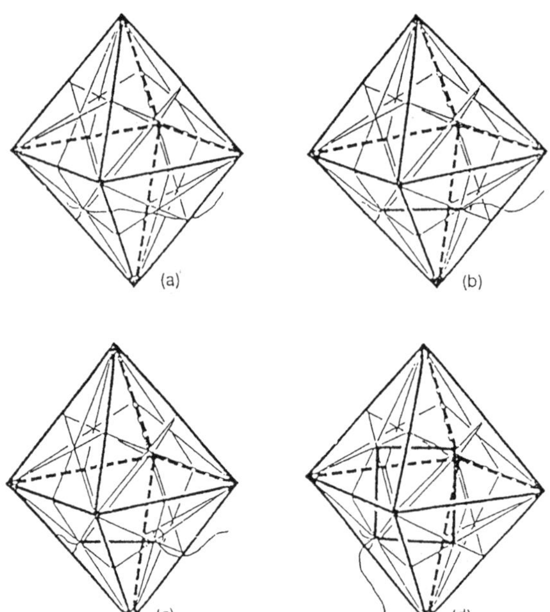


그림 19

## 5. 정사면체 안에 정팔면체 만들기

### (1) 정사면체 만들기

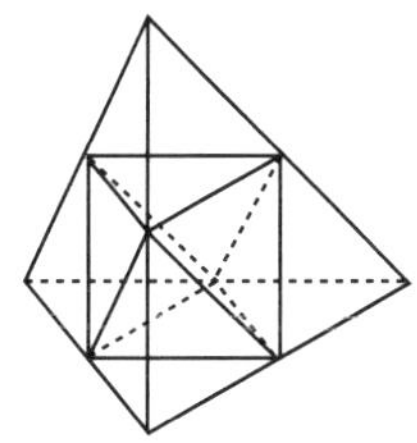

길이 8.8cm의 빨대 12개를 잘라 놓는다. 길이 18cm의 빨대 6개의 중점에 구멍을 뚫는다. 이 6개의 빨대로 정사면체를 만든다.

### (2) 정사면체의 각 모서리의 중점을 연결하는 삼각형 만들기

이번 단계에서는 정사면체의 한 꼭지점 A를 지나는 세 모서리의 중점을 연결하게 빨대를 사용한다. 가는 바늘에 실을 끼운다. 정사면체의 한 모서리의 중점을 지나게 바늘을 통과시켜 묶고, 약 7cm 정도 실을 남겨둔다.

작은 빨대 하나를 끼워 다른 모서리의 중점에 있는 구멍을 통하게 한다(그림 20 (a)).

처음은 둘째의 작은 빨대를 꼭지점 A의 또 다른 모서리의 중점에 있는 구멍을 지나게 바늘을 움직인다(그림 20 (b)).

그리고 바늘을 셋째 빨대에 넣어 처음 출발점으로 되돌아온다. 작은 삼각형에 실이 처지지 않도록 팽팽하게 잡아당겨 7cm의 끝과 묶는다(그림 20 (c)). 줄을 자르지 않는다.

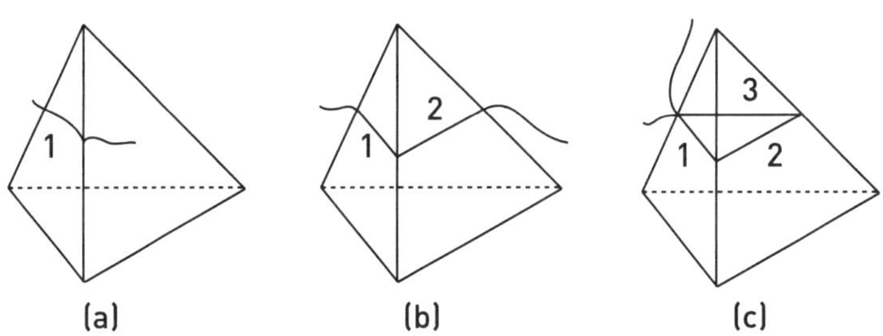


그림 20

(3) 둘째 삼각형 만들기

같은 실과 작은 빨대 3개를 사용하여 꼭지점 B를 지나는 세 모서리의 중점을 지나는 삼각형을 만든다. 즉, 빨대 4, 5, 6에 앞과 같은 방법으로 실을 넣는다(그림 21). 7cm 실의 끝과 묶은 다음 끝을 잘라 버린다.

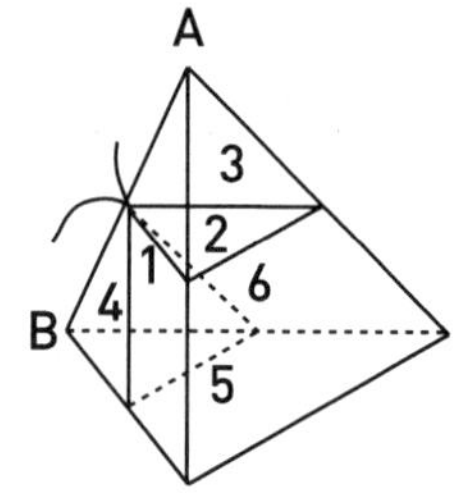


그림 21

(4) 셋째와 넷째 삼각형 만들기

꼭지점 C와 꼭지점 D에 삼각형 두 개를 더 만들기 위해 위의 단계 2와 단계 3을 따르자. 정사면체의 사용되지 않은 모서리의 중점에 실을 묶는다. 그림 22에 단계 2와 단계 3에서의 지시에 적합하게 번호를 매겼다. 이 두 개의 삼각형을 완성한 후에 작은 빨대의 끝이 밖을 향하게 밀어 넣음으로써 정팔면체의 꼭지점들을 결정한다. 이제 정사면체 안에 정팔면체가 완성되었다.

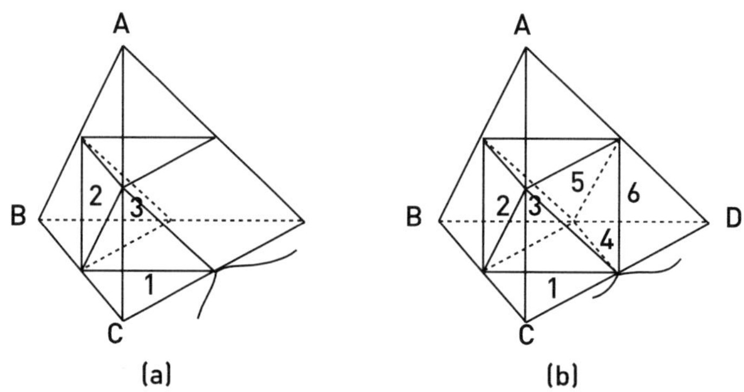


그림 22

## 6. 정사면체에 외접하는 정육면체 만들기

실을 꿴 바늘을 빨대에 6번 정도 통과시켜야 하기 때문에 이 활동에서는 약간 굵은 빨대가 필요하다. 가느다란 빨대에서는 바늘이 다른 실에 걸릴 것이다.

### (1) 정사면체 만들기

길이 18cm인 빨대 6개를 사용하여 활동 1에 따라 정사면체를 만든다. 정사면체가 정육면체를 지탱할 정도로 꼭지점을 안정시킨다.

### (2) 정사면체의 각 면에 삼각뿔 만들기

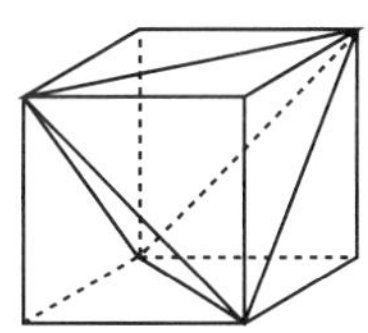

길이 12.7cm인 빨대 12개를 잘라 놓는다. 이 단계에서는 정사면체의 삼각형인 각 면에 세 개씩의 빨대가 쓰인다. 즉, 그림 23의 빨대 1 6이 쓰일 것이다. 바늘에 실을 꿰어 그림 23에서 그림 26까지의 각 번호에 따라 실행한다.

실을 꿴 바늘을 빨대 1, 4, 5를 지나도록 한다. 새로 만들어진 삼각형을 고정시키는 실을 단단하게 매고 다시 빨대 1을 관통한다(그림 24). 다음에 있는 긴 빨대를 이용하여 빨대 2, 6, 4를 지나도록 실을 관통시키고, 다시 빨대 2로 되돌아온다(그림 25).

이 삼각뿔의 세 꼭지점을 안정시키기 위하여 빨대 3, 5, 6에 실을 집어넣은 다음, 빨대 3으로 되돌아온다(그림 26). 새로 만든 삼각형에 늘어짐이 없도록 실을 팽팽하게 잡아 당긴다. 실을 묶고 필요없는 끝은 잘라버린다.

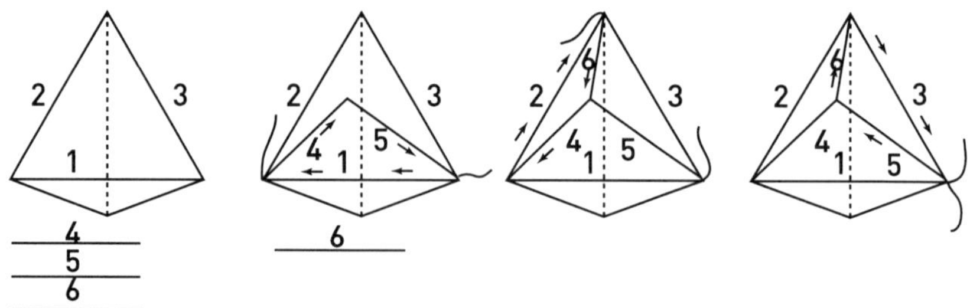


그림 23　　그림 24　　그림 25　　그림 26

(3) 삼각뿔을 세 개 더 만들기

긴 모서리를 가진 정사면체는 삼각형인 면을 세 개 더 가지고 있다. 각 면에 삼각뿔을 만들기 위하여 위의 단계 2의 지시에 따른다. 그림 27은 단계 2의 지시에 적합하게 번호를 매겨 삼각뿔을 만들게 해 준다. 네 개의 삼각뿔을 완성하면, 밖에 있는 정육면체의 꼭지점을 지지하도록 조심스럽게 잡아당긴다.

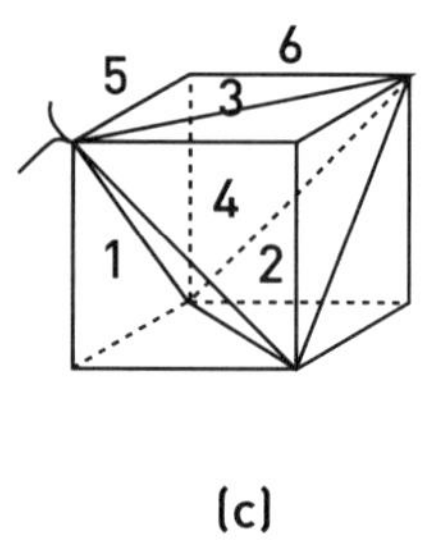


그림 27

# 다섯 전략 게임

① 정해진 규칙이 있으며,

② 적어도 2명 이상의 경기자가 게임의 규칙을 지키면서 이기기 위한 행위와 전략을 선택하며,

③ 게임의 승패가 운이 아닌 생각하여 얻은 행동에 의해 결정된다.

## 1. 선 틱택토

- **게임 인원** 2명
- **게임 자료** 선 티태토 판, 볼펜(2가지 색)
- **게임 방법**

(1) 게임의 시작은 가위바위보(또는 적당한 방법)로 선을 결정한다.

(2) 직선으로 15개의 점이 찍힌 놀이판에서 이루어진다.

(3) 두 경기자가 어느 한 점씩  표를 한다.

(4)  를 3개 연속으로 가장 먼저 만든 사람이 이긴다.

(5) 두 번째 게임부터는 진 사람이 먼저 놓기 시작한다.

- **게임판**

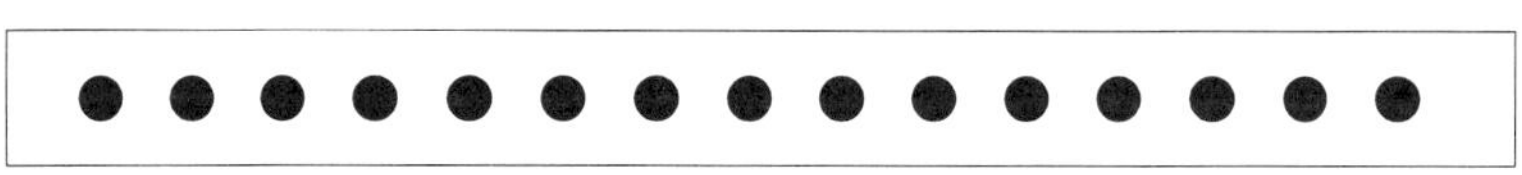

## 2. 삼각형 틱택토

- **게임 인원** 2 명
- **게임 자료** 삼각형 틱택토 판, 바둑돌(흰색, 검정 각각 5개씩)
- **게임 방법**

(1) 게임의 시작은 가위바위보(또는 적당한 방법)로 선을 결정한다.

(2) 자기 색의 바둑돌을 교대로 하나씩 표시 위에 놓는다.

(3) 일직선에 자기의 표시 3개를 먼저 놓는 사람이 이긴다.

(4) 두 번째 게임부터는 진 사람이 먼저 놓기 시작한다.

- **게임판**

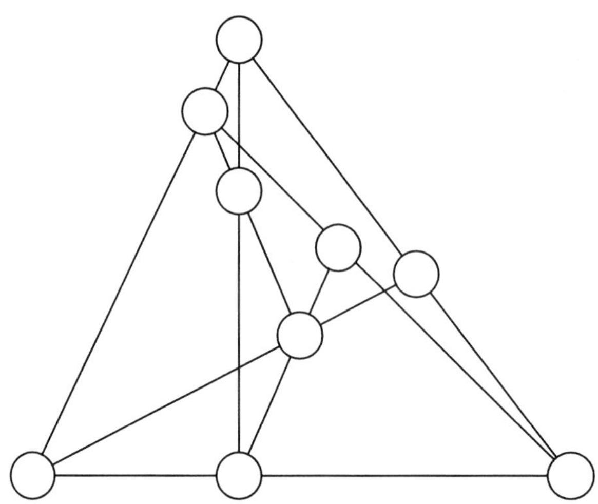

## 3. 13개의 방을 가진 틱택토

- **게임 인원** 2 명
- **게임 자료** 틱택토 판, 바둑돌(흰색, 검정 각각 7개씩)
- **게임 방법**

(1) 게임의 시작은 가위바위보(또는 적당한 방법)로 선을 결정한다.

(2) 자기 색의 바둑돌을 교대로 하나씩 판 위에 놓는다.

(3) 일직선(수직, 수평, 대각선)에 자기의 표시 3개를 먼저 놓는 사람이 이긴다.

(4) 처음에는 가운데의 에는 놓을 수 없다.

(5) 두 번째 게임부터는 진 사람이 먼저 놓기 시작한다.

이 게임에는 필승 전략이 있는가?

- **게임판**

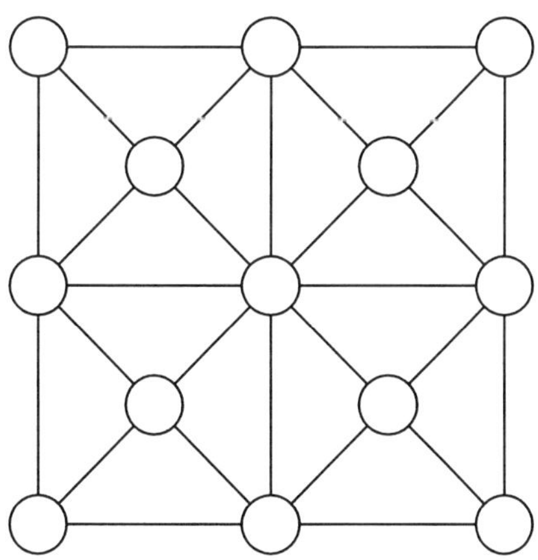

## 4. 합산 틱택토

- **게임 인원** 2 명
- **게임 자료** 정사각형(5×5) 판, 바둑돌 (흰색, 검정 각각 13개씩)
- **게임 방법**

(1) 게임의 시작은 가위바위보(또는 적당한 방법)로 선을 결정한다.

(2) 자기 색의 바둑돌을 교대로 하나씩 판 위에 놓는다.

(3) 일직선(수직, 수평, 대각선)에 자기의 표시가 놓인 것의 점수의 합계가 많은 사람이 이긴다.

(4) 일직선으로 한 열에 (연속) 3개이면 1점, 4개이면 2점, 5개이면 5점이다.

(5) 두 번째 게임부터는 진 사람이 먼저 놓기 시작한다.

- **게임판**

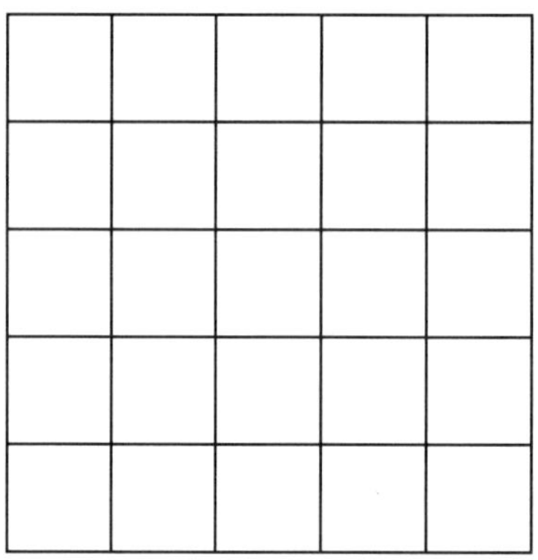

## 5. 와일드 카드 틱택토

- **게임 인원** 2 명
- **게임 자료** 정사각형(3×3) 판, 바둑돌 (흰색, 검정 각각 5개씩)
- **게임 방법**

(1) 게임의 시작은 가위바위보(또는 적당한 방법)로 선을 결정한다.

(2) 색깔에 관계없이 바둑돌을 교대로 하나씩 판 위에 놓는다.

(3) 일직선(수직, 수평, 대각선)에 같은 색깔의 바둑돌을 일직선으로 3개 놓는 사람이 이긴다.

(4) 두 번째 게임부터는 진 사람이 먼저 놓기 시작한다.

- **게임판**

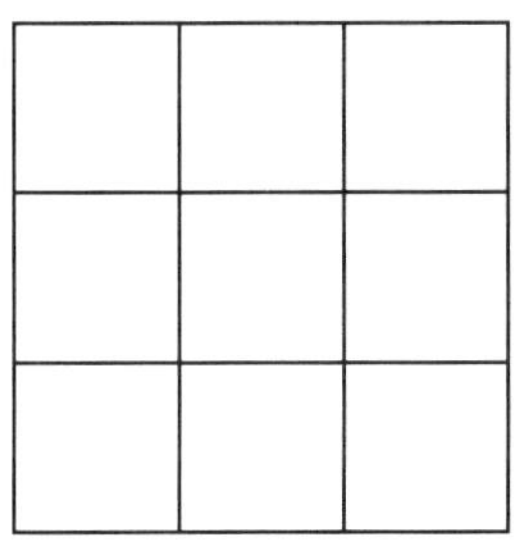

## 6. 3인 틱택토

- **게임 인원** 3명
- **게임 자료** 정사각형(6×6) 틱택토 판

  표시(O, X, I로 된 3가지 각각 12개씩)

- **게임 방법**

(1) 게임의 시작은 가위바위보나 적당한 방법으로 선을 결정한다.

(2) 정사각형의 판 위에 자기 표시를 차례로 하나씩 놓는다.

(3) 한 열에 자기 표시 3개를 먼저 놓는 사람이 이긴다.

(4) 두 번째 게임부터는 진 사람이 먼저 놓기 시작한다.

- **게임판**

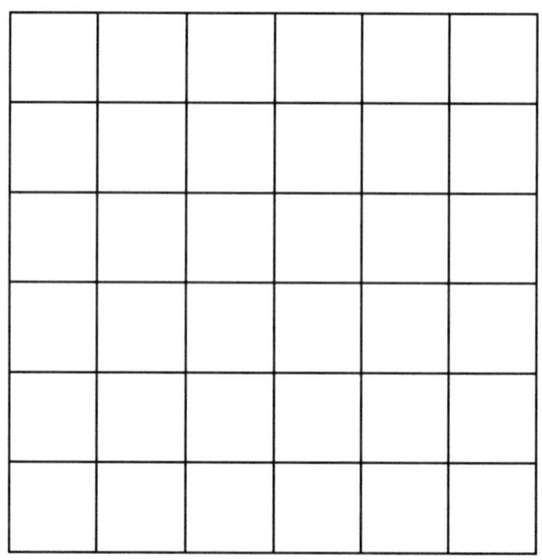

## 7. 25개의 방이 있는 틱택토

- **게임 인원** 2명
- **게임 자료** 정사각형(5×5) 판, 바둑돌 (흰색, 검정 각각 4개씩)
- **게임 방법**

(1) 게임의 시작은 가위바위보(또는 적당한 방법)로 선을 결정한다.

(2) 두 경기자는 번갈아 자기의 바둑돌을 판의 작은 정사각형 안에 놓는다.

(3) 8개의 바둑돌이 판에 모두 놓이면 번갈아 자기의 바둑돌 하나씩을 이웃하면서 빈 정사각형 안에 수평이나 수직인 방향(대각선은 아님)으로 옮긴다.

(4) 자기의 바둑돌 모두(4개)를 한 열(수평, 수직, 대각선)로 놓거나, 가로와 세로가 2개씩인 정사각형 모양이 되게 놓으면 이긴다.

(5) 두 번째 게임부터는 진 사람이 먼저 놓기 시작한다.

- **게임판**

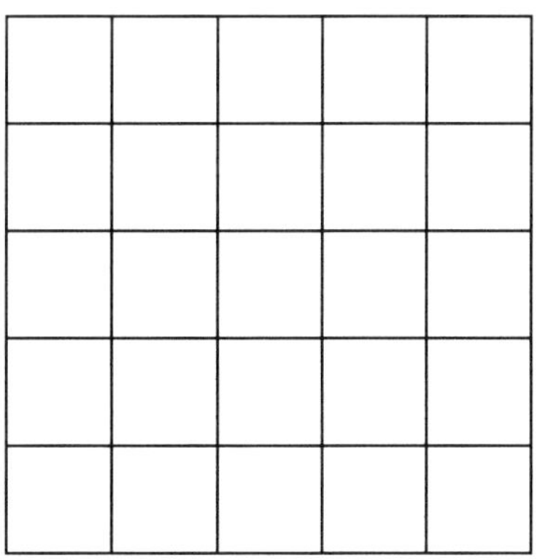

## 8. 49개의 방이 있는 틱택토

- **게임 인원** 2명
- **게임 자료** 정사각형(7×7) 틱택토 판, 바둑돌(검정, 흰색 각각 25개씩)
- **게임 방법**

(1) 게임의 시작은 가위바위보나 적당한 방법으로 선을 결정한다.

(2) 정사각형의 판 위에 자기의 표시를 차례로 하나씩 놓는다.

(3) 한 열에 자기의 표시 4개를 먼저 놓는 사람이 이긴다.

(4) 두 번째 게임부터는 진 사람이 먼저 놓기 시작한다.

- **게임판**

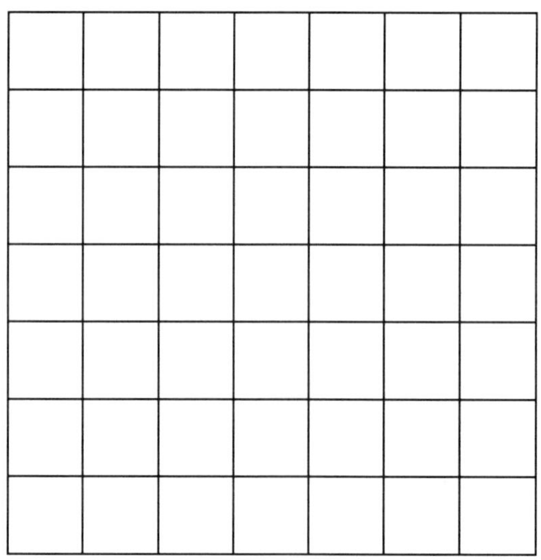

## 9. 한 번에 두 개씩 놓는 틱택토

- **게임 인원** 2명
- **게임 자료** 정사각형(5×5)틱택토 판, 바둑돌(흰색, 검정 각각 13개씩)
- **게임 방법**

(1) 게임의 시작은 가위바위보나 적당한 방법으로 선을 결정한다.

(2) 정사각형의 판 위에 자기의 표시를 차례로 두 개씩 놓는다.

(3) 한 열에 자기의 표시 5개를 먼저 놓는 사람이 이긴다.

(4) 두 번째 게임부터는 진 사람이 먼저 놓기 시작한다.

- **게임판**

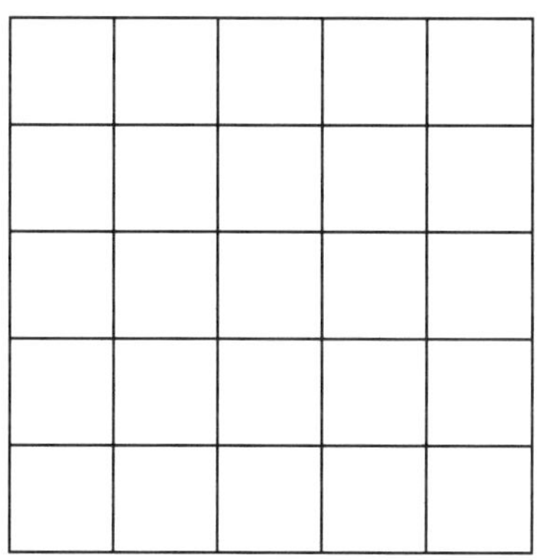

## 10. 임의의 틱택토

● **게임 인원** 2명

● **게임 자료** 정사각형(5×5)틱택토 판, 바둑돌(흰색, 검정 각각 25개씩)

● **게임 방법**

(1) 게임의 시작은 가위바위보나 적당한 방법으로 선을 결정한다.

(2) 정사각형의 판 위에 자기 표시를 차례로 원하는 개수만큼 한 방향(수직이면 모두 수직, 수평이면 모두 수평)에 놓는다.

(3) 자기 표시를 25번째로 넣거나 판의 마지막 빈 곳에 놓는 자가 이긴다.

(4) 두 번째 게임부터는 진 사람이 먼저 놓기 시작한다.

이 게임에는 필승 전략이 있는가?

● **게임판**

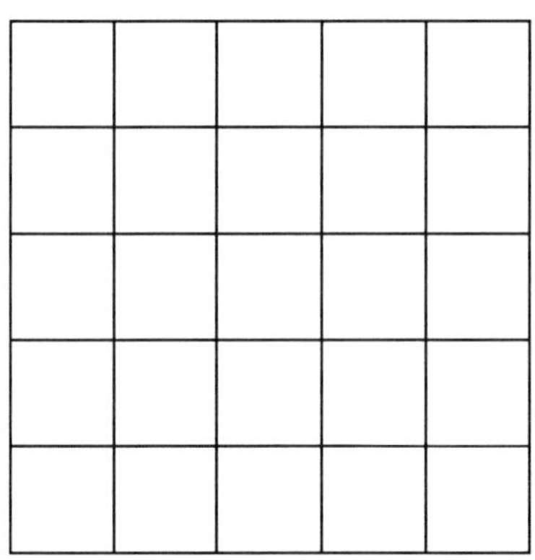

## 11. 직선에서의 점 틱택토

- **게임 인원** 2명
- **게임 자료** 직선에서의 점 판, 2가지 색연필 색
- **게임 방법**

(1) 게임의 시작은 가위바위보나 적당한 방법으로 선을 결정한다.

(2) 정삼각형 모양의 판 위에 일직선에 놓인 점들을 원하는 만큼의 개수만큼 지나갈 수 있다.

(3) 판의 마지막 점을 지나가는 사람이 이긴다.

(4) 두 번째 게임부터는 진 사람이 먼저 놓기 시작한다.

- **게임판**

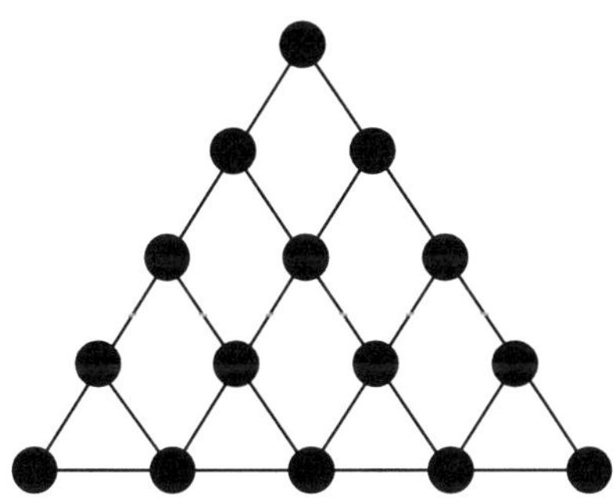

## 12. 움직이는 틱택토

**게임 인원** 2명

**게임 자료** 정사각형(4×4)틱택토 판, 바둑돌(흰색, 검정 각각 4개씩)

**게임 방법**

(1) 게임의 시작은 가위바위보나 적당한 방법으로 선을 결정한다.

(2) 판 위에 서로 다른 색끼리 이웃하거나 마주 보도록 번갈아 1개씩 4회(흑백 모두 8개)를 놓는다.

(3) 번갈아 가면서 자기의 바둑돌을 한 차례에 하나씩 수평이나 수직 방향으로(대각선은 아님)움직인다. 이웃하는 빈 정사각형에만 움직일 수 있다.

(4) 한 방향(수평, 수직, 대각선)으로 일직선이 되게 자기의 바둑돌을 3개 놓는 사람이 이긴다.

(5) 두 번째 게임부터는 진 사람이 먼저 놓기 시작한다.

**게임판**

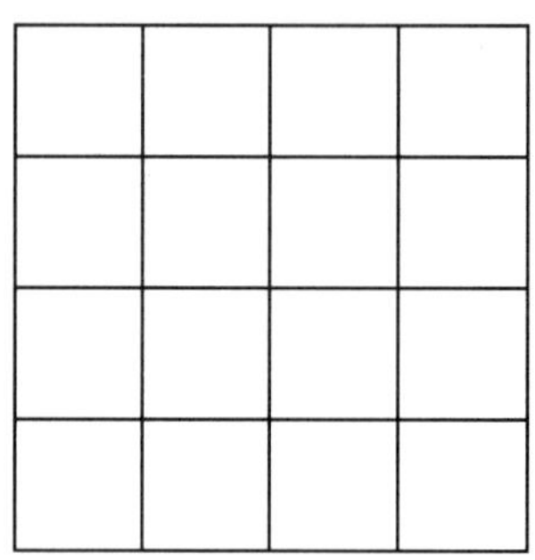

## 13. 원을 지우는 틱택토

- **게임 인원** 2명
- **게임 자료** 4×4 모양으로 16개의 원이 그려진 판, 색연필(2가지 색)
- **게임 방법**

(1) 4×4 모양으로 16개의 원이 그려진 판에서 이루어지는 경기이다.

(2) 각 경기자는 번갈아 남아있는 원 중 하나를 골라 자기 색을 표시한다.

(3) 자기 색으로 표시된 두 원을 선분으로 연결하고, 그 두 원과 두 원 사이를 연결하는 선분과 교차하는 선분에 연결된 원을 지울 수 있다.

(4) 마지막에 원을 지우는 사람이 이긴다.

(5) 두 번째 게임부터는 진 사람이 먼저 놓기 시작한다.

- **게임판**

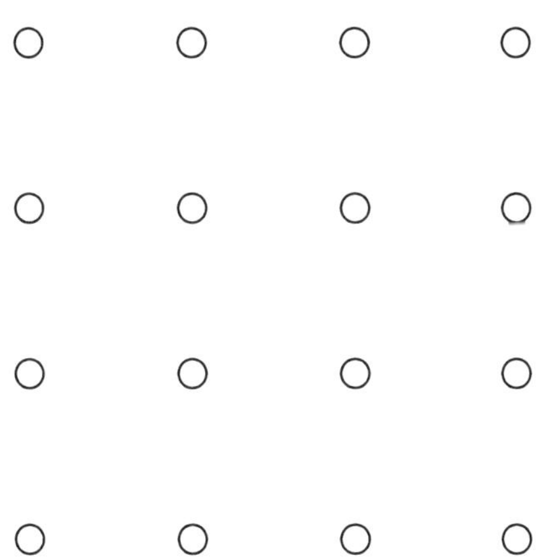

## 14. 중국판 틱택토

- **게임 인원** 2명
- **게임 자료** 중국판 틱택토 판, 바둑돌(흰색, 검정 각각 4개씩)
- **게임 방법**

(1) 판에서 같은 색깔의 바둑돌을 이웃하지 않고, 양쪽 가장자리에 놓는다.

(2) 각 경기자는 번갈아 자기의 조각들 중 하나를 이웃하면서 빈곳에 선을 따라서 움직인다.

(3) 일직선으로 3개를 놓는 경기자가 이긴다.

(4) 두 번째 게임부터는 진 사람이 먼저 놓기 시작한다.

- **게임판**

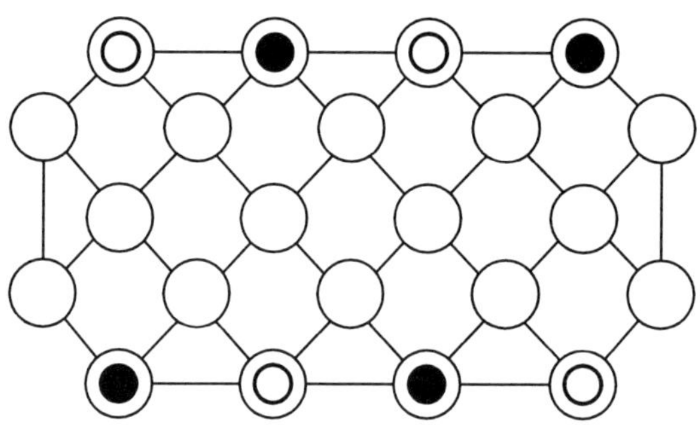

## 15. 나선형 틱택토

- 게임 인원 2명
- 게임 자료 나선형 틱택토 판, 표시 4개씩 2조
- 게임 방법

(1) 판의 빈 공간에 번갈아 자기 표시를 하나씩 놓는다.

(2) 8개를 다 놓은 다음에는 번갈아 이웃하는 빈 공간으로 자기 표시를 옮긴다.

(3) 자기 표시 전체(4개)가 나선형이나 반원, 직선이 되면 이긴다.

(4) 두 번째 게임부터는 진 사람이 먼저 놓기 시작한다.

(5) 이기는 경우

나선형 반원 직선

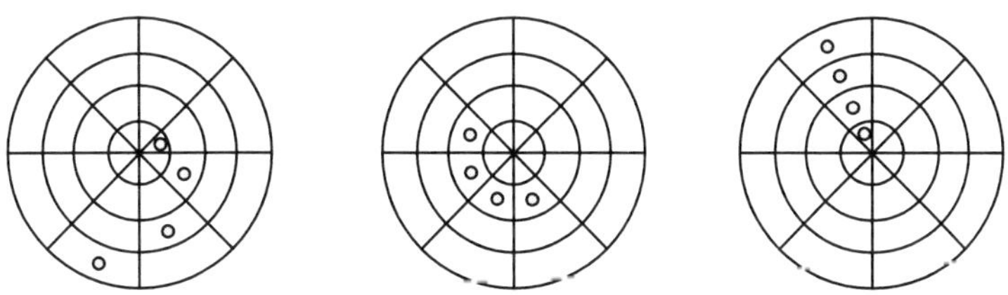

- 게임판

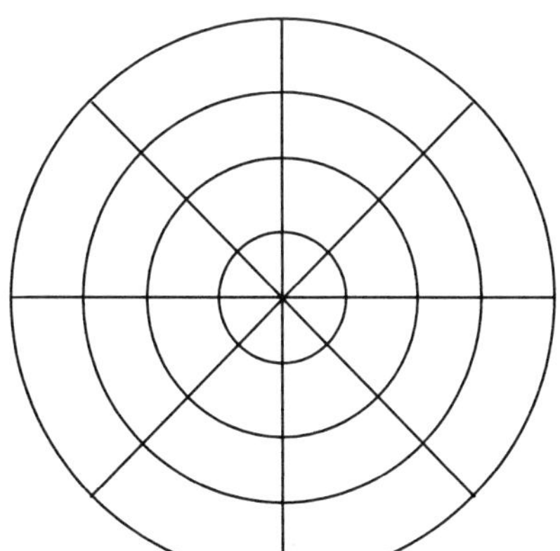

## 16. 막기

- **게임 인원** 2명
- **게임 자료** 막기판, 표시 2개씩 2조
- **게임 방법**

(1) 판의 정해진 곳에 자기 표시를 1개씩 2군데에 놓는다.

(2) 교대로 이웃하는 빈 공간으로 자기 표시 중 하나를 옮긴다.

(3) 자기 표시 2개 중 어느 것도 움직일 수 없을 때 진다.

(4) 두 번째 게임부터는 진 사람이 먼저 놓기 시작한다.

- **게임판**

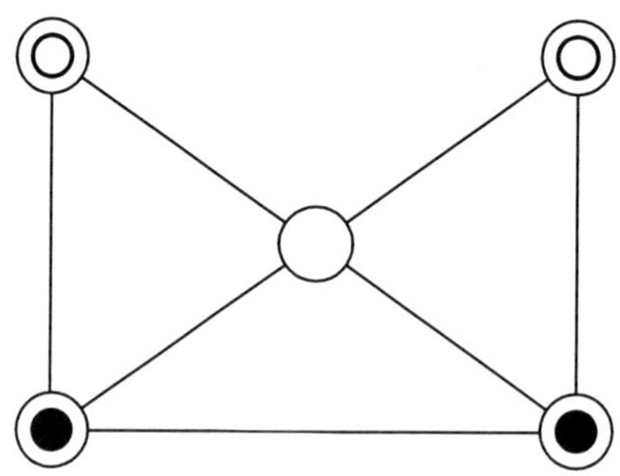

## 17. 장기판의 졸

- 게임 인원 2명
- 게임 자료 정사각형(3 × 3)판, 표시 3개씩 2조
- 게임 방법

(1) 판의 양쪽 가에 각자 자기의 표시를 일직선이 되게 놓는다.

(2) 6개를 다 놓은 다음에는 번갈아 앞쪽의 빈 정사각형으로 자기의 표시를 움직이거나, 상대편의 것을 잡을 수 있을 때에는 대각선으로 움직일 수 있다. 잡힌 표시는 판에서 제거한다.

(3) 상대편의 시작 열에 자기의 표시 하나를 놓거나, 놀이판에서 마지막까지 자기의 표시를 움직인 사람이 이긴다.

(4) 두 번째 게임부터는 진 사람이 먼저 놓기 시작한다.

- 게임판

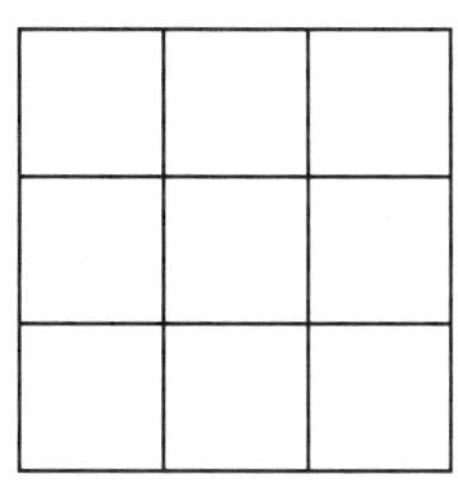

## 18. 벌집

- **게임 인원** 2명
- **게임 자료** 벌집 놀이 판, 바둑돌 흑백 20 개씩
- **게임 방법**

(1) 판의 빈 칸에 자기의 돌을 번갈아 하나씩 놓는다.

(2) 모서리의 네 칸에는 흑백 누구나 놓을 수 있다.

(3) 한 변에서 마주보는 변으로 이어진 길을 먼저 만드는 사람이 이긴다.

(4) 두 번째 게임부터는 진 사람이 먼저 놓기 시작한다.

- **게임판**

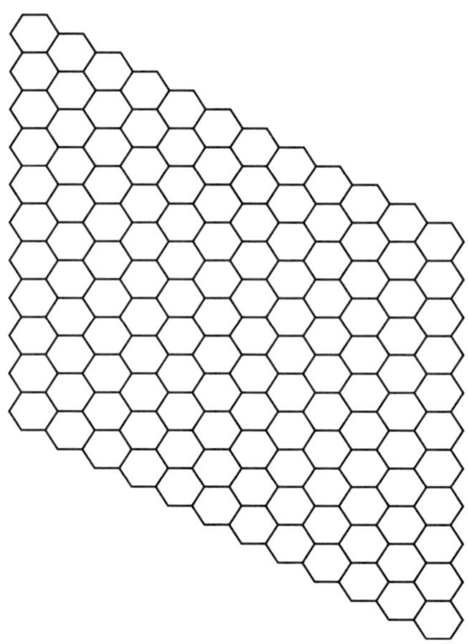

## 19. 오랫동안 움직이기

- **게임 인원** 2명
- **게임 자료** 일직선으로 16개의 정사각형이 이어진 놀이판, 표시 1개씩 2조
- **게임 방법**

(1) 판의 양쪽 끝에 자기의 표시를 하나씩 놓는다.

(2) 각 경기자는 번갈아 자기의 표시를 이웃하면서 빈곳으로 움직인다.

(3) 판에서 가장 늦게까지 움직인 사람이 이긴다.

(4) 두 번째 게임부터는 진 사람이 먼저 놓기 시작한다.

- **게임판**

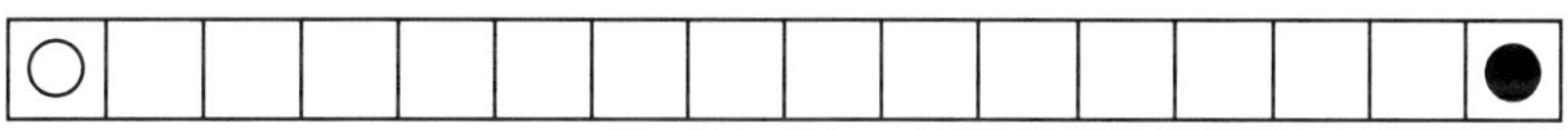

## 20. 도미노로 판 덮기

**게임 인원** 2명

**게임 자료** 정사각형(8×8)판,

작은 두 정사각형 크기의 표시(도미노) 32개씩 2조

**게임 방법**

(1) 번갈아 가면서 판에 도미노를 하나씩 놓는다.

(2) 한 경기자는 도미노를 수평으로만 놓을 수 있고, 다른 경기자는 도미노를 수직으로만 놓을 수 있다.

(3) 도미노를 놓을 수 없는 사람이 진다.

(4) 두 번째 게임부터는 진 사람이 먼저 놓기 시작한다.

**게임판**

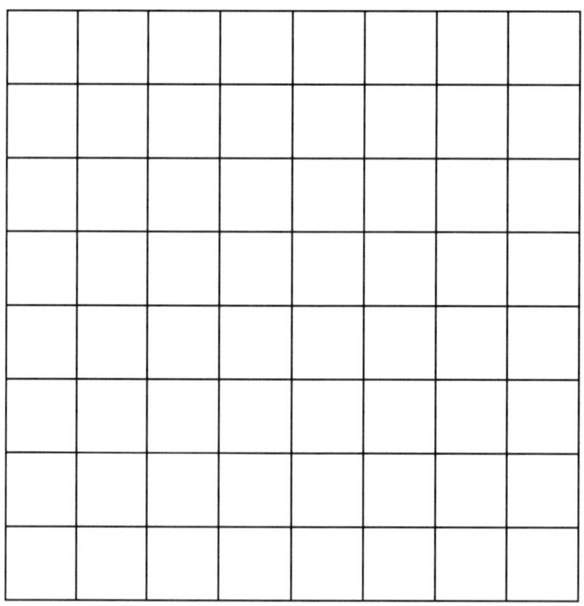

## 21. 삼각형은 싫어요

◉ **게임 인원** 2명

◉ **게임 자료** 정육각형의 꼭지점 6개가 표시된 놀이판, 2가지 색깔의 색연필 1조

◉ **게임 방법**

(1) 2점을 자기 색연필을 이용하여 선분으로 잇는다.

(2) 자기의 색깔로 삼각형을 만드는 사람이 진다.

◉ **게임판**

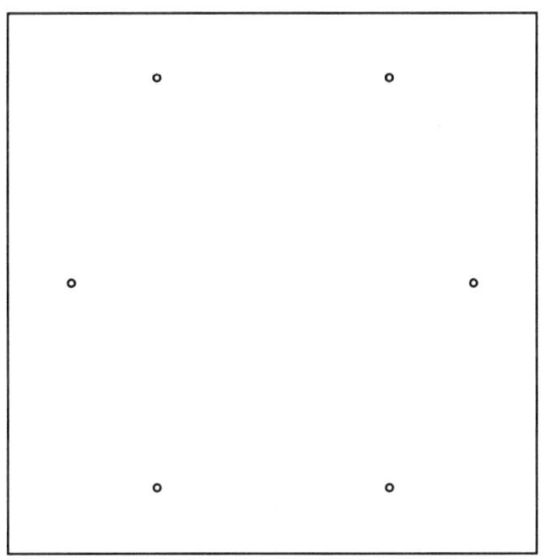

## 22. 판에서 밀어내기

- **게임 인원** 2명
- **게임 자료** 정사각형(3×3) 판, 바둑돌 흑백 2개씩
- **게임 방법**

(1) 흰 돌은 판의 왼쪽 가장자리에, 검은 돌은 판의 아랫쪽 가장자리에 놓는다.

(2) 판의 가장 자리나 상대방 돌에 의해 막히지 않는다면 돌을 앞쪽, 왼쪽, 오른쪽으로 움직일 수 있다. 후퇴는 없다.

(3) 목표는 자기의 돌을 모두 반대편(왼쪽 오른쪽, 아랫쪽 윗쪽) 가장 자리로 움직여 판에서 나가는 것이다.

(4) 자기의 돌 2 개를 먼저 판에서 내보내는 사람이 이긴다.

(5) 두 번째 게임부터는 진 사람이 먼저 움직이기 시작한다.

- **게임판**

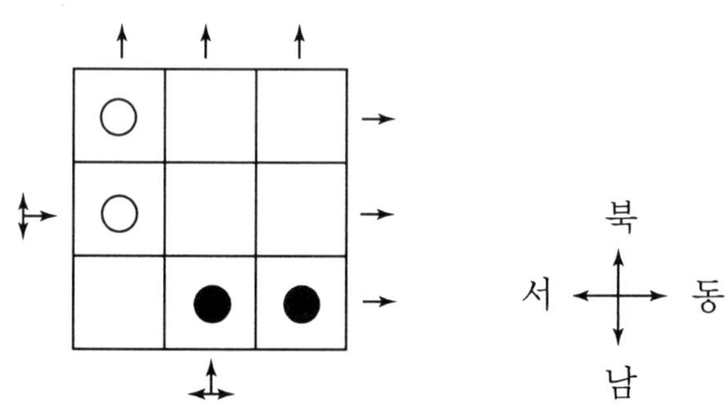

## 23. 트로미노로 판 덮기

- **게임 인원** 2명
- **게임 자료** 정사각형(5×5) 판, 기본 트로미노 조각 — 8개씩 2조(각각의 트로미노 조각은 놀이판의 3개의 사각형을 정확히 덮음)

□ 판의 크기가 6×6 정사각형 판으로 늘어나면 각 조각을 12개씩 준비한다.

- **게임 방법**

(1) 정사각형(5 × 5) 판 위에서 한다.

(2) 경기자는 놀이판 위의 어느 곳에나 모양 중 하나를 교대로 놓는다.

(3) 3개의 사각형을 덮도록 조각을 놓지 못하는 사람이 지게 된다.

(4) 두 번째 게임부터는 진 사람이 먼저 놓기 시작한다.

- **게임판**

## 24. 홀로 남기

- **게임자 수** 2명
- **게임 자료** 원이 15개인 홀로 남기 놀이판, 표시용 말 14개
- **게임 방법**

(1) 판의 검게 칠한 자리를 비우고 나머지 14 곳에 말을 하나씩 놓는다.

(2) 적당한 말을 택해 선을 따라 다른 말을 뛰어넘어 빈 자리로 이동할 수 있다.

(3) 점프 당한 말은 판에서 제거된다(잡힌다).

(4) 연속하여 여러 말을 잡을 수 있다.

(5) 번갈아 시도하여 마지막에 말을 잡은 사람이 이긴다.

- **게임판**

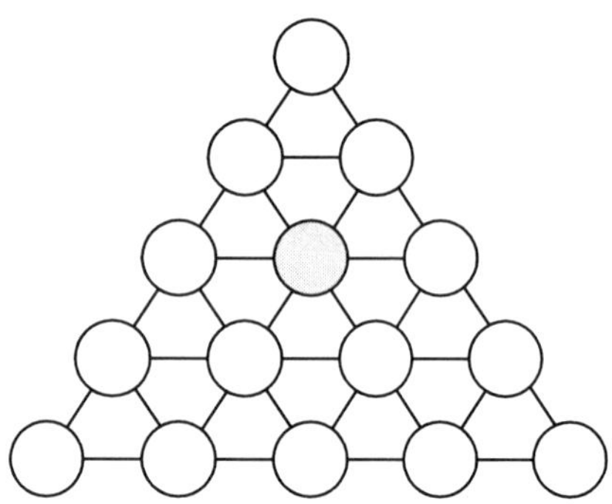

## 25. 6번 움직여 잡기

- **게임 인원** 2명
- **게임 자료** 원이 15개인 놀이판,
  표시 ― 2가지 1조(흰 바둑돌 1개, 검은 바둑돌 1개)
- **게임 방법**

(1) 흰 돌을 2번 칸에, 검은 돌을 15번 칸에 놓는다.

(2) 번갈아 선을 따라 돌을 이웃 칸으로 움직인다.

(3) 지나왔던 곳으로 되돌아갈 수 없다.

(4) 여섯 번 이내로 옮겨서 검은 돌을 잡으면 흰 돌이 이기고, 못 잡으면 검은 돌이 이긴다.

(5) 두 번째 게임부터는 역할을 바꾸어 가면서 진 사람이 먼저 움직이기 시작한다.

- **게임판**

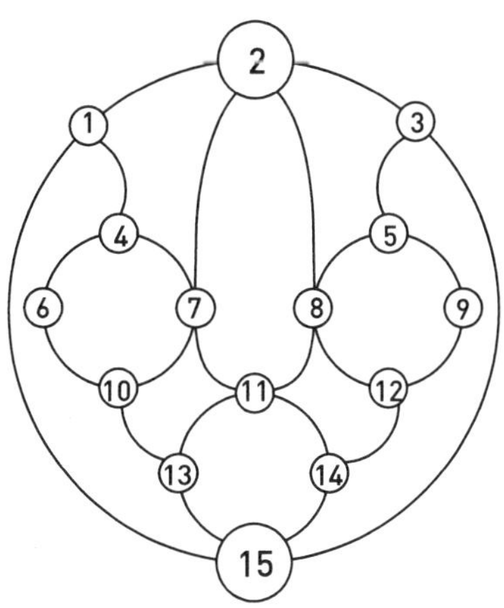

## 26. 여우와 거위

◎ **게임 인원** 2명

◎ **게임 자료** 원이 15개인 놀이판, 표시 —2가지 (거위 13개, 여우 1개)

◎ **게임 방법**

(1) 그림과 같이 거위와 여우를 배열한다.

(2) 여우는 한 칸씩 어느 방향으로든 움직일 수 있다.

(3) 거위는 한 칸씩 앞쪽, 왼쪽, 오른쪽으로 움직일 수 있으나, 뒤로는 움직일 수 없다.

(4) 여우는 점프(거위를 뛰어넘어 빈칸으로 이동하기)하여 거위를 잡을 수 있으며, 연속 점프도 가능하다. 잡힌 거위는 판에서 들어낸다.

(5) 거위가 여우를 움직일 수 없게 모퉁이로 몰아넣으면 거위가 이긴다. 여우가 자기를 가둘 수 없을 만큼 거위들을 잡으면 여우가 이긴다.

(6) 두 번째 게임부터는 역할을 바꾸어 가면서 진 사람이 먼저 움직이기 시작한다.

◎ **게임판**

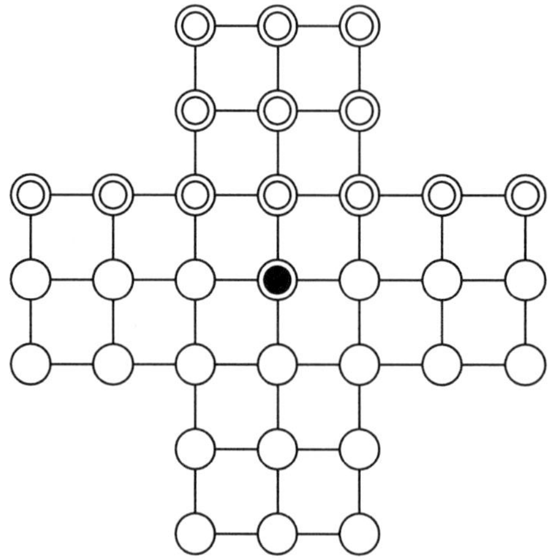

## 27. 늑대와 농부

◎ **게임 인원** 2명

◎ **게임 자료** 원이 10개인 삼각형 모양의 놀이판,

표시 — 2가지 (늑대 1개, 농부 7개)

◎ **게임 방법**

(1) 먼저 검은 돌(늑대)를 판의 맨 위 칸에 놓은 다음, 흰 돌(농부) 하나를 판의 적당한 빈 칸에 놓는다.

(2) 검은 돌이 한 번 움직일 때마다 흰 돌을 하나씩 놓는다.

(3) 모든 돌은 선을 따라서 한 칸씩 움직일 수 있다. 그러나 흰 돌은 7개 모두 판 위에 놓이기 전까지는 움직일 수 없다.

(4) 농부는 늑대를 잡지 못한다. 늑대는 점프(흰 돌을 뛰어넘어 빈칸으로 이동하기)하여 농부를 잡을 수 있으며, 연속 점프도 가능하다. 잡힌 흰 돌은 판에서 들어낸다.

(5) 늑대는 자기를 가두어 놓지 못할 만큼 농부를 잡았을 때 이기게 되고, 농부는 늑대가 이동하지 못하게 가두면 이긴다.

◎ **게임판**

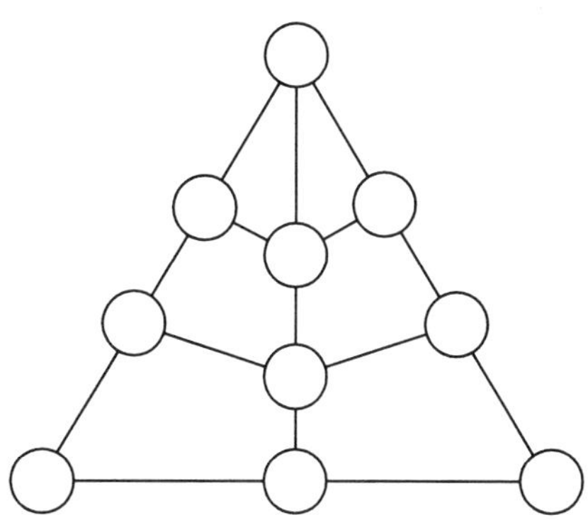

## 28. 새 싹

● **게임 인원** 2명

● **게임 자료** 삼각형의 세 꼭지점만 표시된 놀이판, 색연필 2가지 색

● **게임 방법**

(1) 종이 위에 세 점을 삼각형 형태로 놓는다.

(2) 두 점을 선으로 잇거나, 한 점에서 출발하여 다시 그 점으로 연결한다.

(3) 선을 그은 후에 그 선 위에 임의로 점을 하나 찍는다.

(4) 선들은 교차할 수 없고, 한 점에서는 선이 세 개까지만 나갈 수 있다.

(5) 번갈아 시도하며, 성공적으로 선을 연결할 수 있는 마지막 사람이 이긴다.

**예 갑이 이기는 경우**

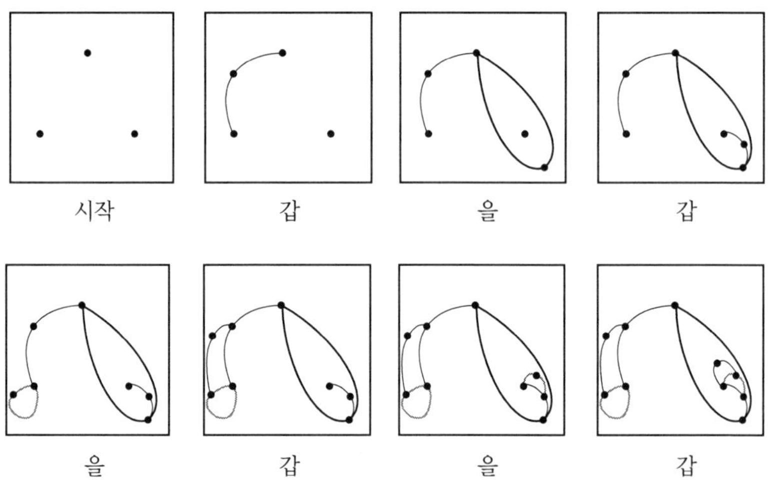

◎ 게임판

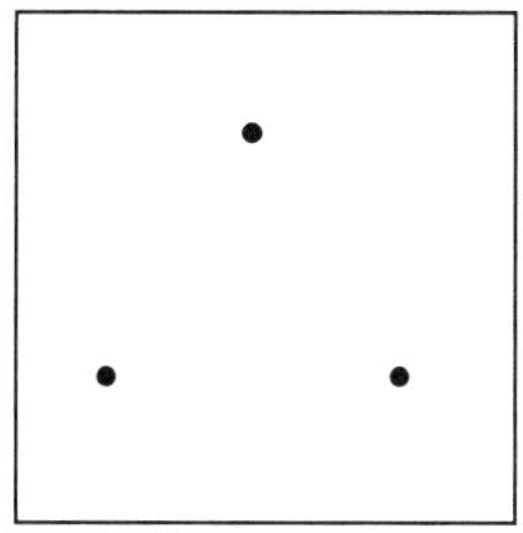

## 29. 정사각형은 싫어요

◎ 게임 인원 2명

◎ 게임 자료 체스판, 바둑돌(흰 바둑돌 32개, 검은 바둑돌 32개)

◎ 게임 방법

(1) 번갈아 자기의 돌을 적당한 칸에 놓는다.

(2) 자기의 바둑돌로 어떤 크기이던 정사각형의 꼭지점을 만든 사람이 진다.

◎ 게임판

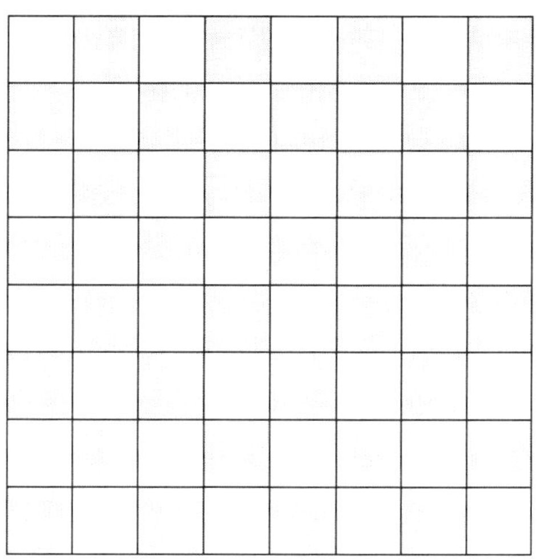

## 30. 양과 늑대

- **게임 인원** 2명
- **게임 자료** 체스판, 흰 돌 1개(양), 검은 돌 4개(늑대)
- **게임 방법**

(1) 바둑판 모양(8×8)의 판 위에서 한다.

(2) 검은 돌 4개를 판의 한 쪽 가장자리 검은 칸(4군데)에 하나씩 놓는다.

(3) 흰 돌 1개는 검은 돌이 놓인 반대편 가장자리의 검은 칸 중 한 곳에 놓는다.

(4) 각 돌은 검은 칸을 따라 대각선 방향으로 한 칸씩 움직일 수 있다. 단, 검은 돌은 뒤쪽으로 움직이지 못한다.

(5) 서로 뛰어넘거나 잡을 수 없다.

(6) 늑대는 양이 움직이지 못하도록 가두면 이기고, 양은 늑대가 올 수 없는 곳에 도달하면 이긴다.

- **게임판**

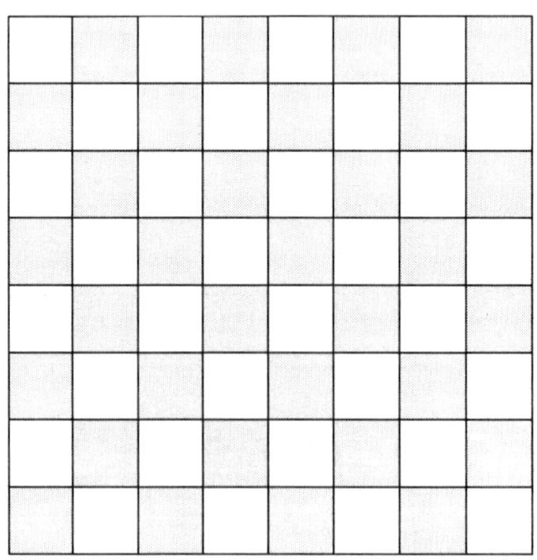

## 31. 삼각판 장기

- **게임 인원** 2명
- **게임 자료** 놀이판, 바둑돌 (흰색, 검정 각각 9개씩)
- **게임 방법**

(1) 각자 자기의 바둑돌을 자기 쪽에 9개씩 놓고, 가운데는 비운다.

(2) 각 돌은 아무 방향이나 이웃한 빈 칸으로 이동할 수 있다.

(3) 점프(상대 돌을 뛰어넘어 빈칸으로 이동하기)하여 상대 돌을 잡을 수 있으며, 연속 점프도 가능하다. 잡힌 돌은 판에서 들어낸다.

(4) 상대의 돌을 모두 잡으면 이기고, 자기 돌이 막혀서 움직일 수 없을 때에는 진다.

(5) 두 번째 게임부터는 이긴 사람이 먼저 움직인다.

- **게임판**

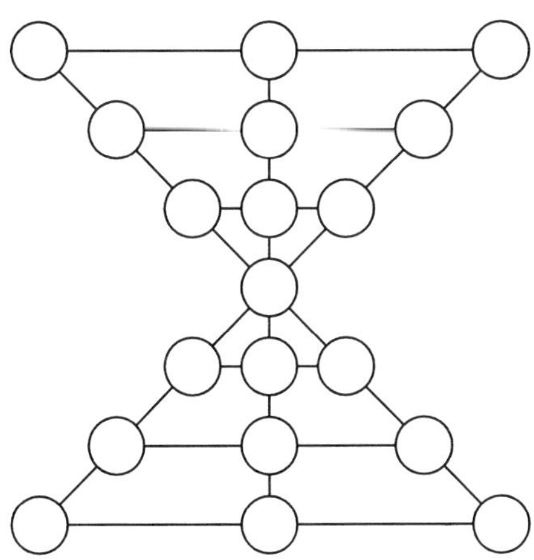

## 32. 원형 장기

- **게임 인원** 2명
- **게임 자료** 놀이판, 바둑돌 9개씩 2조
- **게임 방법**

(1) 각자 자기의 바둑돌을 자기 쪽에 9개씩 놓고, 가운데는 비운다.

(2) 각 돌은 아무 방향이나 이웃한 빈 칸으로 이동할 수 있다.

(3) 점프(상대 돌을 뛰어넘어 빈칸으로 이동하기)하여 상대 돌을 잡을 수 있으며, 연속 점프도 가능하다. 잡힌 돌은 판에서 들어낸다.

(4) 상대의 돌을 모두 잡으면 이기고, 자기 돌이 막혀서 움직일 수 없을 때에는 진다.

(5) 두 번째 게임부터는 이긴 사람이 먼저 움직인다.

- **게임판**

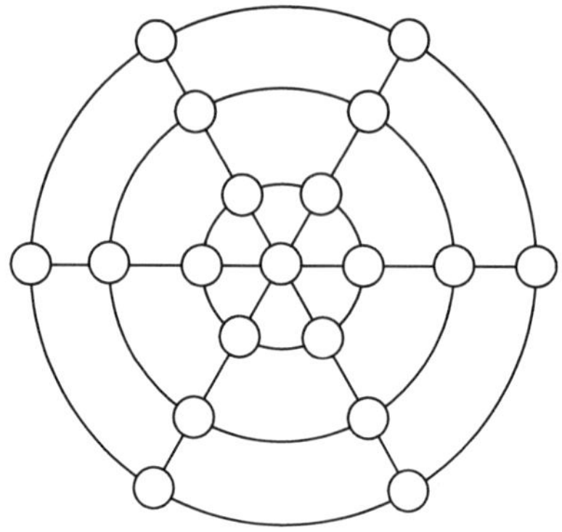

## 33. 도로를 만들자

- **게임 인원** 2명
- **게임 자료** 놀이판, 색연필(2가지 색)
- **게임 방법**

(1) 지나는 도시의 수에 관계없이 두 도시 사이의 도로 전체를 자기 색으로 칠한다.

(2) 같은 도시로 들어가는 세 갈래 길을 먼저 칠한 사람이 이긴다.

(3) 두 번째 경기부터는 진 사람이 먼저 한다.

- **게임판**

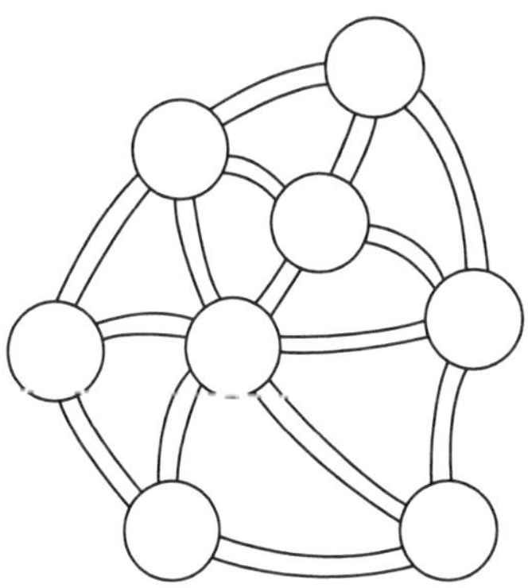

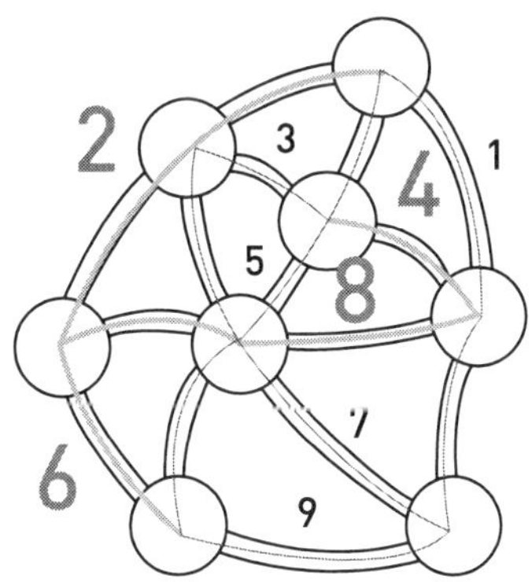

## 34. 절름발이 순찰차

- **게임 인원** 2명
- **게임 자료** 정사각형(10×10)판, 표시 2가지(범인의 차 1대(검은 돌), 순찰차 1대 — 화살표를 그림(흰 돌))
- **게임 방법**

(1) 흰 돌은 판의 왼쪽 아래 꼭지점에, 검은 돌은 판의 오른쪽 위 꼭지점에 놓는다.

(2) 검은 돌은 상, 하, 좌, 우로 한 칸씩 움직일 수 있다.

(3) 흰 돌은 화살표 방향으로 한 칸 직진하거나, 오른쪽으로만 90도 회전할 수 있다.

(4) 순찰차가 범인들이 점유한 모눈에 놓이거나, 인접하면(대각선으로도 됨) 범인들이 잡힌다.

(5) 순찰차가 먼저 움직인다.

- **게임판**

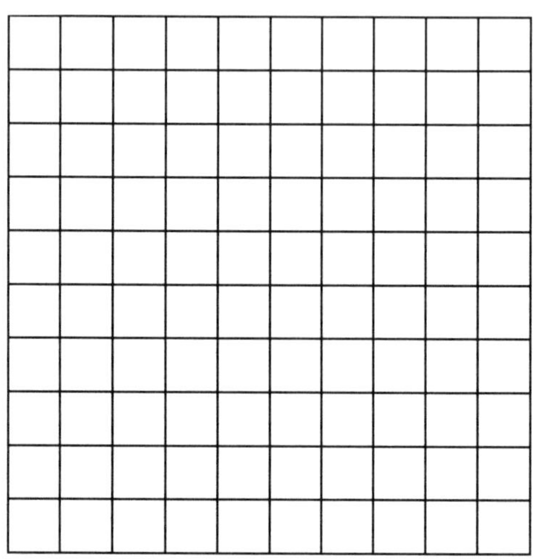

## 35. ㄴ-조각 놓기

- **게임 인원** 2명
- **게임 자료** 정사각형(4×4) 놀이판, ㄴ 모양 조각 2개(색이 다름)
- **게임 방법**

(1) 차례로 ㄴ 모양 조각을 판의 빈 위치에 놓는다.

(2) ㄴ 모양 조각을 돌리거나 뒤집을 수 있다.

(3) ㄴ 모양 조각을 옮긴 후, 원하면 한 개의 작은 정사각형 종이를 놓을 수 있다.

(4) 번갈아 시도하며, ㄴ 모양 조각을 움직일 수 없는 사람이 진다.

(5) 각자 같은 움직임을 3번 연속하면 비기는 것으로 한다.

- **게임 판**

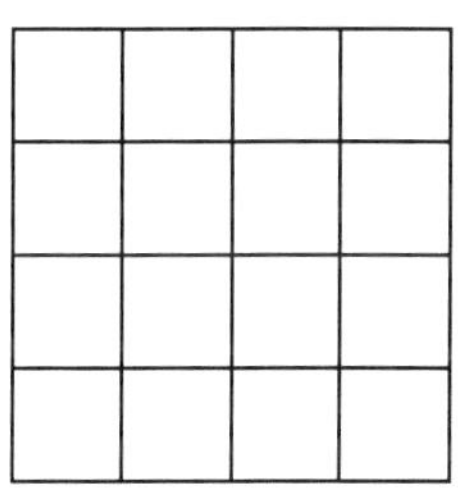

- **게임 도구**

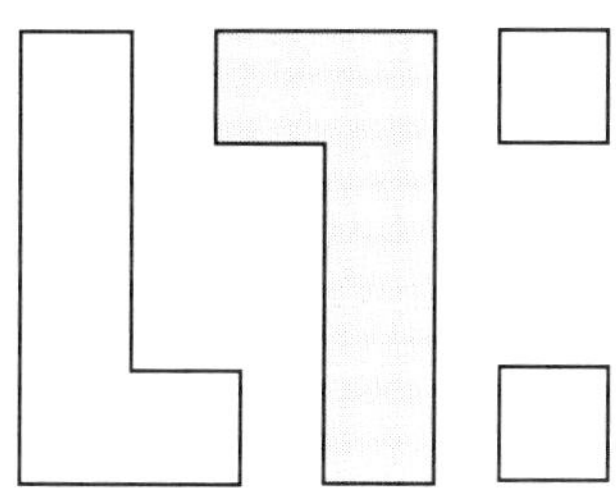

## 36. 방황하는 사기꾼

- **게임 인원** 2명
- **게임 자료** 정사각형(8×5) 판, 바둑돌(흰색, 검정 각각 5개씩)
- **게임 방법**

(1) 판의 좌우 끝 줄에 각각 검은 돌 5개와 흰 돌 5 개를 놓는다.

(2) 각 돌은 좌우로 한 칸씩 움직일 수 있다.

(3) 상대편 돌을 넘어서 움직일 수 없다.

(4) 자기 차례에 돌을 움직일 수 없는 사람이 진다.

- **게임판**

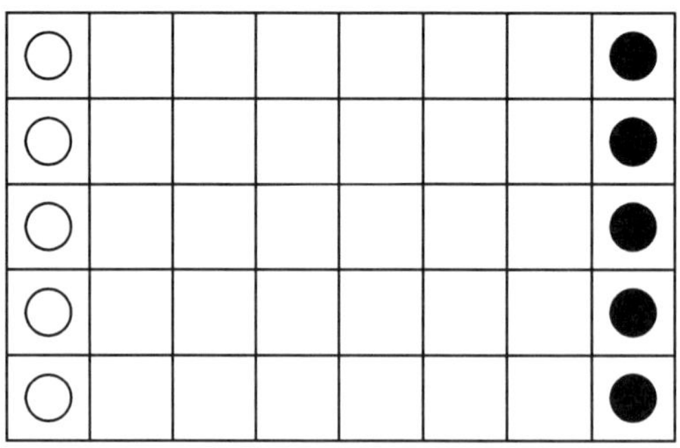

## 37. 일직선에 3개 놓기

- **게임 인원** 2명
- **게임 자료** 놀이판, 바둑돌(검정 3개, 흰색 3개)
- **게임 방법**

(1) 경기의 시작은 가위바위보(또는 적당한 방법)로 선을 결정한다.

(2) 번갈아 자기 돌을 하나씩 빈 칸에 놓는다.

(3) 돌이 모두 놓이면, 자기 돌 하나를 한 칸씩 움직일 수 있다.

(4) 일직선에 자기 돌 3개를 먼저 놓는 사람이 이긴다.

(5) 두 번째 게임부터는 진 사람이 먼저 놓기 시작한다.

- **게임판**

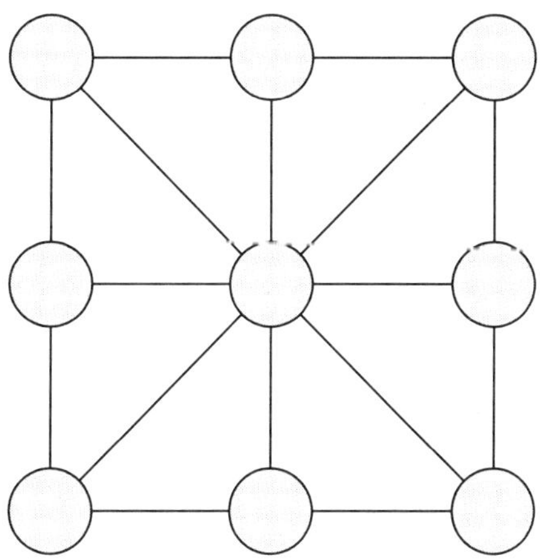

## 38. 일직선에 3개 놓고 한 개 먹기

◎ **게임 인원** 2명

◎ **게임 자료** 놀이판, 바둑돌(검정 9개, 흰색 9개)

◎ **게임 방법**

(1) 경기의 시작은 가위바위보(또는 적당한 방법)로 선을 결정한다.

(2) 번갈아 자기 돌을 하나씩 빈 칸에 놓는다.

(3) 돌이 모두 놓이면, 자기 돌 하나를 한 칸씩 움직일 수 있다.

(4) 일직선에 자기 돌 3개를 놓으면 상대편 돌을 하나씩 제거한다.

(5) 남은 돌이 2개 이하이거나 막혀서 움직일 수 없는 사람이 진다.

(6) 두 번째 게임부터는 진 사람이 먼저 놓기 시작한다.

◎ **게임판**

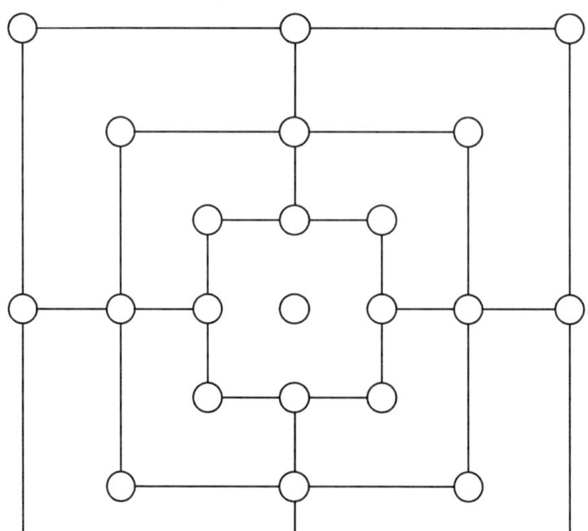

## 39. 한 칸에 한 알씩 놓기

◯ 게임 인원 2명

◯ 게임 자료 뚜껑이 제거된 달걀판(5개씩 2줄) 1개,
종이컵 2개, 콩(바둑돌) 30개

◯ 게임 방법

(1) 뚜껑을 떼어낸 5×2 달걀판을 두 사람 사이에 가로로 놓는다.

(2) 자기의 종이컵을 달걀판의 오른쪽에 놓는다.

(3) 달걀판의 각 칸에 콩(바둑돌)을 3개씩 담는다.

(4) 자기 차례가 되면 자기 쪽 한 칸에 있는 콩을 모두 꺼내 시계 반대 방향으로 바로 옆의 칸부터 차례로 하나씩 담는다.

(5) 자기 종이컵을 지날 때에는 하나씩 담고, 상대의 종이컵을 지날 때에는 담지 않고 건너뛴다.

(6) 손에 있는 마지막 콩을 자기 종이컵에 넣으면, (4)를 한번 더 한다.

(7) 손에 있는 마지막 콩을 자기 쪽 빈 칸에 넣으면, 그 칸의 맞은편 칸에 있는 콩을 모두 꺼내어 자기 종이컵에 담는다. 만일 상대편의 칸에 콩이 없으면 (4)를 한번 더 한다.

(8) 어느 한 쪽에 콩이 남아 있지 않으면 경기는 끝난다.

(9) 자기 종이컵에 콩을 많이 담은 사람이 이긴다.

□ 어려우면 8칸짜리 판부터 시작하여 12칸짜리 판으로 발전시킨다.

◯ 게임판

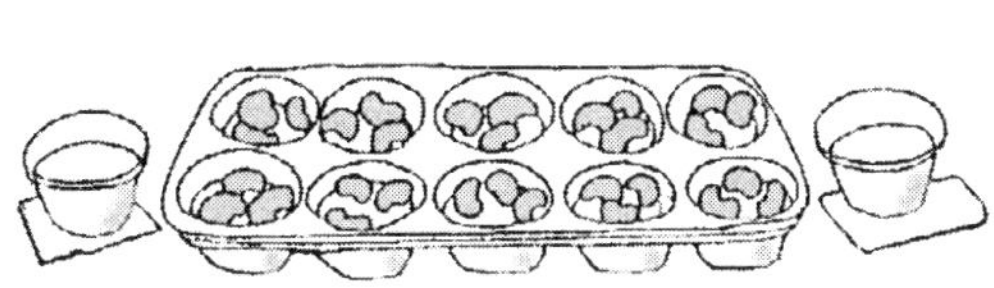

## 40. 개수가 다르게 나누기

- **게임 인원** 2명
- **게임 자료** 바둑돌이나 성냥개비 32개
- **게임 방법**

(1) 바둑돌 32개를 책상 위에 한 무더기로 놓는다.

(2) 자기 차례가 되면 남은 무더기를 개수가 다르게 2부분으로 나눈다.

(3) 상대편이 나눈 2부분 중 한 부분을 택하여 개수가 다르게 2부분으로 나눈다.

(4) 선택되지 않은 부분은 한쪽에 모아 둔다.

(5) 개수를 다르게 나눌 수 없는 사람이 진다.

- **게임판** (책상 위에 산가지를 늘어놓고 게임을 시작한다.)

## 41. 다리 만들기

- **게임 인원** 2명
- **게임 자료** ○와 ×가 30개씩 그려진 종이 판, 연필
- **게임 방법**

(1) 한쪽 가장자리에 있는 자기의 표시(○ 또는 ×)에서 출발한다.

(2) 자기의 두 표시를 수평 또는 수직으로 한 칸씩 연결한다.

(3) 이미 그어진 다른 연결선과 교차할 수 없다.

(4) 반대편 가장자리에 있는 자기의 표시까지 이어진 길을 먼저 만드는 사람이 이긴다.

- **게임판**

## 42. 같은 색은 싫어요

◎ **게임 인원** 2명, 3명, 4명

◎ **게임 자료** 동심원으로 된 영역을 여러 칸으로 나눈 그림판 1개, 색연필 2가지 색

◎ **게임 방법**

(1) 자기 차례가 되면 한칸 씩 자기의 색을 칠한다.

(2) 같은 색끼리 이웃하여 칠할 수 없다.

(3) 색을 칠할 수 없는 사람이 진다.

◎ **게임판**

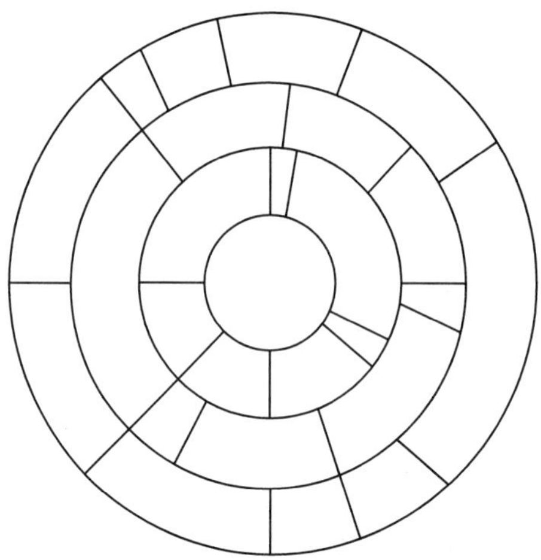

# 여섯 종이 오리기

## 1. 마술(1)

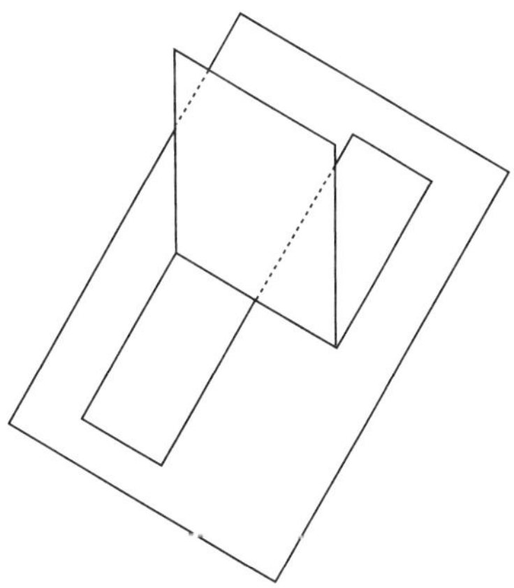

## 2. 마술 (2)

## 3. 마술 (3)

## 4. 마술 (4) - 마술 지갑

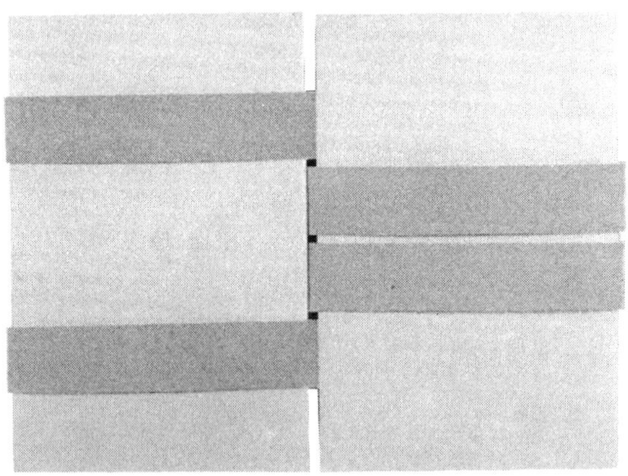

## 5. 마술 (5) - 올라가는 바퀴

◎ 준비물

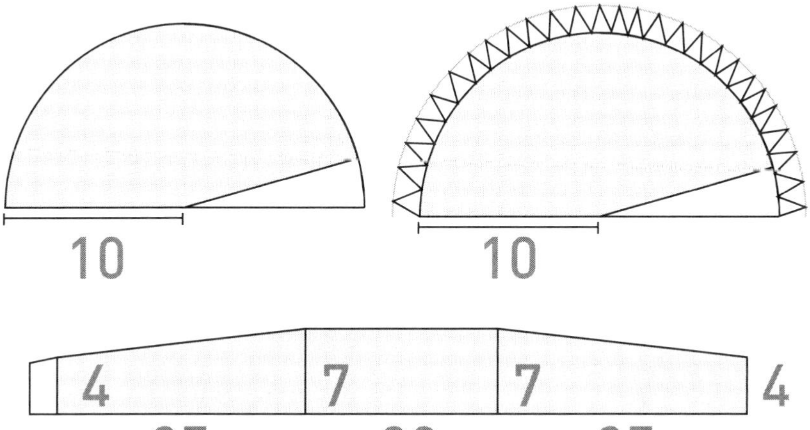

## 6. 별 만들기 (1)

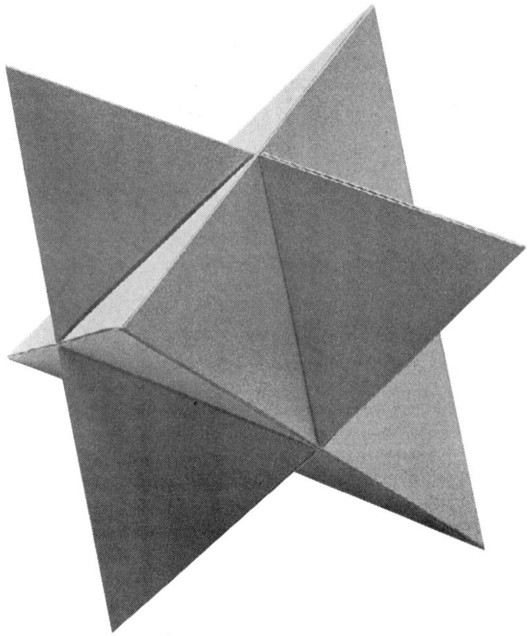

◯ 준비물

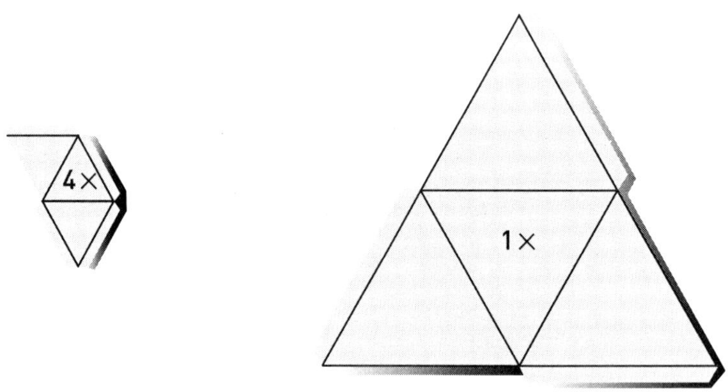


4개　　　　　　　　　　1개

# 7. 별 만들기 (2)

◎ 준비물

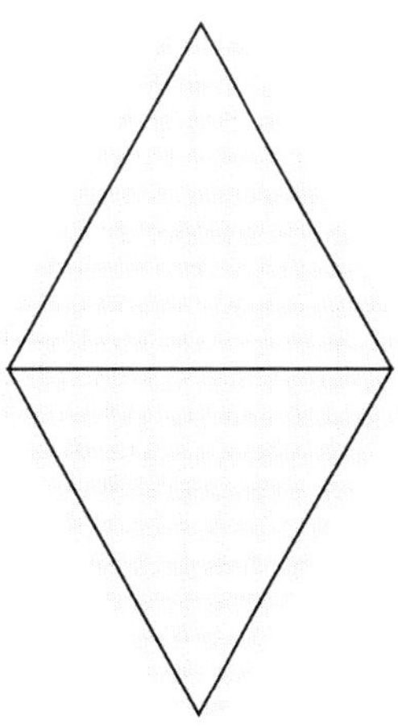

28개

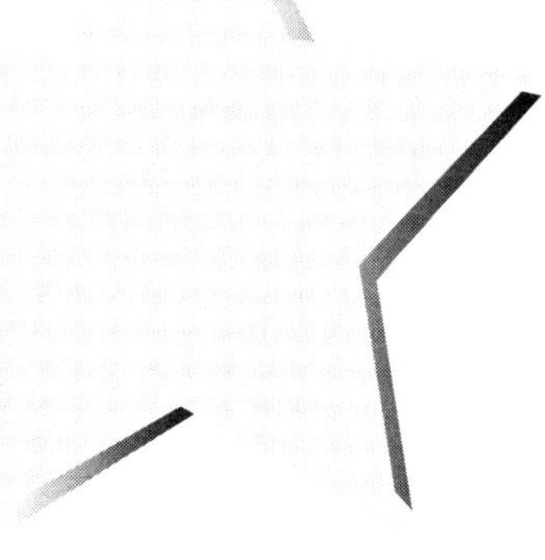

12개

# 일곱 프랙털(Fractal)

① 자기 닮음성 : 도형의 각 부분이 전체와 닮은꼴이 된다.

② 프랙털 차원 : 전체를 $\frac{1}{a}$로 축소한 자기 닮음 도형이 $b = a^d$개가 되면 이 도형의 프랙털 차원을 d라고 한다. $\left(d = \frac{\log b}{\log a}\right)$

예 : 코흐 곡선 (Koch curve)

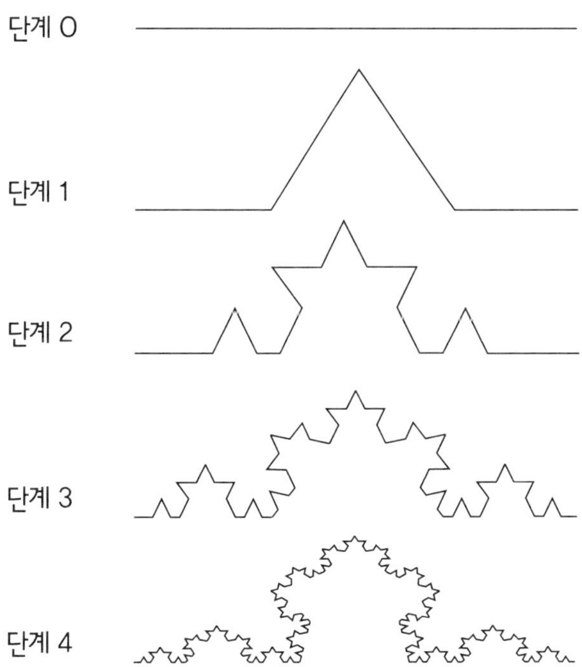


코흐 곡선은 주어진 선분을 3등분 했을 때, 4 개의 자기 닮음 도형이 생기므로 그 차원은 $d = \frac{\log 4}{\log 3} \fallingdotseq 1.2618\cdots$이다. (영어로 분수를 fraction이라고 하는데, 프랙털 도형이란 바로 이 분수 차원을 갖는 도형이라는 뜻이다.)

## 1. 코흐 눈송이

**규칙** 삼등분점을 이용하여, 각 선분을 오른쪽 모양의 패턴으로 치환하라. 3단계까지 실시하여라.

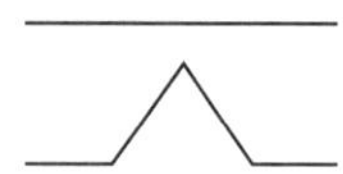

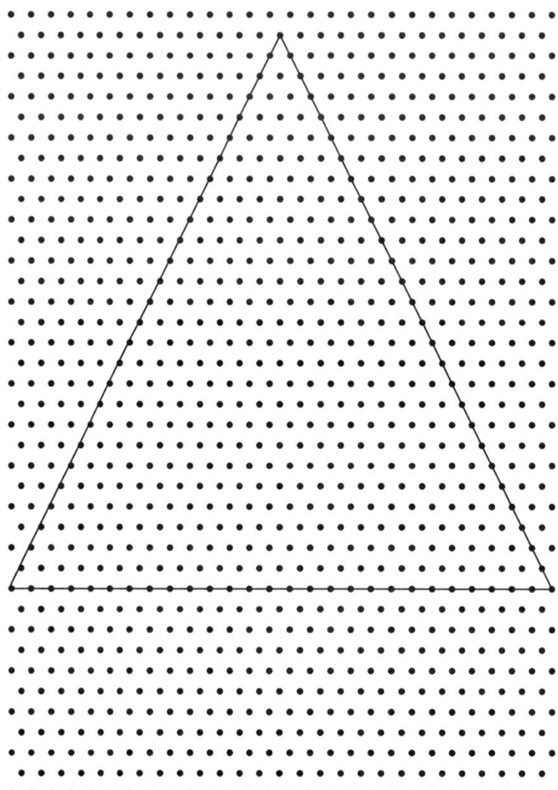

| 단계 | 0 | 1 | 2 | 3 | 4 | 5 | ⋯ | n | ∞ |
|---|---|---|---|---|---|---|---|---|---|
| 변의 수 | 3 | | | | | | | | |
| 변의 길이 | 3 | | | | | | | | |
| 도형의 넓이 | $\frac{\sqrt{3}}{4}$ | | | | | | | | |

## 2. 프랙털 곡선 (1)

◯ **규칙** 각 선분을 오른쪽 모양의 패턴으로 치환하라.
(3단계까지 실시)

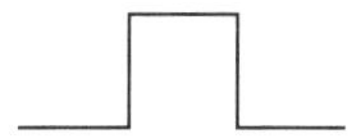

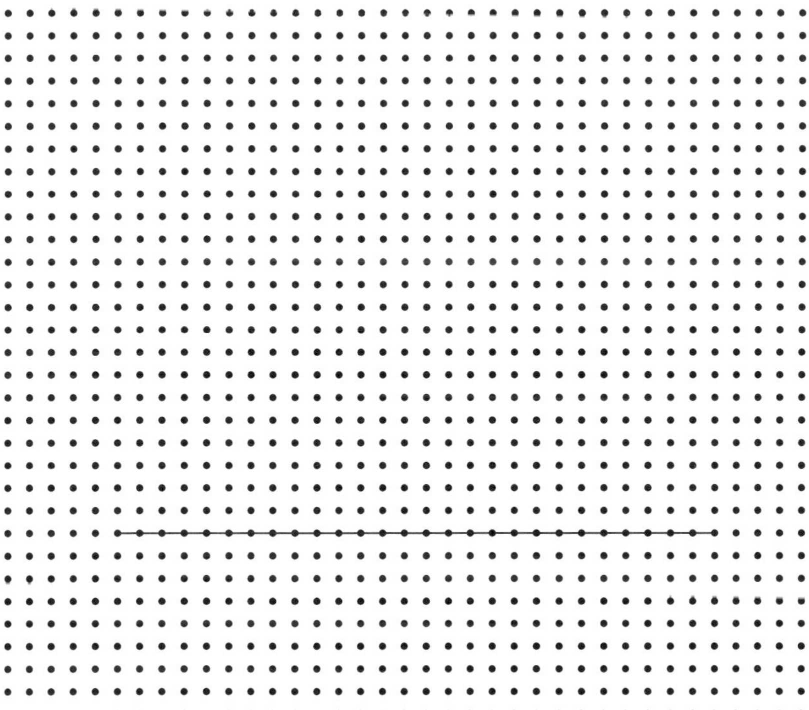

| 단계 | 0 | 1 | 2 | 3 | 4 | 5 | ··· | n | ∞ |
|---|---|---|---|---|---|---|---|---|---|
| 변의 수 | 1 | | | | | | | | |

## 3. 프랙털 곡선 (2)

**규칙** 각 선분을 오른쪽 모양의 패턴으로 치환하라.
(2단계까지 실시)

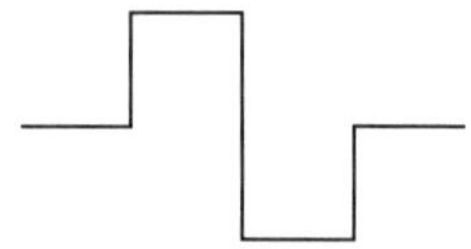

| 단계 | 0 | 1 | 2 | 3 | 4 | 5 | … | $n$ | ∞ |
|---|---|---|---|---|---|---|---|---|---|
| 변의 길이 | 1 | | | | | | | | |

## 4. 페아노 곡선

규칙 각 선분을 오른쪽 모양의 패턴으로 치환하라.
(3 단계까지 실시)

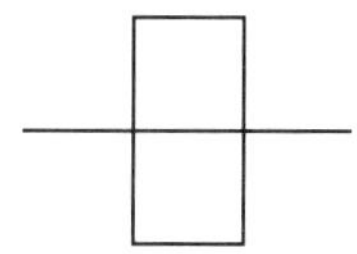

## 5. 지그재그

규칙 각 선분을 오른쪽 모양의 패턴으로 치환하라.
(3단계까지 실시)

## 6. 시어핀스키(Sierpinski) 삼각형 (1)

**규칙** 삼각형의 각 변의 중점을 다음 그림과 같이 이어라. 귀퉁이의 세 삼각형에 대하여 이 규칙을 반복하여 적용하여라. (4단계까지 실시)

| 단계 | 0 | 1 | 2 | 3 | 4 | 5 | ⋯ | $n$ | $\infty$ |
|---|---|---|---|---|---|---|---|---|---|
| 삼각형의 수 | 1 | | | | | | | | |
| 도형의 넓이 | 1 | | | | | | | | |

## 7. 시어핀스키(Sierpinski) 삼각형 (2)

**규칙** 삼각형의 각 변의 3등분점을 다음 그림과 같이 이어라. 변의 여섯 삼각형에 대하여 이 규칙을 반복하여 적용하여라. (2 단계까지 실시)

| 단계 | 0 | 1 | 2 | 3 | 4 | 5 | … | $n$ | ∞ |
|---|---|---|---|---|---|---|---|---|---|
| 삼각형의 수 | 1 | | | | | | | | |
| 도형의 넓이 | 1 | | | | | | | | |

## 8. 카펫

◯ **규칙** 사각형의 각 변의 3등분점을 다음 그림과 같이 이어라. 변의 여덟 사각형에 대하여 이 규칙을 반복하여 적용하여라. (3단계까지 실시)

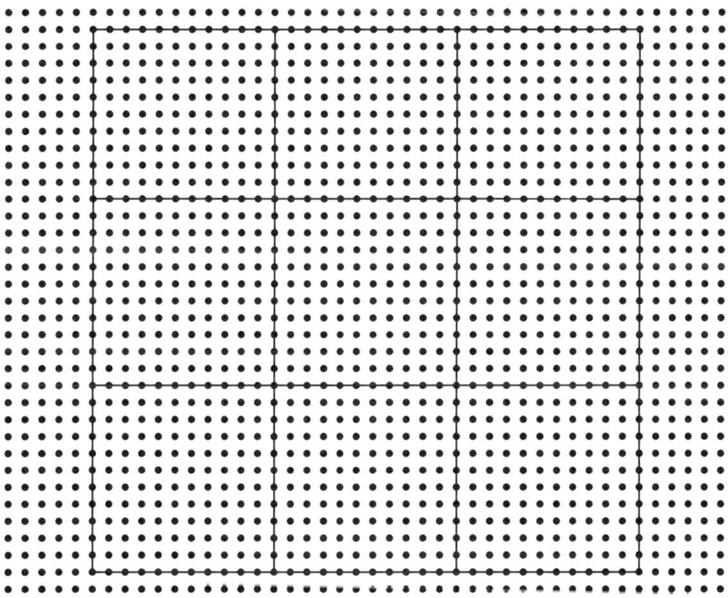

| 단계 | 0 | 1 | 2 | 3 | 4 | 5 | ⋯ | $n$ | $\infty$ |
|---|---|---|---|---|---|---|---|---|---|
| 삼각형의 수 | 1 | | | | | | | | |
| 도형의 넓이 | 1 | | | | | | | | |

## 시어핀스키 삼각형 (1)

0 단계 1 단계 2 단계 3 단계 4 단계

## 시어핀스키 삼각형 (2)

0 단계 1 단계 2 단계 3 단계

## 카펫

0 단계 1 단계 2 단계 3 단계

## 9. 시어핀스키 사면체

◎ **규칙** 사면체의 각 변의 중점을 다음 그림과 같이 이어라. 가장자리의 네 사면체에 대하여 이 규칙을 반복하여 적용하여라.(2 단계까지 실시)

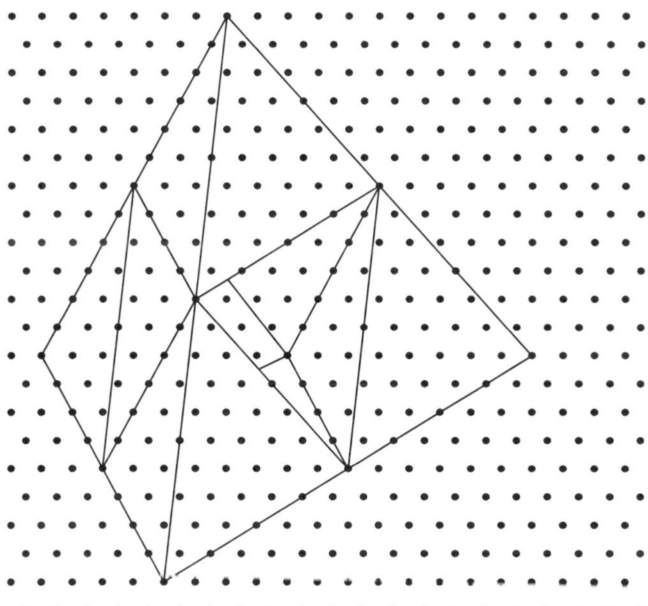

| 단계 | 0 | 1 | 2 | 3 | 4 | 5 | … | $n$ | ∞ |
|---|---|---|---|---|---|---|---|---|---|
| 면의 수 | 4 | | | | | | | | |
| 변의 수 | 6 | | | | | | | | |
| 꼭지점의 수 | 4 | | | | | | | | |
| 사면체의 수 | 1 | | | | | | | | |

## 10. 시어핀스키 사면체(계속)

◎ **규칙** 제4단계의 시어핀스키 사면체의 한 면을 그려보아라.

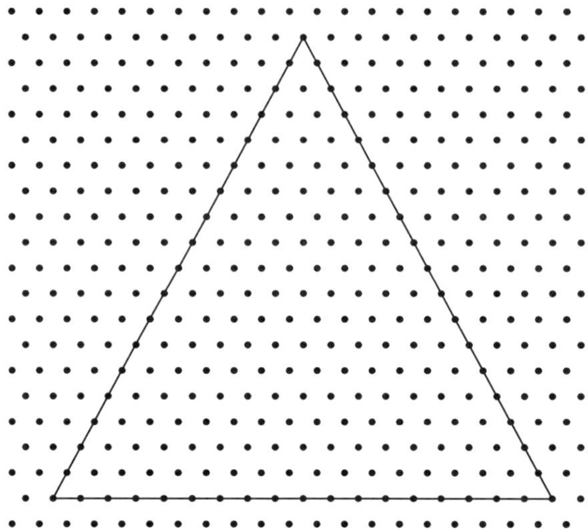

◎ **규칙** 제1단계의 시어핀스키 사면체를 위에서 내려다 본 모양을 그려보아라.

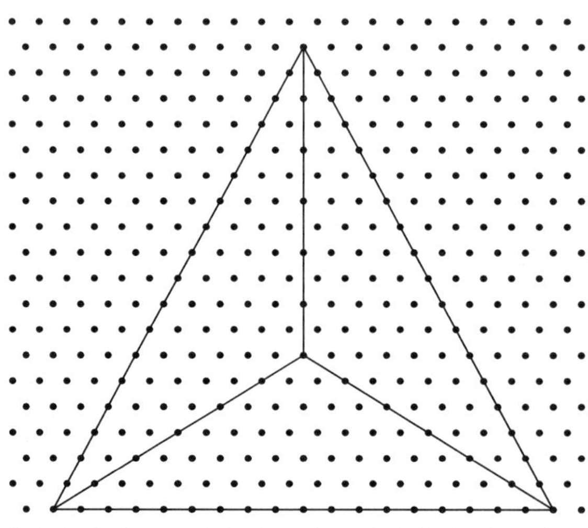

## 11. 나무

**규칙** 각 가지의 끝 점에서 새로운 2개의 가지를 만든다. 이때, 새 가지의 길이는 직전 가지의 절반이 되고, 직전 가지와 벌어진 각은 서로 반대쪽으로 60° 씩이다. (4 단계까지 실시)

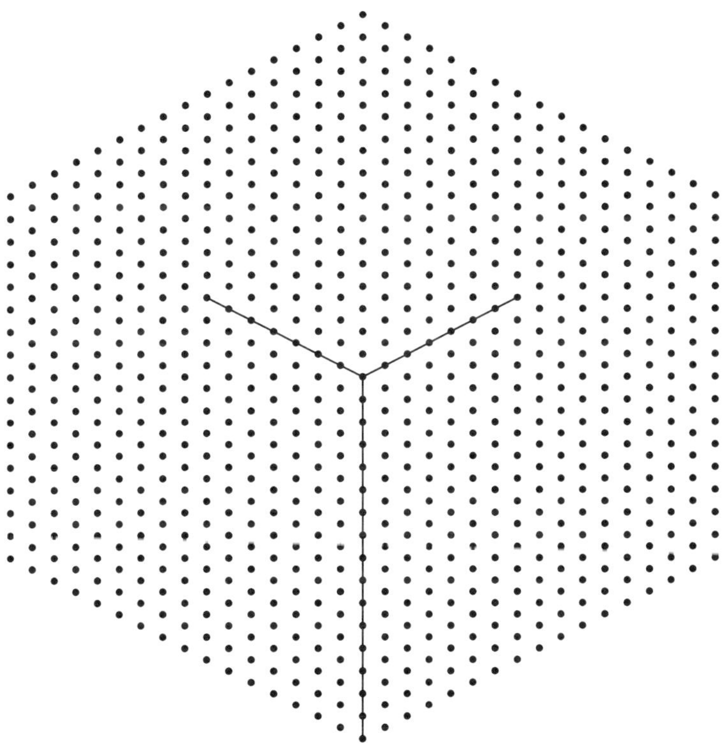

□ 제0단계의 가지의 길이를 1이라고 할 때, 길이가 1/4인 가지의 수는? 1/16인 가지의 수는?

□ 1/4인 가지의 길이의 합은? 1/16인 가지의 길이의 합은?

□ 제4단계 나무의 가지 길이의 총합은?

## 12. 파스칼의 삼각형

다음 파스칼(pascal)의 삼각형을 보고, 수가 나열되는 규칙을 알아보아라.

| 열 | |
|---|---|
| 0 | 1 |
| 1 | 1 1 |
| 2 | 1 2 1 |
| 3 | 1 3 3 1 |
| 4 | 1 4 6 4 1 |
| 5 | 1 5 10 10 5 1 |
| 6 | 1 6 15 20 15 6 1 |
| 7 | 1 7 21 35 35 21 7 1 |
| 8 | 1 8 28 56 70 56 28 8 1 |
| 9 | 1 9 36 84 126 126 84 36 9 1 |
| 10 | 1 10 45 120 210 252 210 120 45 10 1 |
| 11 | ___ ___ ___ ___ ___ ___ ___ ___ ___ ___ ___ ___ |
| 12 | ___ ___ ___ ___ ___ ___ ___ ___ ___ ___ ___ ___ ___ |
| 13 | ...... ...... ...... ...... ...... ...... ...... ...... ...... ...... ...... ...... ...... ...... |
| 14 | ...... ...... ...... ...... ...... ...... ...... ...... ...... ...... ...... ...... ...... ...... ...... |
| 15 | ...... ...... ...... ...... ...... ...... ...... ...... ...... ...... ...... ...... ...... ...... ...... ...... |

파스칼의 삼각형에서 제 8 행까지의 수에 대하여 그 수를 2로 나눈 나머지를 다음의 왼쪽 그림의 각 칸에 적어 보아라. 왼쪽 그림을 보고 오른쪽 그림의 각 칸에 1이면 검은색, 0이면 흰색을 칠하여라. 어떤 모양이 생기는가? 어떤 규칙을 발견할 수 있는가?

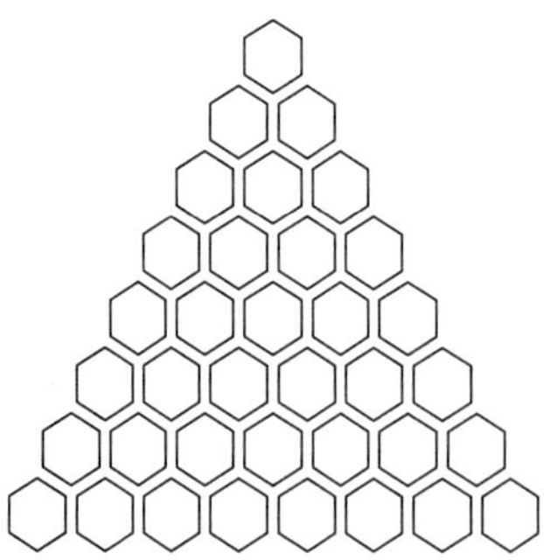

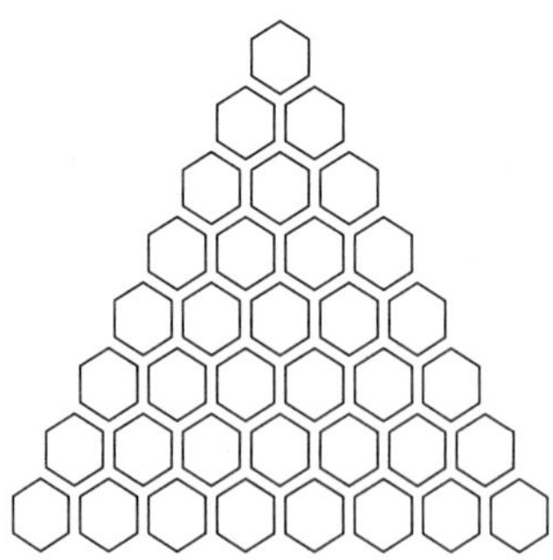

## 13. 파스칼 삼각형과 시어핀스키 삼각형 (1)

◎ **규칙** 바로 위의 두 칸의 색이 서로 다르면 검은색, 서로 같으면 흰색을 칠하여라. 각 행의 양 끝점은 검은색을 칠하여라.

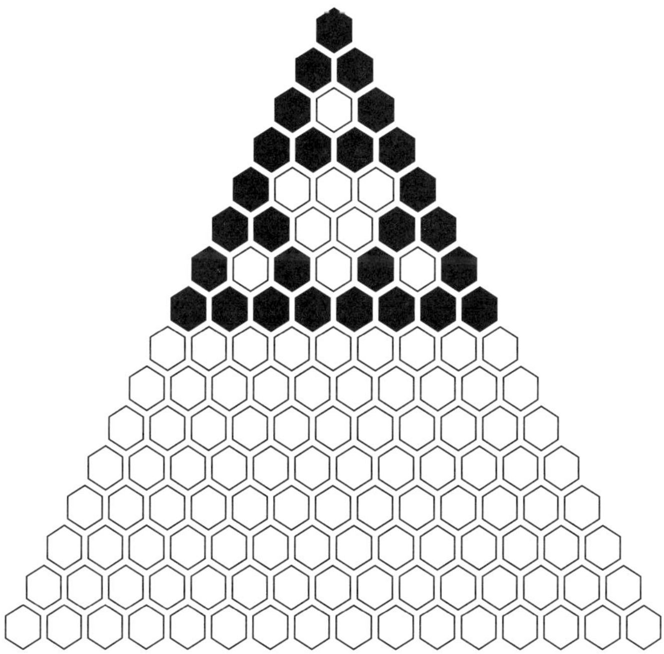

□ 제4행까지의 모양은 시어핀스키 삼각형의 제 몇단계의 모양인가?

제8행까지의 모양은?

□ 다음 표를 완성하여라.

| 시어핀스키 삼각형의 단계 | 0 | 1 | 2 | 3 | 4 | 5 | … | $n$ | $\infty$ |
|---|---|---|---|---|---|---|---|---|---|
| 파스칼 삼각형의 행 수 | 4 | | | | | | | | |

## 14. 파스칼 삼각형과 시어핀스키 삼각형 (2)

**규칙** 파스칼 삼각형에서 제 8 행까지의 수에 대하여 그 수를 3으로 나눈 나머지가 1 또는 2이면 검은색, 0이면 흰색을 칠하여라. 어떤 모양이 생기는가? 어떤 규칙을 발견할 수 있는가? 그 규칙에 따라 나머지 행의 각 칸을 칠하여라.

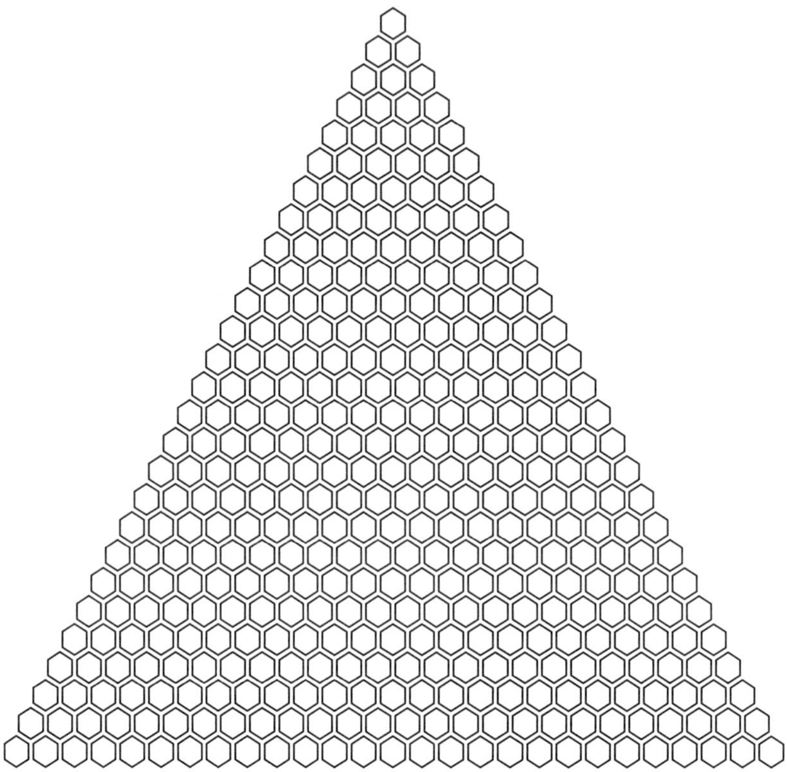

□규칙대로 다음 그림에 나타내어 보아라.

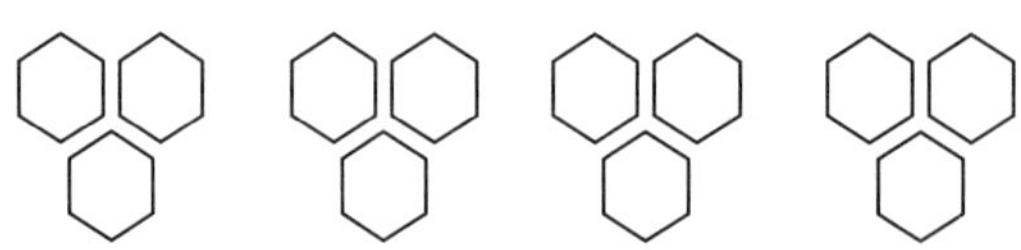

## 15. 파스칼의 삼각형과 시어핀스키 삼각형 (3)

**규칙** 파스칼의 삼각형에서 제 16 행까지의 수에 대하여 그 수를 9로 나눈 나머지가 0이면 검은색, 그렇지 않으면 흰색을 칠하여라. 어떤 모양이 생기는가? 어떤 규칙을 발견할 수 있는가? 그 규칙에 따라 나머지 행의 각 칸을 칠하여라.

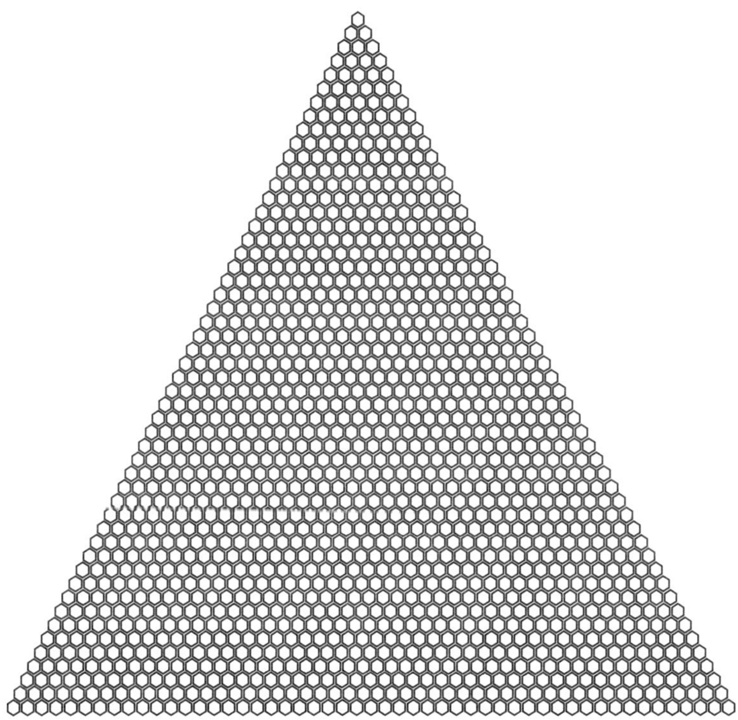

□ 규칙대로 다음 그림에 나타내어 보아라.

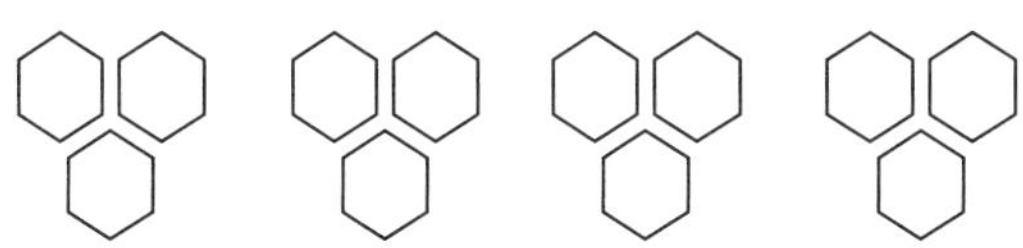

## 16. 셀루러 오토매타 (1)

● **규칙** 오른쪽 그림의 규칙에 따라 다음 그림의 각 칸을 칠하여라.

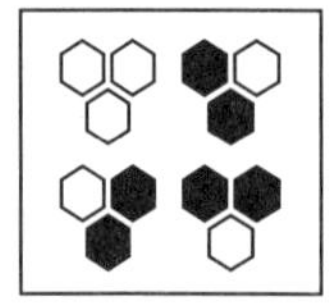

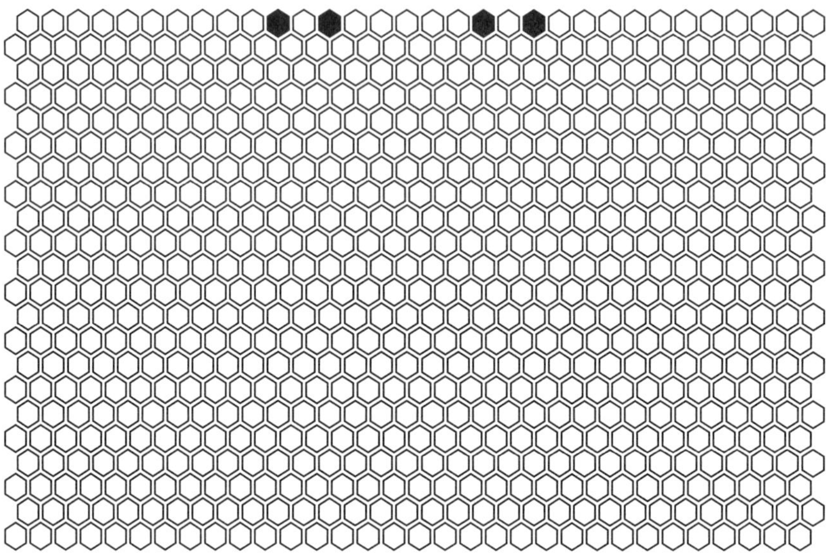

ㅁ다음 두 행에 칠해진 색을 보고 칠하는 규칙을 말해 보아라.

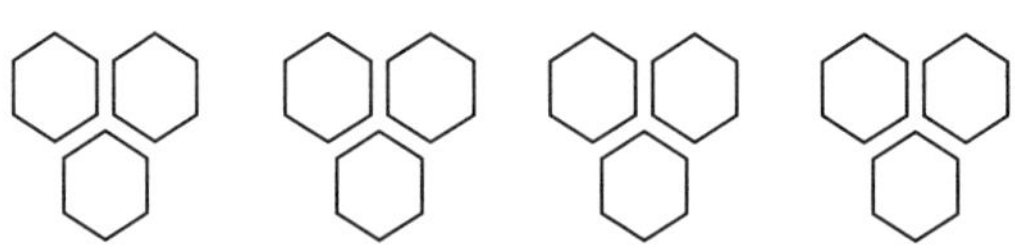

□다음 두 행에 칠해진 색을 보고 칠하는 규칙을 말해 보아라.

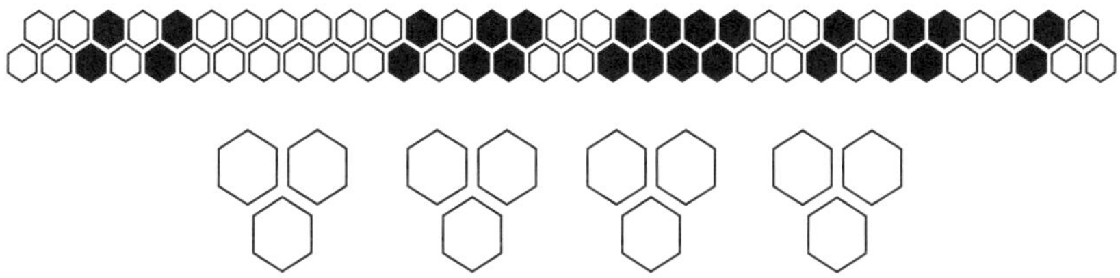

□바로 위의 두 칸의 색에 의해서 아랫 칸을 칠하는 규칙은 모두 몇 가지 만들 수 있는가?

바로 위의 네 칸의 색에 의하면?

## 17. 셀루러 오토매타 (2)

규칙 다음 규칙에 따라 각 칸을 칠하시오.

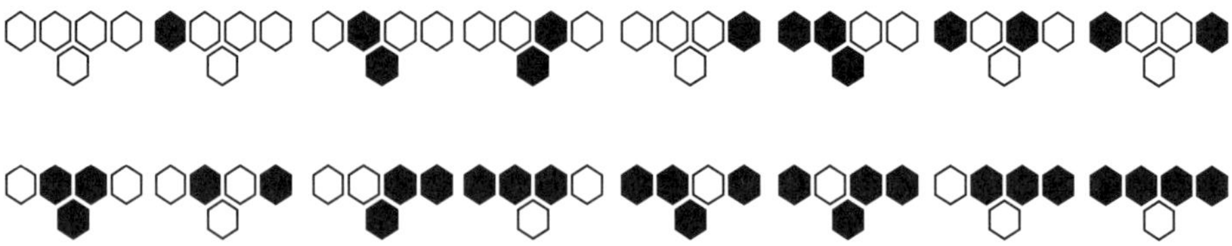

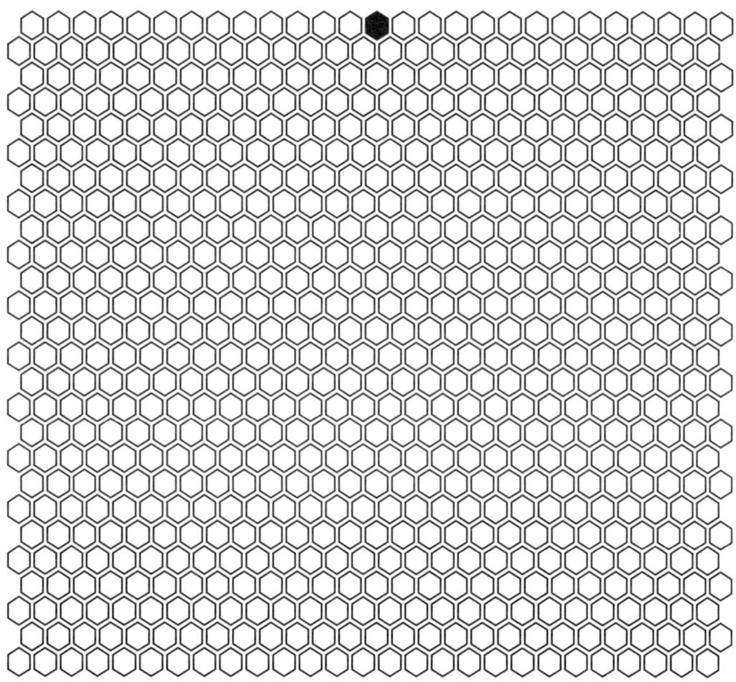

# 여덟 점판(Geoboard) 활동

## 1. 선분과 각

### 선분 만들기

□ 여러 가지 선분을 만들어 보아라.

□ 선분에 닿는 못은 몇 개인가?

□ 자신이 만든 선분을 설명해 보라.

□ 더 긴 선분은 없는가?

□ 가장 긴 선분은?

□ 어떻게 비교할 것인가?

□ 둘째로 긴 선분은?

□ 셋째로 긴 선분은?

□ 가장 짧은 선분은?

□ 다음으로 짧은 선분은?

□ 가장 짧은 선분의 길이를 1이라고 하자. 길이가 2인 선분을 만들 수 있는가? 길이가 5인 선분을 만들 수 있는가?

□ 점판에 만들 수 있는 선분의 종류는 몇 가지인가?

### 선분 두 개 만들기

□선분을 두 개 만들어 보아라.

□자신이 만든 선분을 묘사해 보아라.

□선분에 닿는 못의 수가 가장 많도록 하는 방법은?

□선분에 닿는 못의 수가 9가 되도록 만들어 보라.

□그것을 묘사해 보라.

□그것을 될수록 많이 만들어 보아라.

### 직각, 예각, 둔각

□직각을 만들어 보아라.

□직각을 몇 개나 만들 수 있는가?

□예각을 만들어 보아라.

□가장 작은 예각은 어느 것인가?

□어떻게 비교할 수 있는가?

□둔각을 만들어 보자.

□가장 큰 둔각은 어느 것인가?

□어떻게 비교할 수 있는가?

## 2. 다각형과 그 분류

### 다각형 만들기

□세 개 이상의 못에 걸리도록 고무줄을 걸어 보아라. 고무줄이 서로 겹치거나 가로지르지 않도록 한다. 어떤 모양이 생기는가?

□여러 가지 다각형을 만들어 보아라.

□그 꼭지점과 변의 수를 세어 보아라.

### 삼각형의 분류

□ 삼각형을 분류해 보자.

□ 직각이 있는 삼각형과 그렇지 않은 것을 분류해 보자.

□ 직각삼각형 중에서 서로 닮은 것끼리 분류해 보자.

□ 또 다른 분류 기준은 없는가? (직각이 있는가 없는가, 큰가 작은가, 두 변의 길이가 같은가 아니면 세 변의 길이가 모두 다른가, 두 각의 크기가 같은가 아니면 세 각의 크기가 모두 같은가, 모두 예각인가 아니면 둔각이 하나 있는가, 세 변의 길이가 같은 삼각형이 있는가? 등)

□ 이들을 벤 다이어그램으로 나타내 보아라. 무엇을 알 수 있는가?

□ 두 배, 또는 세 배로 확대된 도형이 있는가?

### 다각형의 분류

□ 사각형을 만들고 분류해 보아라. (오목볼록의 수, 직각의 수, 평행인 변의 수)

□ 다각형을 만들고 분류해 보아라. (변의 수, 오목볼록의 수, 각의 수)

□ 다양한 분류 기준을 만들어 보아라.

## 3. 직각좌표

### 좌표로 자신의 도형을 나타내기

□ 각 못의 이름을 좌표로 나타내어 자신이 그린 그림을 묘사해 보아라.

### 틱택토 게임

□ 5×5 틱택토 게임을 해 보아라.

□ 어떤 방식으로 자신의 말을 놓도록 지시할 것인가?

□ 보다 재미있게 게임을 하는 방법은 무엇인가?

### 정사각형 만들기 게임

ㅁ정사각형 만들기 게임을 해 보아라.

### 대응표와 그래프

ㅁ여러 가지 대응표를 만들고, 그에 따라 좌표를 표시해 보라.

ㅁ거꾸로 기하판에 표시된 점들의 규칙을 대응표로 만들어 보아라.

## 4. 넓이, 둘레, 각

### 삼각형의 넓이

ㅁ내부에 못을 2개만 포함하는 삼각형을 만들어 보아라.

ㅁ어떤 것들이 있나?

ㅁ가장 큰 것은 무엇인가?

ㅁ이때 크다는 것은 무엇을 의미하는가? 넓이인가, 둘레의 길이인가?

ㅁ내부에 못이 하나도 없는 삼각형을 만들어 보아라.

ㅁ가장 큰 것은 무엇인가?

ㅁ가장 작은 것은 무엇인가?

ㅁ이때 작다는 것은 무엇을 의미하는가?

### 다각형의 넓이

ㅁ내부에 못이 하나만 있는 가장 큰 정사각형을 만들어 보아라.

ㅁ내부에 가장 많은 못을 포함하는 삼각형을 만들어 보아라.

ㅁ내부에 □개의 못을 포함하고 □개의 각을 갖는 다각형을 만들어 보아라.

ㅁ외부에 □개의 못을 갖고 □개의 각을 갖는 다각형을 만들어 보아라.

ㅁ못이 3개만 닿는 삼각형을 만들어 보아라.

□ 못이 4개만 닿는 삼각형을 만들어 보아라.

□ 못이 □개만 닿는 □ 각형을 만들어 보아라.

### 다각형과 각

□ 직각을 갖지 않는 삼각형을 만들어 보아라.

□ 두 직각을 갖는 삼각형은?

□ 둔각을 하나 갖는 삼각형을 만들어 보아라.

□ 둔각을 둘 갖는 삼각형은?

□ 둔각을 둘 갖는 사각형은?

□ 직각을 둘 갖는 사각형은?

□ 직각을 셋 갖는 사각형은?

□ 직각을 넷 갖는 사각형은?

□ 예각을 하나만 갖는 사각형을 만들어 보아라.

□ 둔각을 하나만 갖는 사각형을 만들어 보아라.

□ 직각을 하나 (둘, 셋, 넷) 갖는 오각형을 만들어 보아라.

## 5. 다각형의 넓이

### 단위 넓이

□ 넓이가 1인 정사각형을 만들어 보아라.

□ 여러 가지 다각형을 만들고, 각각 단위 정사각형이 몇 개 들어가는지 세어 보아라.

### 내부에 못이 없는 다각형

□ 못이 4개 닿고 내부에는 못이 하나도 없는 다각형을 여러 가지로 만들어 보

아라.

ㅁ무엇을 말할 수 있는가?

ㅁ못이 4개 닿고 내부에 못이 하나도 없으면서 넓이가 1이 아닌 다각형을 만들 수 있는가?

ㅁ못이 5개 닿고 내부에는 못이 하나도 없는 다각형을 여러 가지로 만들어 보아라.

ㅁ무엇을 말할 수 있는가?

ㅁ이러한 못의 수를 6개, 7개 등으로 바꾸어 생각해 보아라.

### 내부에 못이 하나 있는 다각형

ㅁ못이 3개 닿고 내부에 못이 하나 있는 다각형을 여러 가지로 만들어 보아라.

ㅁ무엇을 말할 수 있는가?

ㅁ내부에 못이 하나 있는 정사각형을 기하판 한 가운데에 만들어 보아라.

ㅁ이 넓이의 반이 되는 다각형을 내부에 만들어 보아라.

### 삼각형

ㅁ가장 작은 넓이를 갖는 삼각형을 만들어 보아라.

ㅁ그 다음으로 작은 넓이를 갖는 삼각형을 만들어 보아라.

ㅁ가장 큰 넓이를 갖는 삼각형을 만들어 보아라.

ㅁ그 넓이는 얼마인가?

### 정사각형

ㅁ가장 작은 넓이의 정사각형을 만들어 보아라.

ㅁ그 다음으로 작은 넓이의 정사각형을 만들어 보아라.

ㅁ가장 큰 정사각형을 만들어 보아라.

ㅁ그 넓이는 얼마인가?

ㅁ다음으로 큰 정사각형을 만들어 보아라.

ㅁ그 넓이는 얼마인가?

ㅁ기하판에서 만들 수 있는 정사각형에는 몇 가지 종류의 넓이가 있는가? (8 가지)

ㅁ각 넓이가 얼마인지 알 수 있는가?

### 삼각형의 등적 변형

ㅁ꼭지점의 좌표가 (1, 0), (1, 4), (2, 0)인 삼각형을 만들어 보아라.

ㅁ넓이가 얼마인가?

ㅁ꼭지점 (1, 4)를 (0, 4)로 옮겨 보아라.

ㅁ삼각형의 넓이는 얼마가 되는가?

ㅁ꼭지점 (0, 4)를 (2, 4), (3, 4), (4, 4) 등으로 옮겨 보아라.

ㅁ각 삼각형의 넓이는 얼마인가?

ㅁ다른 모양의 삼각형에 대해서도 이와 같은 실험을 계속해 보아라.

ㅁ직사각형을 하나 만들고 그 안에서 이와 같은 실험을 계속해 보아라.

### 직사각형의 등분

ㅁ다음과 같은 직사각형을 만들고, 그 넓이를 반으로 나누는 방법을 생각해 보아라.

ㅁ이때 생기는 두 모양은 항상 합동인가?

ㅁ다른 모양의 직사각형에 대해서도 이와 같은 실험을 계속해 보아라.

### 임의 단위, 표준 단위

ㅁ한 변의 길이가 2인 정사각형의 넓이를 단위 넓이로 생각하면, 기하판에 만들 수 있는 정사각형들의 넓이에는 어떤 것이 가능한지 알아보아라.

## 6. 대칭

### 좌우 대칭, 상하 대칭

ㅁ기하판을 어떻게 돌려놓고 보아도 같은 모양이 되도록 도형을 만들 수 있는가?

ㅁ기하판을 180° 돌리면 같은 모양이지만 90° 돌리면 다른 모양이 되게 도형을 만들 수 있는가?

ㅁ기하판을 90° 돌리면 같은 모양이지만 180° 돌리면 다른 모양이 되게 도형을 만들 수 있는가?

### 도형 완성하기

ㅁ다음 도형은 어떤 다각형을 반으로 자른 것이다. 나머지 부분을 완성해 보아라.

ㅁ다음 도형에 대해서도 같은 생각을 해 보아라.

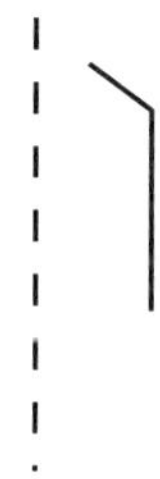

### 대칭축

ㅁ가장 큰 정사각형을 만들고, 다음 순서에 따라 모양을 바꾸어 보아라.

ㅁ한 변을 구부린다.

ㅁ마주 보는 변을 대칭이 되게 만든다. (A)

ㅁ(A)를 반으로 잘라 보아라.

ㅁ나머지 변에 대해서도 같은 방법으로 구부려 본다. (B)

ㅁ(B)를 반으로 잘라 보아라.

### 사분의 일 회전 대칭

ㅁ처음 정사각형에서 한 변을 적당히 구부리고, 시계 방향으로 돌아가면서 대칭이 되게 만들어 보아라. (바람개비)

ㅁ여러 가지 모양의 바람개비를 만들어 보아라.

## 7. 회전과 반사

### 도형의 회전

ㅁ주어진 모양과 같은 삼각형을 만들어 보아라.

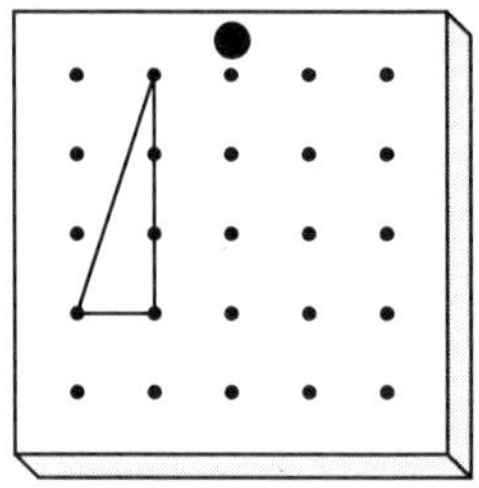

ㅁ이 기하판을 90° 돌렸을 때에 나타나는 도형을 만들어 보아라.

ㅁ이 기하판을 다시 90° 돌리면 어떤 도형이 되는가?

ㅁ다시 90° 돌리면?

### 반사된 도형

ㅁ이 기하판을 거울에 비추면 어떤 도형이 나타나는가?

ㅁ처음 기하판(A)과 거울에 비친 기하판(B)을 도식으로 다음과 같이 나타낼 수 있다.

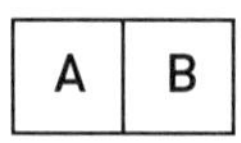


기하판(A)에 나타낸 한 도형에 대하여 다음과 같이 둘레의 각 기하판(B, C, D, E)에 나타나는 도형을 만들 수 있는가?

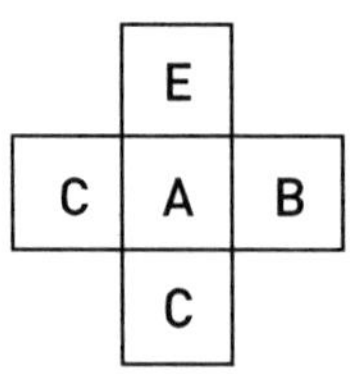

## 8. 분수

### 등분할

□ 절반으로 자를 수 있는 직사각형을 여러 가지 만들어 보아라. 몇 가지인가?

□ 3등분 되는 직사각형을 여러 가지 만들어 보아라. 몇 가지인가?

□ 4등분, 5등분, 6등분, 7등분, 8등분, 9등분 등에 대해서도 같은 실험을 해 보아라.

□ 무엇을 말할 수 있는가?

□ 5등분 되는 다각형을 여러 가지 만들어 보아라.

□ 7등분, 10등분 등 여러 가지로 실험해 보아라.

### 분수만큼 나타내기

□ 다음 각 도형에 대하여 주어진 분수만큼의 넓이를 나타내 보아라.

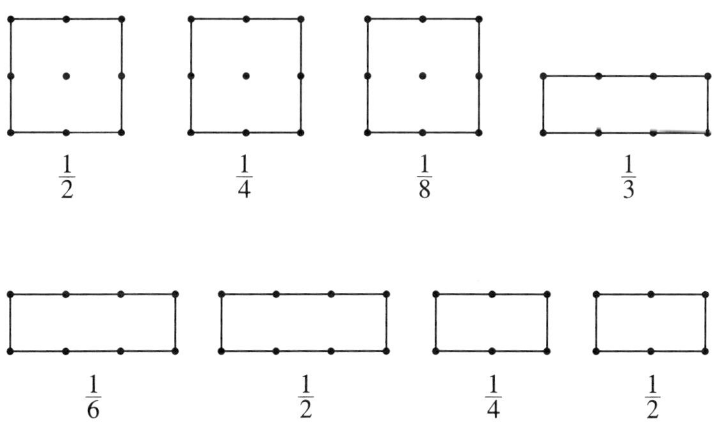

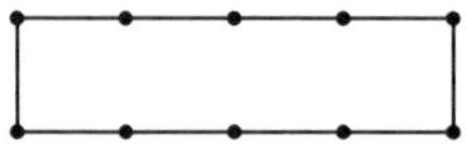

$\frac{1}{8}$

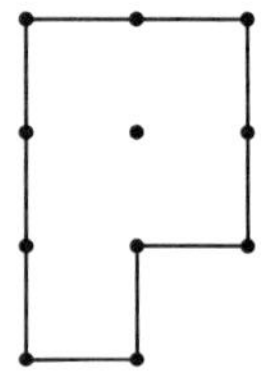

$\frac{1}{5}$

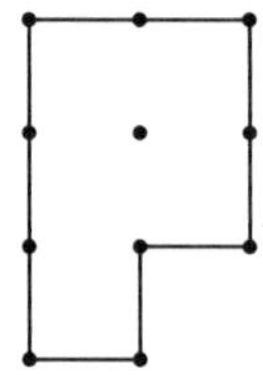

$\frac{1}{10}$

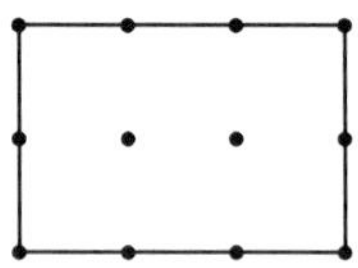

$\frac{1}{6}$

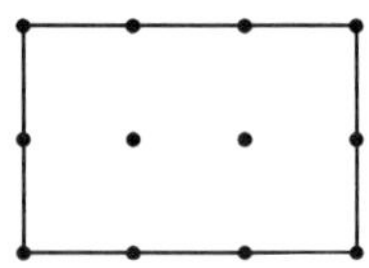

$\frac{1}{3}$

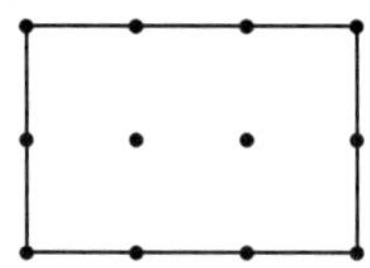

$\frac{1}{12}$

## 크기가 같은 분수

□넓이가 12인 직사각형을 만들고 다음을 보여라.

$$\frac{1}{2}=\frac{2}{4}=\frac{3}{6}=\frac{6}{12}=\frac{12}{24} \qquad \frac{1}{3}=\frac{2}{6}=\frac{4}{12}=\frac{8}{24} \qquad \frac{1}{4}=\frac{3}{12}=\frac{6}{24}$$

## 분수의 사칙 연산

□넓이가 12인 직사각형을 만들고 다음을 보여라.

$$\frac{1}{2}+\frac{1}{3}=\frac{10}{12}=\frac{5}{6} \qquad \frac{1}{3}+\frac{1}{4}=\frac{7}{12} \qquad \frac{1}{4}+\frac{1}{6}=\frac{7}{12} \qquad \frac{1}{2}-\frac{1}{12}=\frac{5}{12}$$

$$\frac{1}{3}+\frac{1}{6}=\frac{6}{12}=\frac{1}{2} \qquad \frac{1}{2}-\frac{1}{3}=\frac{1}{6} \qquad \frac{1}{3}-\frac{1}{4}=\frac{1}{12}$$

$$\frac{1}{2}\times\frac{1}{2}=\frac{1}{4} \qquad \frac{1}{2}\times\frac{1}{3}=\frac{1}{6} \qquad \frac{1}{3}\times\frac{1}{4}=\frac{1}{12}$$

$$\frac{1}{2}\div\frac{1}{4}=2 \qquad \frac{1}{3}\div\frac{1}{6}=2 \qquad \frac{1}{3}\div\frac{1}{12}=4$$

## 분수로 나타내기

ㅁ다음은 주어진 도형의 몇 분의 몇인가?

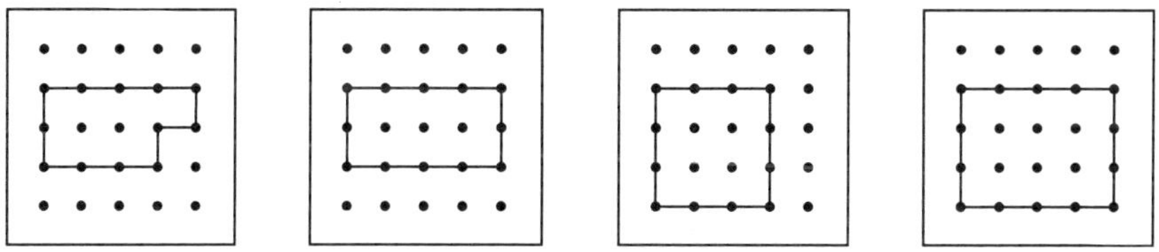

A B C D

1.  은 A의 몇분의 몇?

2.  은 A의 몇분의 몇?

3.  은 B의 몇분의 몇?

4.  은 B의 몇분의 몇?

5.  은 B의 몇분의 몇?

6.  은 B의 몇분의 몇?

7.  은 C의 몇분의 몇?

8.  은 C의 몇분의 몇?

9.  은 D의 몇분의 몇?

10.  은 D의 몇분의 몇?

11.  은 D의 몇분의 몇?

12.  은 D의 몇분의 몇?

13.  은 D의 몇분의 몇?

14.  은 D의 몇분의 몇?

□다음 물음에 답하여라.

A

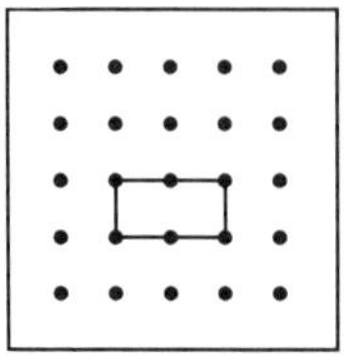

A에는 가 몇 개 들어가는가? 따라서, 은 A의 몇분의 몇인가?

A에는 가 몇 개 들어가는가? 따라서, 은 A의 몇분의 몇인가?

B

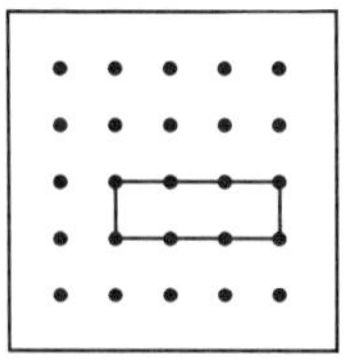

B에는 가 몇 개 들어가는가? 따라서, 은 B의 몇분의 몇인가?

B에는 가 몇 개 들어가는가? 따라서, 은 B의 몇분의 몇인가?

C

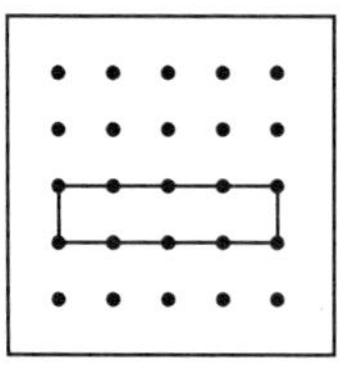

C에는 가 몇 개 들어가는가? 따라서, 은 C의 몇분의 몇인가?

C에는 가 몇 개 들어가는가? 따라서, 은 C의 몇분의 몇인가?

C에는 가 몇 개 들어가는가? 따라서, 은 C의 몇분의 몇인가?

D

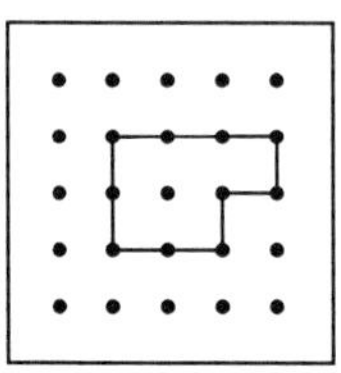

D에는 가 몇 개 들어가는가? 따라서, 은 D의 몇분의 몇인가?

D에는 가 몇 개 들어가는가? 따라서, 은 D의 몇분의 몇인가?

E 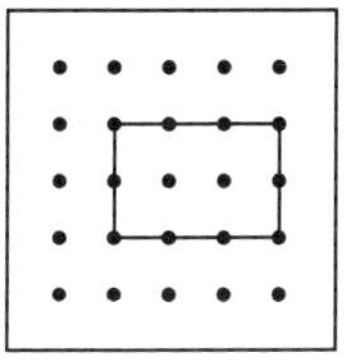

E에는  가 몇 개 들어가는가? 따라서, 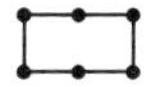 은 E의 몇분의 몇인가?

E에는  가 몇 개 들어가는가? 따라서,  은 E의 몇분의 몇인가?

E에는  가 몇 개 들어가는가? 따라서,  은 E의 몇분의 몇인가?

## 분수만큼 나타내기

ㅁ주어진 다각형을 등분하고, 주어진 분수만큼의 넓이를 나타내어라.

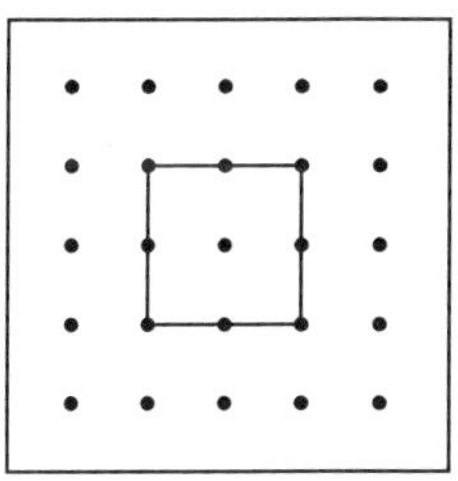

$\frac{3}{4}$

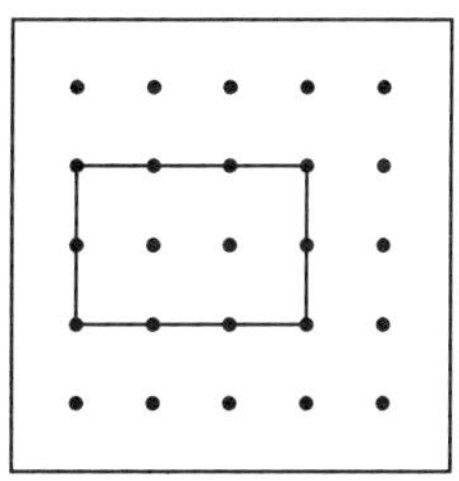

$\frac{2}{3}$

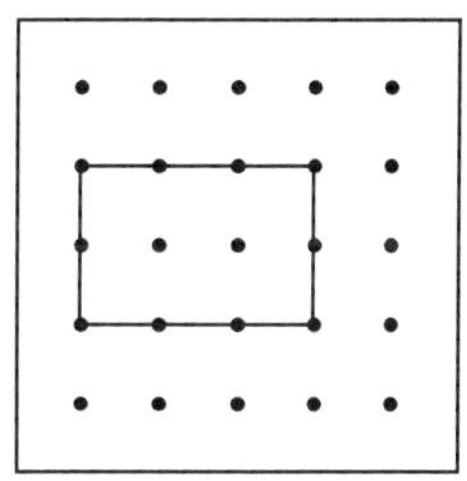

$\frac{5}{6}$

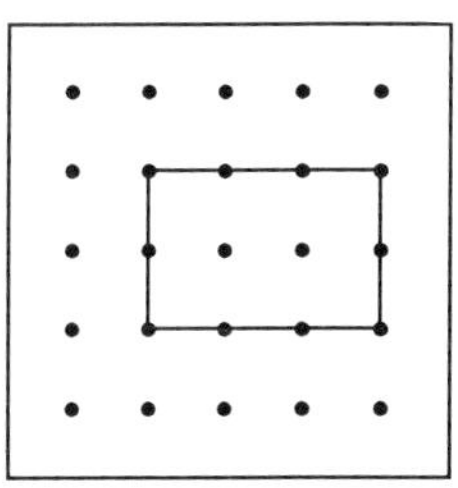

$\frac{1}{2}$

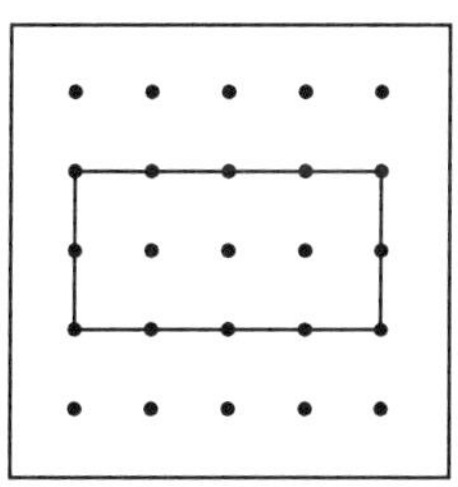

$\frac{3}{8}$

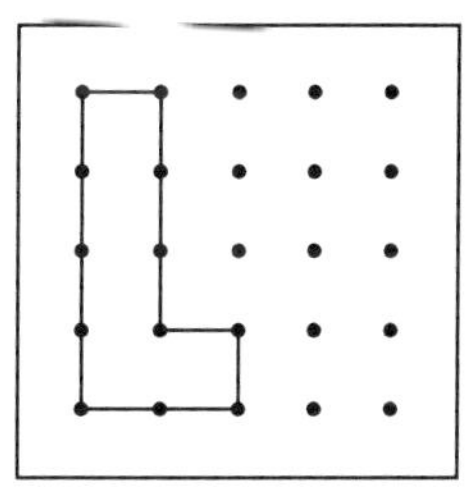

$\frac{3}{5}$

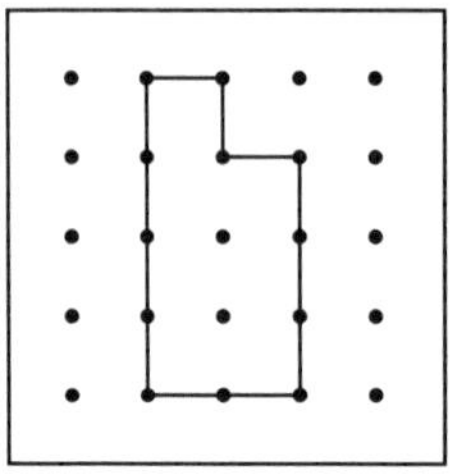

$\frac{2}{7}$

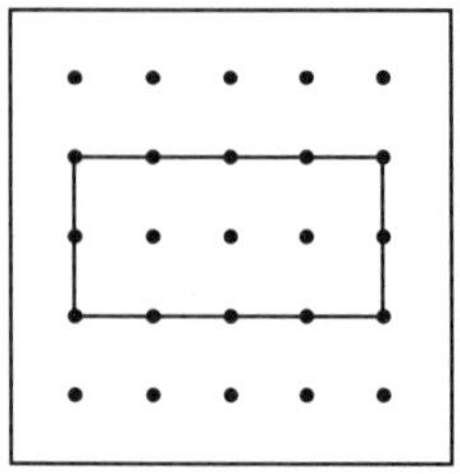

$\frac{3}{8}$

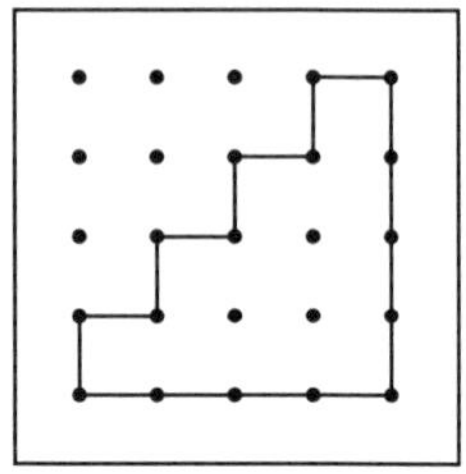

$\frac{3}{5}$

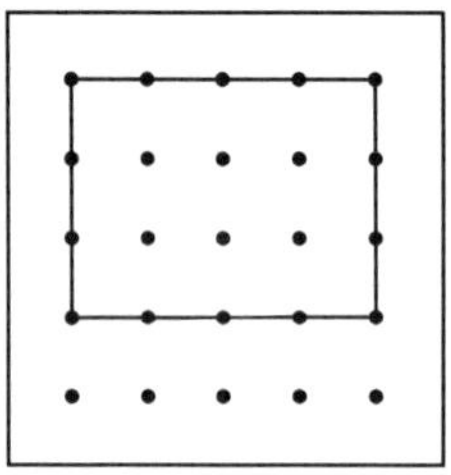

$\frac{3}{4}$

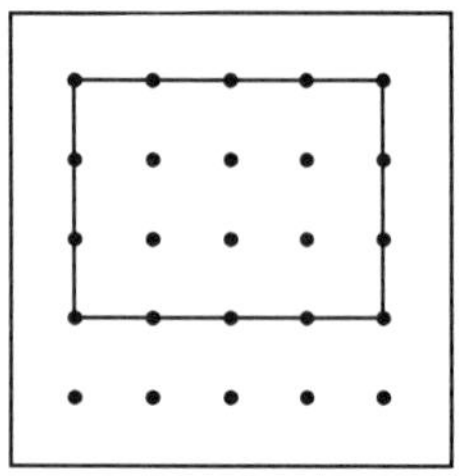

$\frac{2}{3}$

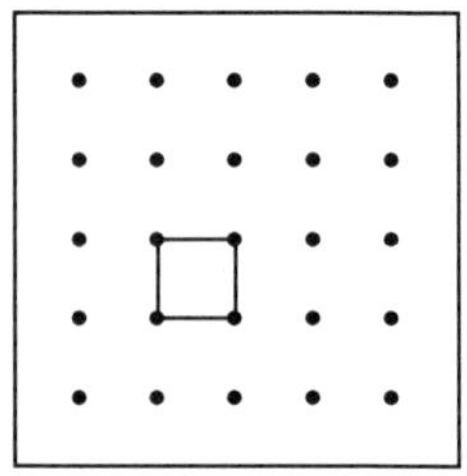

$\frac{1}{2}$

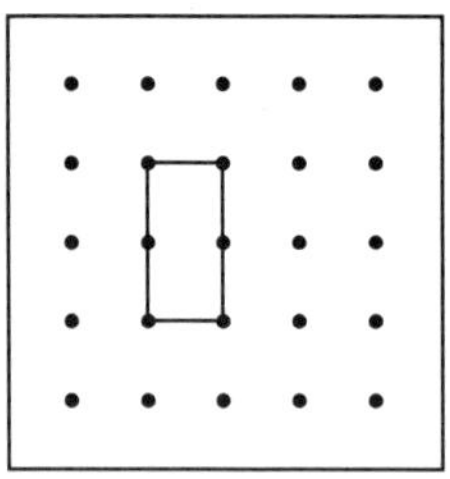

$\frac{3}{4}$

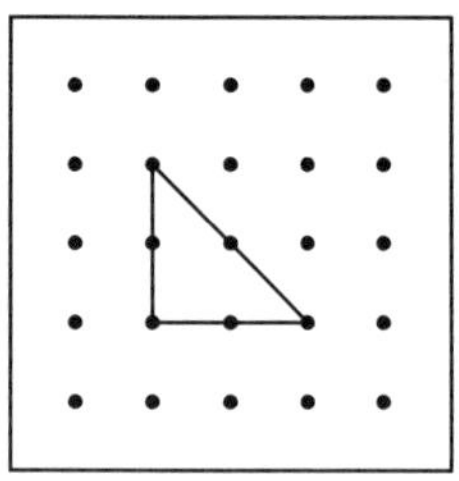

$\frac{1}{4}$

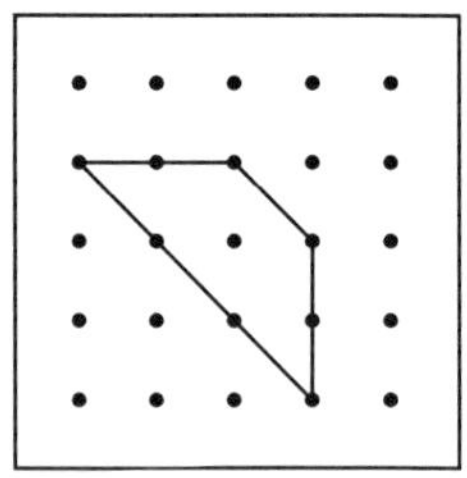

$\frac{3}{8}$

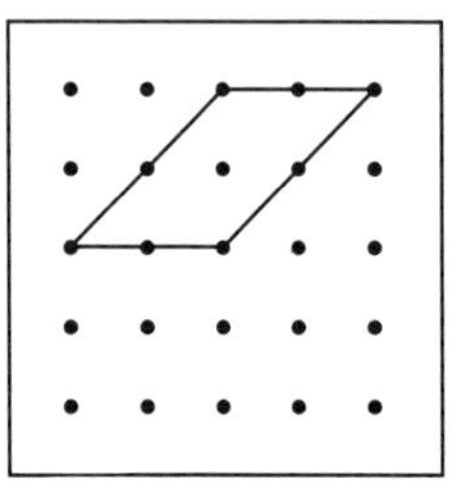

$\frac{5}{8}$

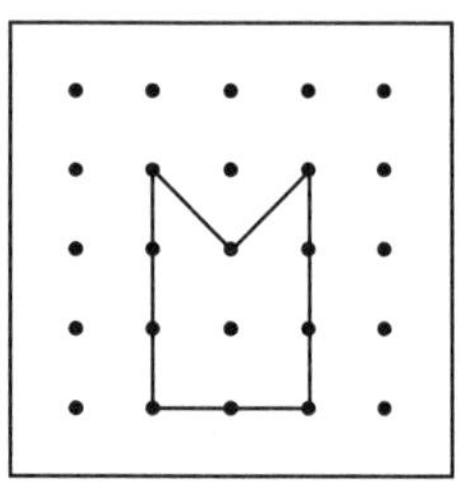

$\frac{7}{10}$

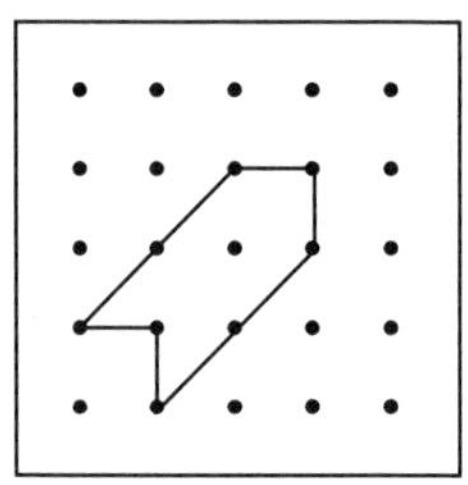

$\frac{7}{8}$

## 분수로 나타내기

ㅁ다음 각 도형에서 어두운 부분은 전체의 몇 분의 몇인가?

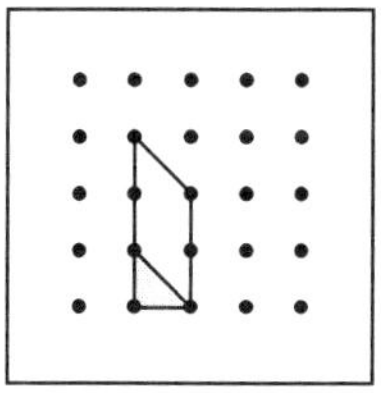
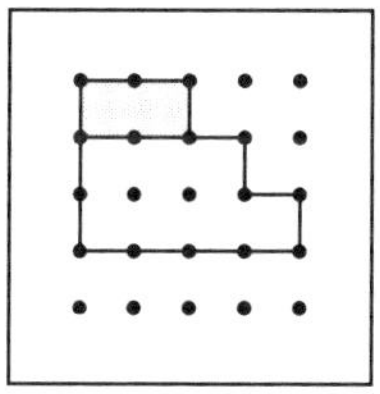
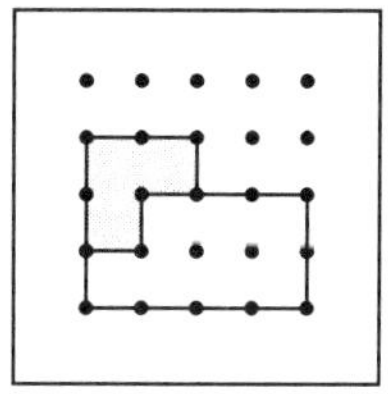
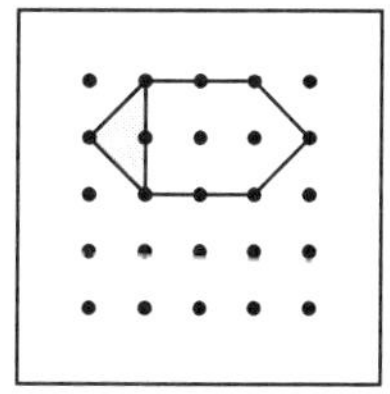

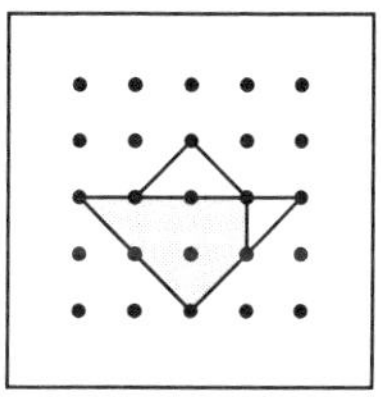
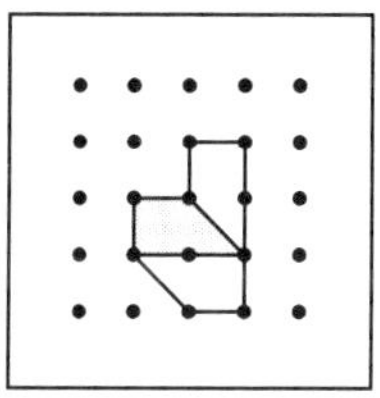
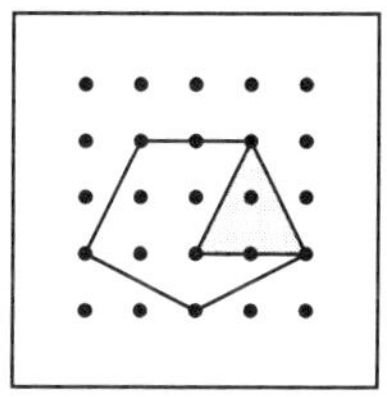
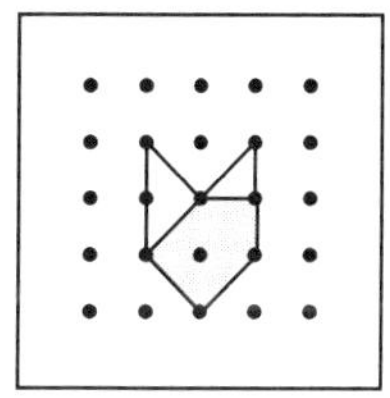

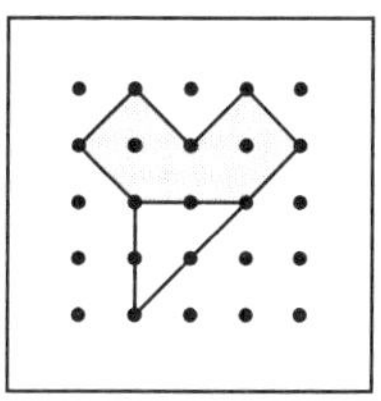
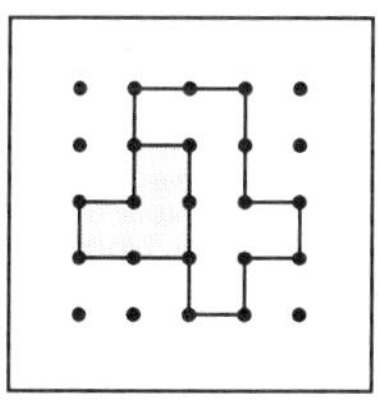
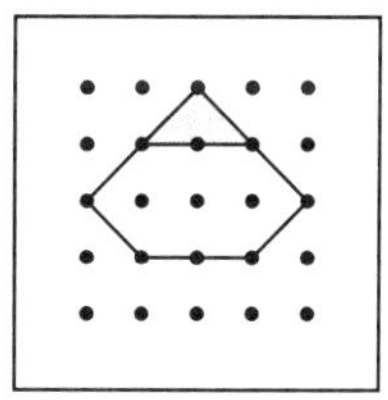
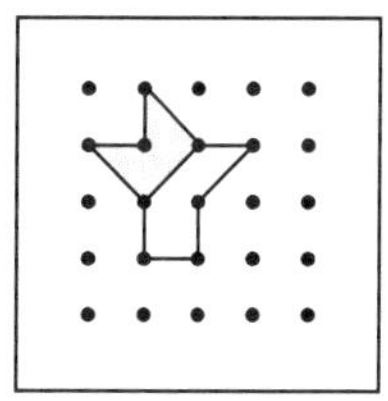

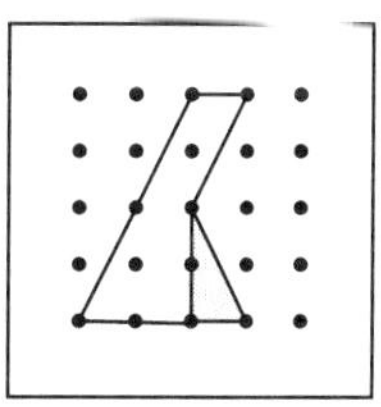
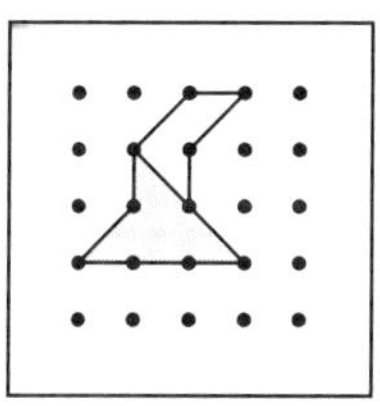
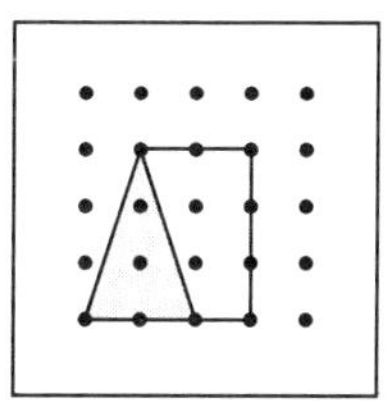
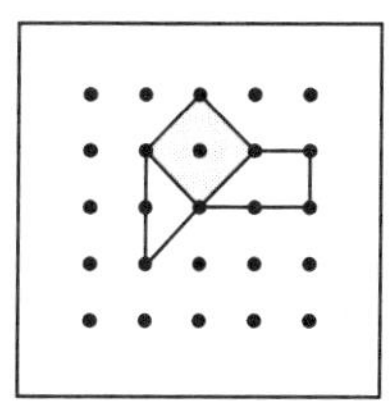

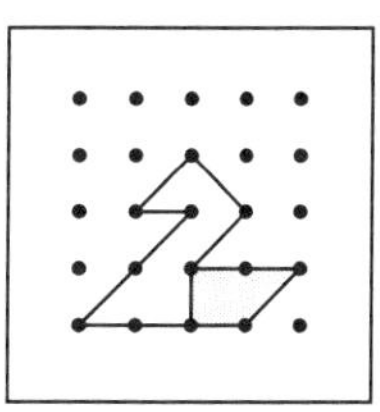
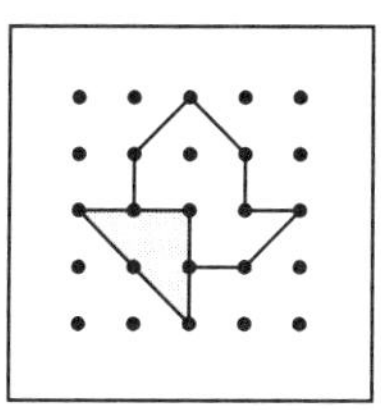
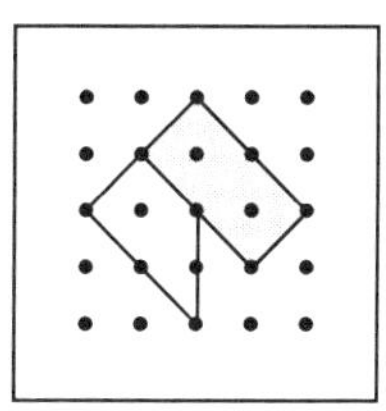
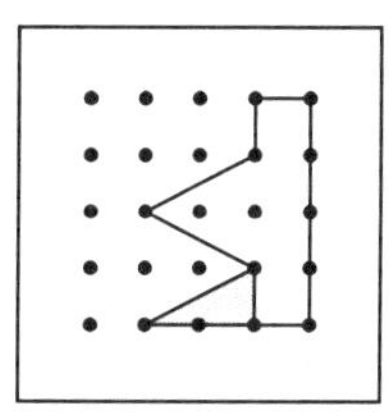

## 9. 기타

### 경로의 수

기하판에 다음과 같이 지도를 나타냈다고 하자. 학교의 위치는 X이다. 만득이의 집은 G이다.

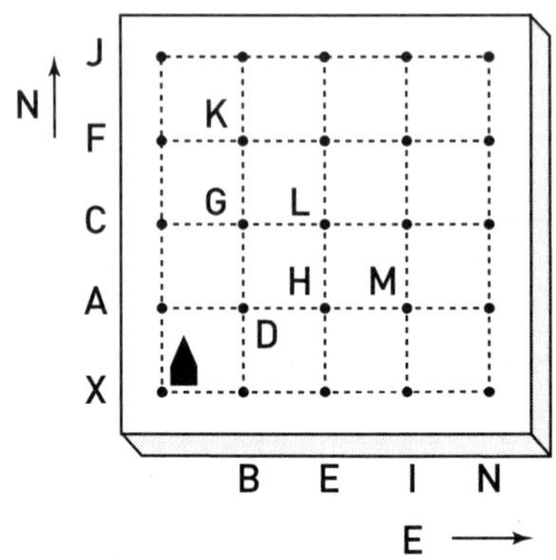


□ 만득이의 집에서 학교에 가는 최단 경로는 몇 가지인가? 단, 대각선은 허용하지 않는다.

□ X에서 H까지의 최단 경로의 수는?

□ X에서 각각 K, N, L, D까지의 최단 경로의 수는?

□ X에서 각 점에 이르는 최단 경로의 수를 조사하여 표로 만들어 보아라.

□ 이러한 표를 무엇이라 부르는가?

### 퍼즐

□ 다음 도형에서 정사각형은 몇 개인가?

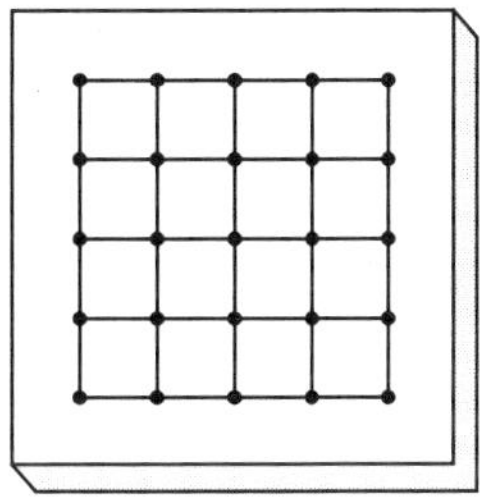

ㅁ어떤 규칙을 발견할 수 있는가?

### 피타고라스 정리

ㅁ꼭지점이 각각 (1, 1), (1, 2), (2, 1)인 삼각형을 만들고, 각 변 위에 그 변을 한 변으로 하는 정사각형을 만들어라.

ㅁ다음 표를 완성하여라.

| 꼭지점 | 가장 짧은 변 위의 정사각형의 넓이 | 둘째로 긴 변 위의 정사각형의 넓이 | 가장 긴 변 위의 정사각형의 넓이 |
|---|---|---|---|
| (1, 1), (1, 2), (2, 1) | 1 | 1 | 2 |
| (2, 1), (2, 3), (3, 1) | | | |
| (3, 1), (3, 4), (4, 1) | | | |
| (4, 1), (4, 5), (5, 1) | | | |
| (2, 2), (2, 4), (4, 2) | | | |
| (3, 2), (3, 5), (5, 2) | | | |
| (3, 2), (2, 4), (5, 3) | | | |

ㅁ이외에도 다른 삼각형에 대하여 위와 같은 표를 완성하여라.

| 꼭지점 | 가장 짧은 변 위의 정사각형의 넓이 | 둘째로 긴 변 위의 정사각형의 넓이 | 가장 긴 변 위의 정사각형의 넓이 |
|---|---|---|---|
| | | | |
| | | | |
| | | | |
| | | | |
| | | | |
| | | | |
| | | | |

ㅁ이 표에서 무엇을 알 수 있는가?

### 집합의 내부, 외부, 공통부분

다음과 같이 삼각형과 정사각형을 만들어 보아라.

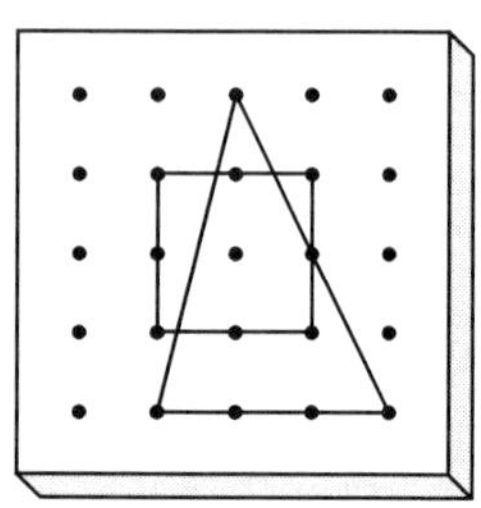

ㅁ삼각형의 내부에 있으면서 정사각형의 내부에도 있는 점은 어느 것인가?

ㅁ정사각형의 내부에 있으면서 삼각형의 외부에 있는 점은 어느 것인가?

ㅁ삼각형의 내부에 있으면서 정사각형의 외부에 있는 점은 어느 것인가?

□ 삼각형의 외부에 있으면서 정사각형의 외부에도 있는 점은 어느 것인가?

같은 기하판에 다음과 같은 직사각형을 하나 더 만들어 보아라.

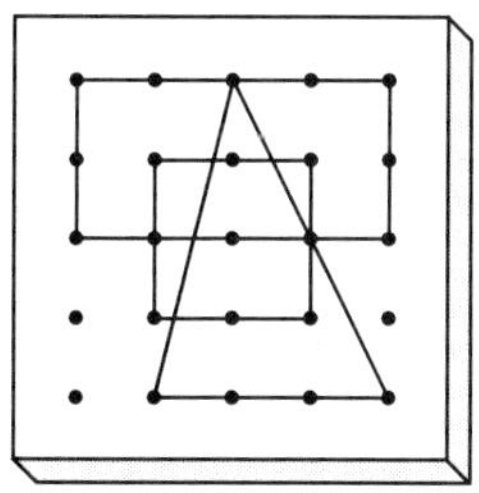

□ 직사각형, 정사각형, 삼각형 모두의 내부에 있는 점은 어느 것인가?

□ 정사각형의 내부에 있으면서, 삼각형의 외부와 직사각형의 외부에 있는 점은 어느 것인가?

# 아홉 모양조각

모양조각 또는 패턴 블록(Pattern Block)은 삼각형, 정사각형, 평행사변형, 마름모, 사다리꼴, 정육각형의 6가지 모양을 한 조각들을 말한다. 각 모양에는 한 가지 색이 지정되어 있다. 즉, 삼각형은 초록색, 정사각형은 주황색, 평행사변형은 파란색, 마름모는 흰색(연한 살구색), 사다리꼴은 빨간색, 정육각형은 노란색이다. 이들을 색과 모양을 같이 묶어서 초록색 삼각형, 주황색 정사각형, 파란색 평행사변형, 흰색 마름모, 빨간색 사다리꼴, 노란색 정육각형이라고 부를 수도 있다. 또한, 도형의 이름을 배우지 않은 저학년 학생들을 위해서, 색깔만을 지칭하여 초록색 조각(△), 주황색 조각(□), 파란색 조각(▱), 흰색 조각(◇), 빨간색 조각(⏢), 노란색 조각(⬡) 등으로 부를 수도 있다.

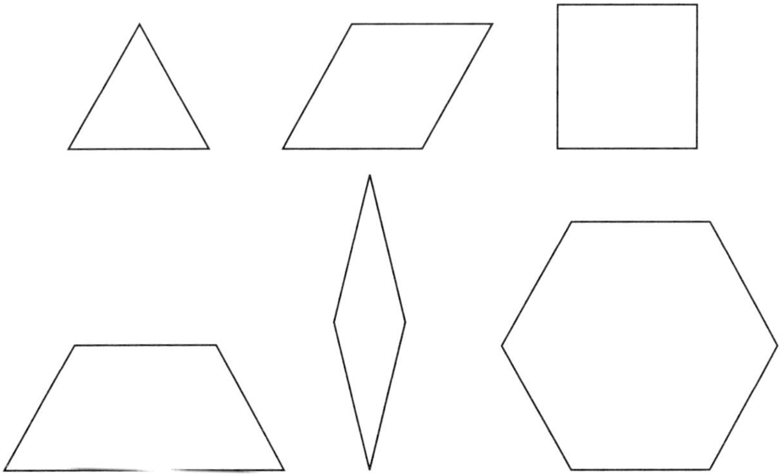

각 조각은 한 변의 길이가 1인치(약 2.54센티미터)로 일정해서 어긋나지 않게 서로 이어 붙일 수 있다. 단, 사다리꼴의 밑변만은 다른 변의 2배이다. 또, 각 조각의 두께는 1센티미터이다. 모양조각의 이러한 특징을 활용하면 도형 사이의 관계를 알아보는 탐구 활동은 물론, 합동, 닮음, 대칭, 넓이, 둘레의 길이, 규칙성 찾기, 함수 개념, 분수 개념, 표와 그래프의 학습 등에 도움을 줄 수 있다. 모양 조각을 이용한 활동은 초등학교 모든 학년의 학생들에게 유용하며, 4~6명씩 모듬을 만들어 활동하면 효과적이다. 모양조각을 이용한 활동은 각 모양의 조각 약 40개씩 모두 250개 정도를 사용하는 것이 일반적이다.

## 1. 자유 탐구(E1a)

◎ 모양조각을 가지고 여러 가지 모양을 만들어 보아라.

◎ 몇 가지 색을 사용하였는가?

◎ 10조각 이상 사용하였는가?

◎ 또 다른 모양을 만들어 보아라.

## 2. 세기(E2a)

◎ 모양조각을 두 손으로 집을 수 있는 만큼 많이 한 움큼 집어보아라.

◎ 집어든 조각을 모양(색)에 따라 분류하여 보아라.

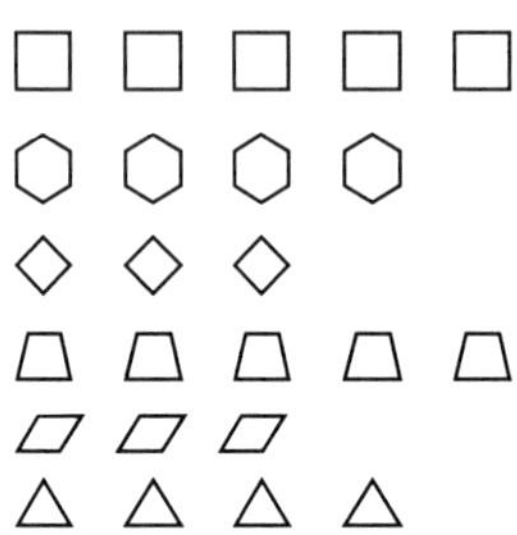

◎ 각 모양(색) 조각은 몇 개씩인가?

## 3. 네 조각으로 채우기(E3a)

◉ 조각 4 개로 다음 그림을 채워 보아라.

◉ 각 그림을 조각 5 개로 채울 수 있는가?

## 4. 두 가지 색으로 꾸미기(E4b)

● 두 가지 색의 조각 4개를 사용하여 여러 가지 모양을 꾸며 보아라.

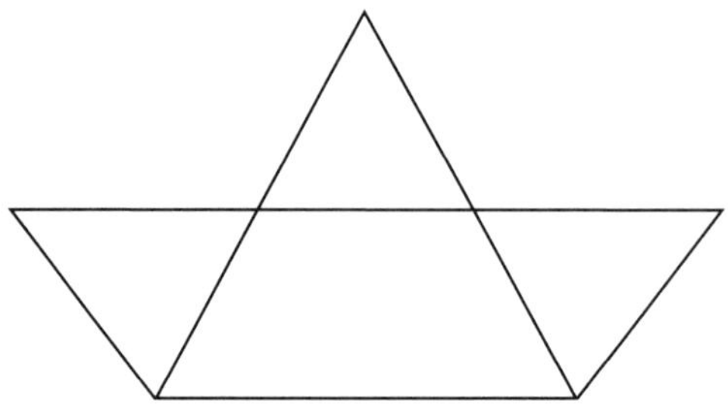

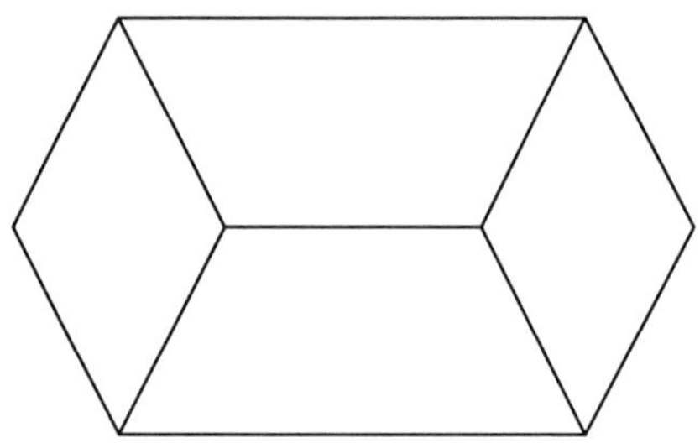

● 만든 모양을 기록하여라.

ㅁ두 가지 색의 조각 4개로 몇 가지 모양을 만들 수 있는가?

ㅁ두 가지 색의 조각 5개로 여러 가지 모양을 꾸며 보아라.

ㅁ두 가지 색의 조각 6개로 여러 가지 모양을 꾸며 보아라.

ㅁ두 가지 색의 조각 7개로 여러 가지 모양을 꾸며 보아라.

## 5. 주황색 조각 4개로 꾸미기(E5b)

다음 모양은 주황색 조각(□) 4개로 만든 것이다.

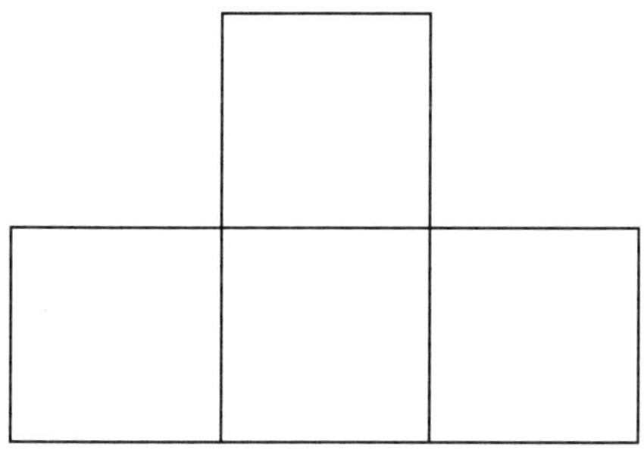

주황색 조각(□) 4개로 다른 모양을 만들어 보아라.

또 다른 모양을 만들어 보아라.

모두 몇 가지 모양을 만들 수 있는가?

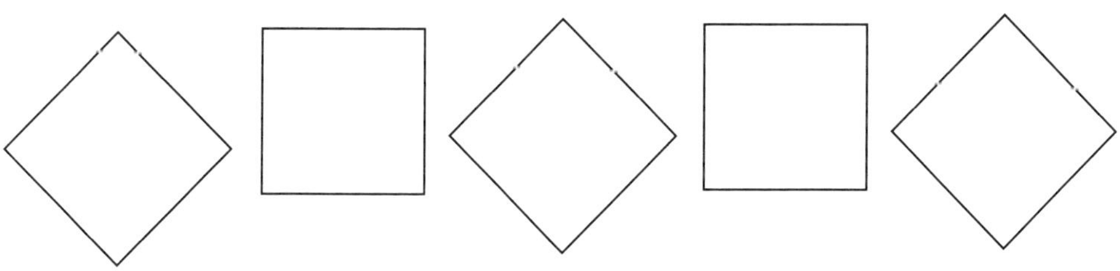

주황색 조각(□) 5개로 어떤 모양을 만들 수 있는가?

## 6. 커지는 도형(E6c)

◎ 다음 조각 중 하나를 골라라.

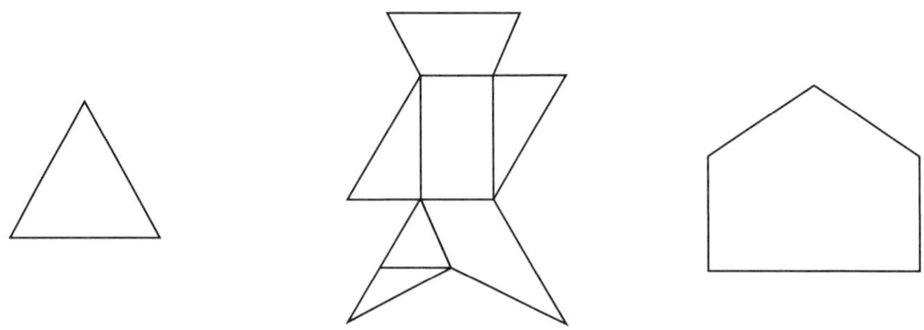

◎ 고른 것과 같은 모양의 조각을 사용해서, 고른 것과 같은 모양이지만 더 큰 모양을 만들어 보아라.

◎ 고른 조각을 들어 눈에 가까이 대어 보아라. 더 큰 모양을 가릴 정도로 눈에 가까이 대어 보아라. 두 모양이 닮음을 알 수 있는가?

◎ 위에서 만든 것보다 더 큰 모양을 만들어 보아라. 같은 방법으로 닮음을 확인해 보아라.

◎ 이보다 더 큰 모양을 만들 수 있는가?

## 7. 담장 쌓기(P1a)

◯ 다음 담장에는 규칙이 있다.

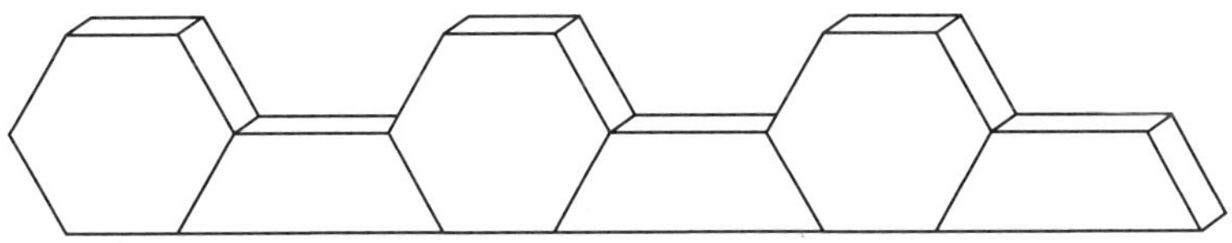

◯ 다른 규칙으로 담장을 쌓아 보아라.

◯ 팔 길이만큼 쌓아 보아라.

◯ 짝에게 내가 만든 규칙에 따라 담장을 계속 쌓아 보게 하여라.

◯ 서로 역할을 바꾸어 해 보아라.

◯ 또 다른 규칙으로 담장을 쌓아 보아라.

## 8. 다음에는 무엇이 올까?(P2a)

● 다음과 같은 모양을 만들어 보아라.

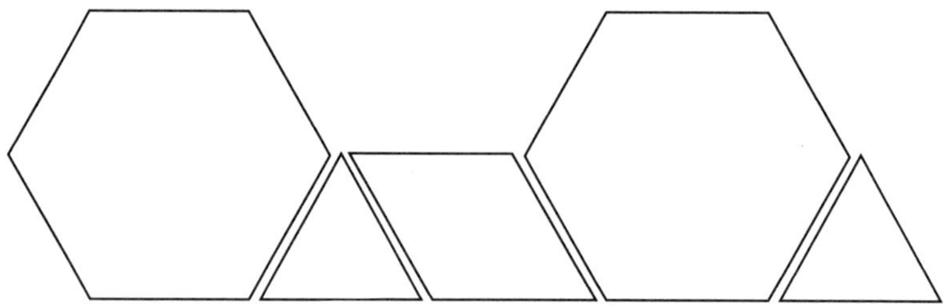

● 다음에 올 조각은 무엇인가?

● 이 규칙대로 노란색 조각(⬡) 3개, 초록색 조각(△) 3개, 파란색 조각(▱) 3개를 더 이어 붙여라.

● 규칙을 말해 보아라.

● 노란색 조각(⬡), 초록색 조각( ), 파란색 조각(△)만을 사용하여 다른 규칙을 만들어 보아라.

## 9. 규칙 이어가기(P3b)

◎ 다음과 같은 모양을 만들어 보아라.

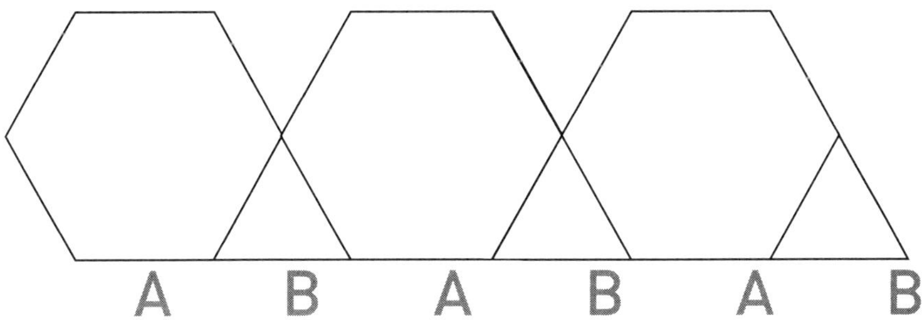


◎ 이러한 규칙을 AB형(또는 가-나 형)이라고 부르자.

◎ 모든 A 조각은 똑같다.

◎ 모든 B 조각은 똑같다.

◎ 다음은 ABB형(또는 가-나-나 형)이다.

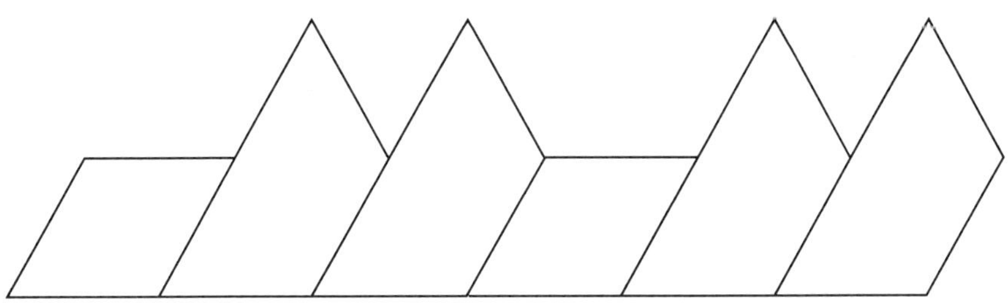

◎ 왜 그렇게 부르는지 이유를 말해 보아라.

◎ 다음에 올 조각은 무엇인가?

◎ 모양조각으로 ABB형(또는 가-나-나 형)의 규칙을 몇 가지나 만들 수 있는가?

## 10. 모양이 커 가는 것을 보세요.(P4b)

- 다음 각 단계의 모양을 만들어 보아라.
- 몇 조각이 사용되었는지 세어 보아라.
- 규칙을 찾아보아라.

1단계

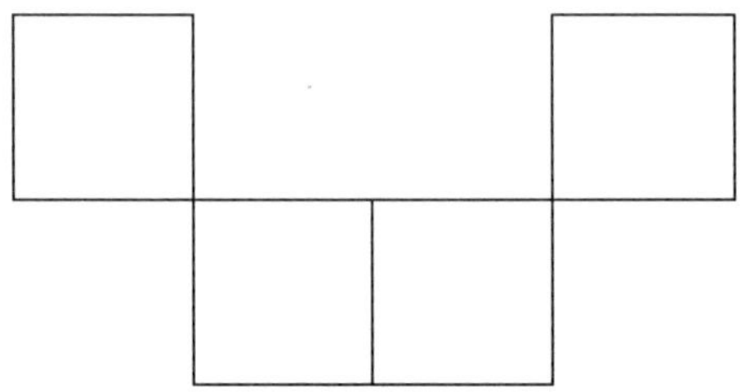

2단계

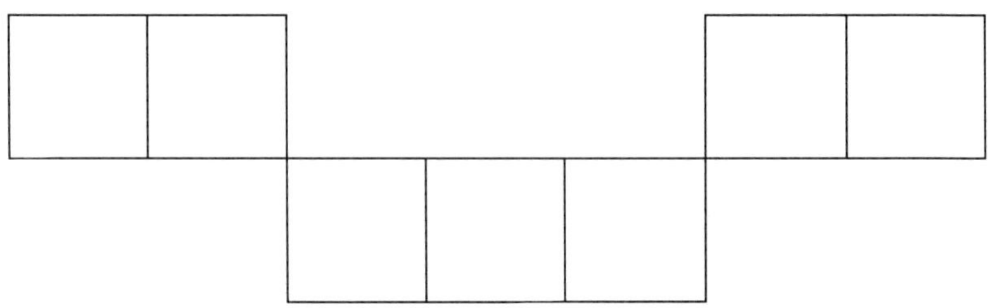

- 규칙에 따라 모양을 계속 만들어 보아라. 3단계를 만들어 보아라.

- 5단계에는 어떤 모양이 오는가? 5단계를 만들어 보아라.

## 11. 위로 아래로(P5b)

다음 각 단계의 모양을 만들어 보아라.

몇 조각이 사용되었는지 세어 보아라.

규칙을 찾아보아라.

1단계

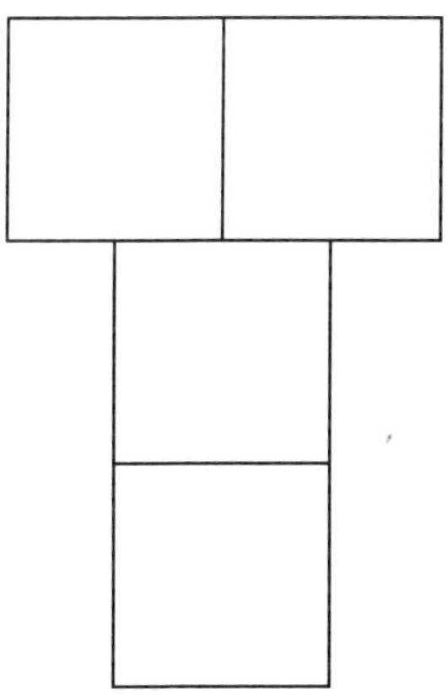

2단계

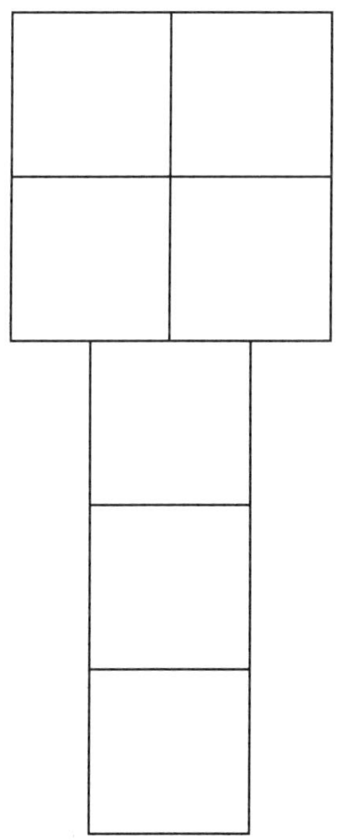

규칙에 따라 모양을 계속 만들어 보아라. 3단계를 만들어 보아라.

4단계, 5단계, 8단계에 알맞는 모양을 만들어 보아라.

## 12. 둘러싸기(P6c)

- 초록색 조각(△), 주황색 조각(□), 파란색 조각(▱), 흰색 조각(◇)중 하나를 골라라.
- 그 조각 주위로 같은 색의 조각을 둘러싸 보아라.

예:

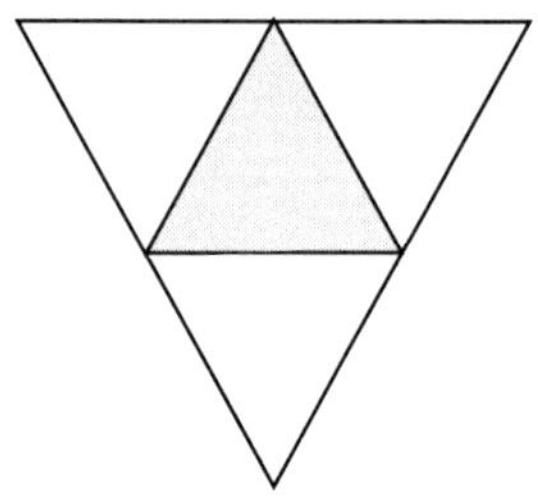

- 한번더 같은 색의 조각으로 둘러싸 보아라.

예:

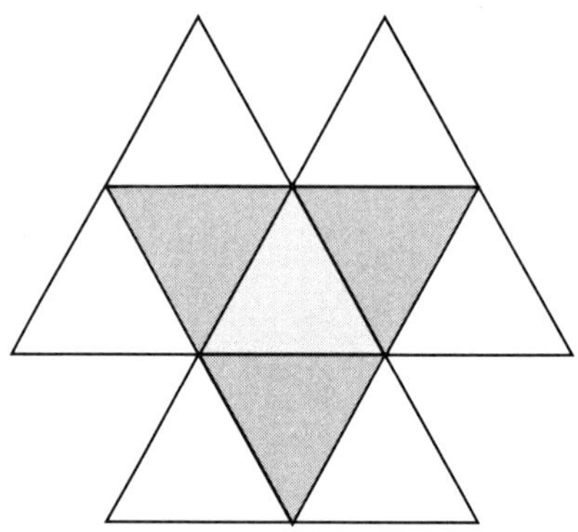

- 다시 한 번 더 둘러싸려면 조각이 몇 개 필요한가?
- 실제로 해 보아라.

## 13. 야옹야옹 고양이(P7c)

◎ 모양조각으로 다음과 같이 고양이를 만들어 보아라.

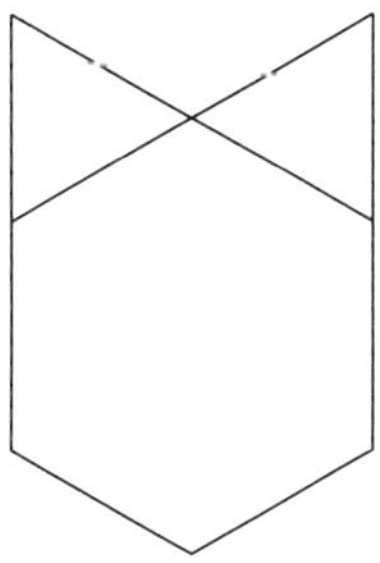

얼굴 1, 귀 2

| 고양이 얼굴 | 고양이 귀 |
|---|---|
| 1 | 2 |
| 2 | |
| 3 | |
| 4 | |
| 5 | |
| 6 | |

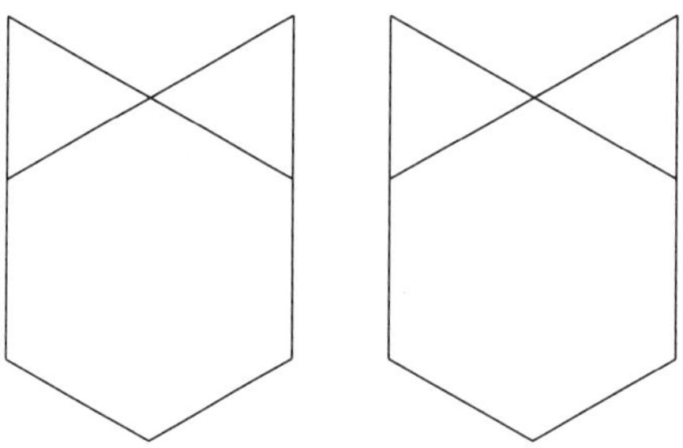

얼굴 2, 귀 4

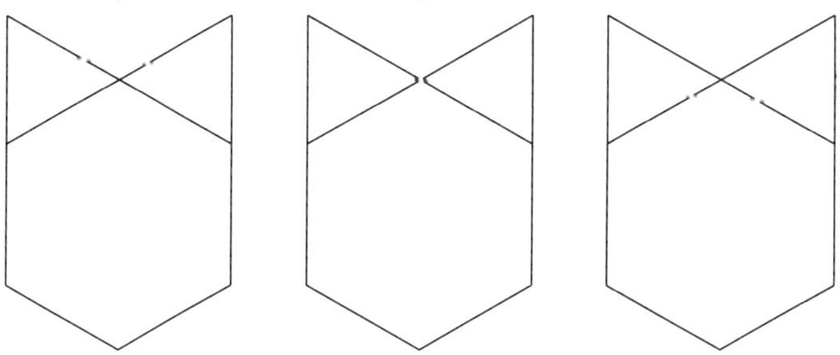

얼굴 3, 귀 6

◎ 고양이 4마리, 5마리, 6마리로 만들려면 각각 모양조각이 몇 개씩 필요한가?

◎ 실제로 만들어서 확인해 보아라.

◎ 어떤 규칙을 찾을 수 있는가?

## 14. 그대로 다시 만들기(S1a)

◉ 모양조각으로 다음과 같이 만들어 보아라.

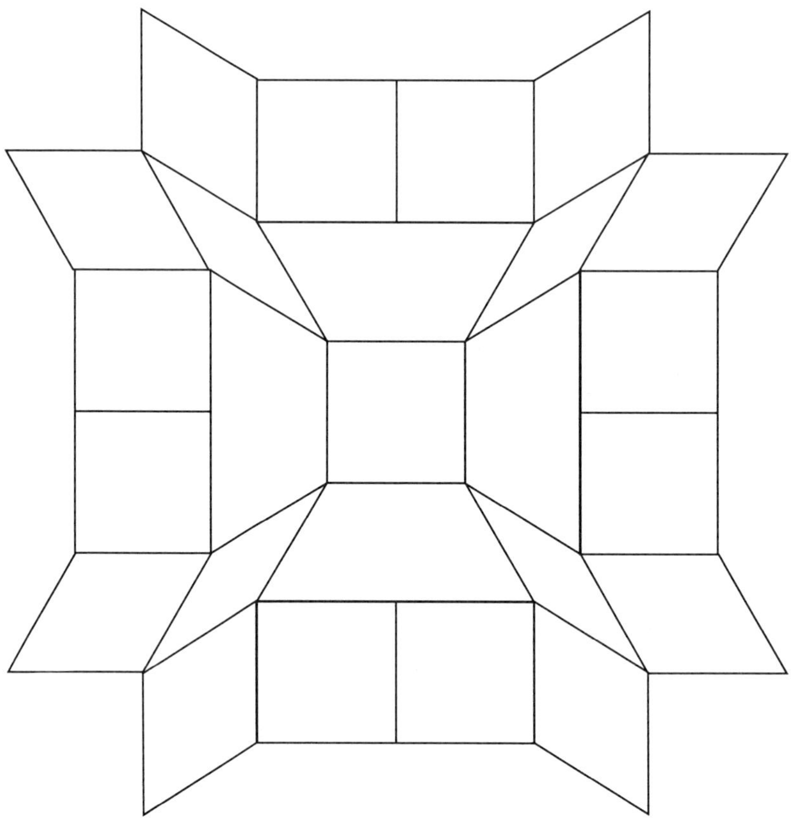

◉ 이제 모양조각을 흩어놓은 다음, 위의 그림을 보지 말고 똑같이 만들어 보아라.

## 15. 겁쟁이 고양이(S2a)

다음과 같이 겁쟁이 고양이를 만들려면 모양조각이 몇 개 필요한가?

사용한 조각의 수를 다음 표에 표시해 보아라.

| | | | | | | | | |
|---|---|---|---|---|---|---|---|---|
| 11 | 12 | 13 | 14 | 15 | 16 | 17 | 18 | 19 |
| 20 | 21 | 22 | 23 | 24 | 25 | 26 | 27 | 28 |
| 29 | 30 | 31 | 32 | 33 | 34 | 35 | 36 | 37 |

다른 방법으로도 겁쟁이 고양이를 만들어 보아라.

## 16. 모양조각 공룡(S3b)

다음과 같이 모양조각 공룡을 만들어 보아라.

사용한 조각의 수를 세어 보아라

더 많은 조각을 사용하여 공룡을 다시 만들어 보아라.

## 17. 얼마일까요?(S4b)

초록색 조각(△) 하나의 값이 1이라면 다음과 같은 모양의 값은 33이다. 왜 그런지 이유를 말해 보아라.

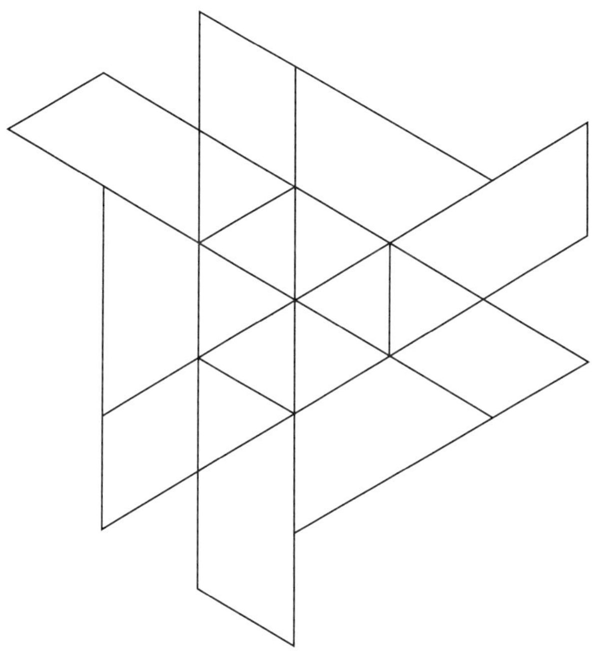

- 모양조각 18개로 재미있는 모양을 만들어 보아라.
- 초록색 조각(△), 파란색 조각(▱), 빨간색 조각(⏢), 노란색 조각(⬡)만 사용하여라.
- 초록색 조각(△) 하나의 값이 1이면, 내가 만든 모양의 값은 얼마인가?
- 초록색 조각(△) 하나의 값이 5이면, 내가 만든 모양의 값은 얼마인가?

## 18. 화살촉(S5c)

◎ 다음과 같은 모양을 만들어 보아라.

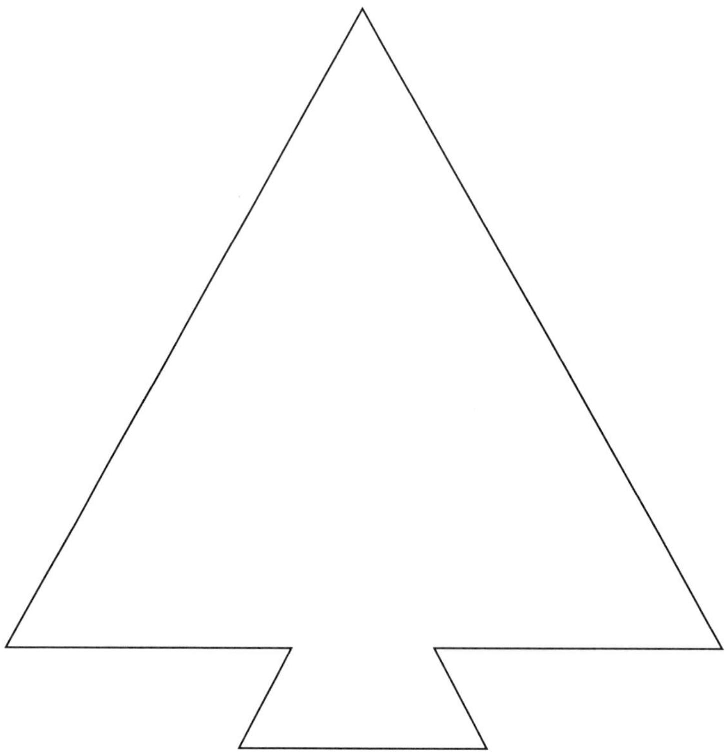

◎ 초록색 조각(△) 하나의 값이 5이면, 이 모양의 값은 얼마인가?

◎ 초록색 조각(△) 하나의 값이 7이면, 이 모양의 값은 얼마인가?

## 19. 모든 색을 다 쓰세요(S6c)

다음과 같은 모양을 만들어 보아라.

다음 조건을 각각 만족하는가?

조건 1 : 모양조각을 24개만 사용하였다.

조건 2 : 흰색 조각(◇) 6개를 포함시켰다.

조건 3 : 모든 색을 다 사용하였다.

## 20. 여섯 번도 더(S7c)

다음 모양을 6가지 서로 다른 방법으로 채워 보아라.

1가지 색의 조각 4개를 사용하여라.

2가지 색의 조각 5개를 사용하여라.

2가지 색의 조각 6개를 사용하여라.

2가지 색의 조각 7개를 사용하여라.

2가지 색의 조각 8개를 사용하여라.

2가지 색의 조각 9개를 사용하여라.

## 21. 거울아, 거울아(S8c)

- 다음과 같이 돌쩌귀에 붙인 두 거울 사이에 흰색 조각(◇)을 놓아 보아라.

- 거울을 들여다 보아라.
- 어떤 모양이 보이는가?
- 그 모양대로 만들어 보아라.
- 다른 모양조각을 하나 골라라.
- 그 조각을 흰색 조각(◇) 옆에 붙여 놓아라.
- 거울을 보고 그 모양대로 만들어 보아라.
- 또 다른 모양조각을 골라라.
- 이제 그 조각을 거울 앞에 놓기 전에, 거울에 비친 모양대로 만들려면 모양조각이 몇 개 필요할지 예상하여 보아라.
- 실제로 해 보아라.

## 22. 여러 가지 방법(F1a)

◯ 노란색 조각(⬡)의 본을 뜨고, 여러 가지 모양조각으로 채워 보아라.

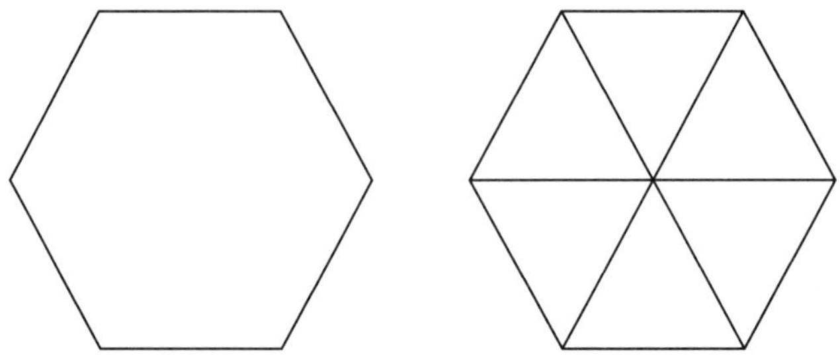

◯ 본(⬡)을 하나 더 떠서, 다른 방법으로 채워 보아라.

◯ 또 다른 방법을 찾아보아라.

◯ 할 수 있는 대로 많이 해 보아라.

◯ 몇 가지 방법이 있는가?

## 23. 전체 1 만들기(F2b)

주황색 조각(□) 하나의 값이 $\frac{1}{2}$이면, 다음은 전체 1이다.

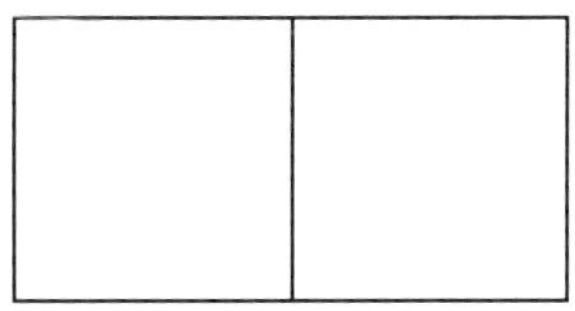

흰색 조각(◇) 하나의 값이 $\frac{1}{2}$일 때, 전체 1을 만들어 보아라.

흰색 조각(◇) 하나의 값이 $\frac{1}{3}$일 때, 전체 1을 만들어 보아라.

흰색 조각(◇) 하나의 값이 $\frac{1}{4}$일 때, 전체 1을 만들어 보아라.

흰색 조각(◇) 하나의 값이 $\frac{1}{6}$일 때, 전체 1을 만들어 보아라.

구한 답을 기록하여 보아라.

## 24. 부분과 전체(F3b)

- 다음은 전체 1이다.

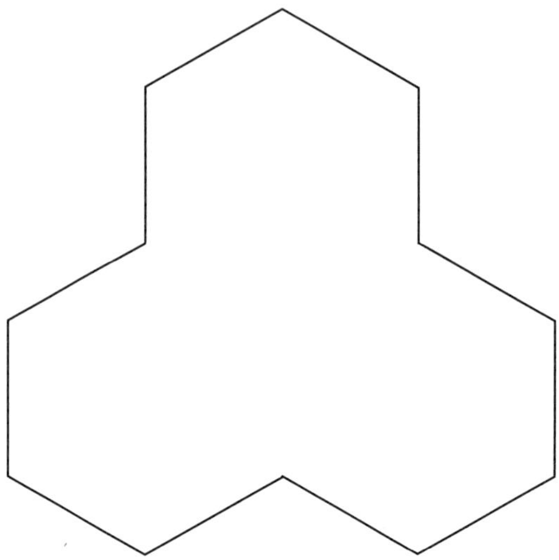

- 노란색 조각(⬡)으로 채워 보아라.
- 노란색 조각(⬡) 하나는 전체의 몇 분의 몇인가?
- 파란색 조각(▱)으로 채워 보아라.
- 파란색 조각(▱) 하나는 전체의 몇 분의 몇인가?
- 빨간색 조각(⏢) 하나는 전체의 몇 분의 몇인가?
- 초록색 조각(△) 하나는 전체의 몇 분의 몇인가?
- 노란색 조각(⬡) 하나가 전체의 $\frac{1}{3}$이 되는 또 다른 모양을 만들어 보아라.

## 25. 몇 분의 몇?(F4c)

◯ 다음은 전체 1이다.

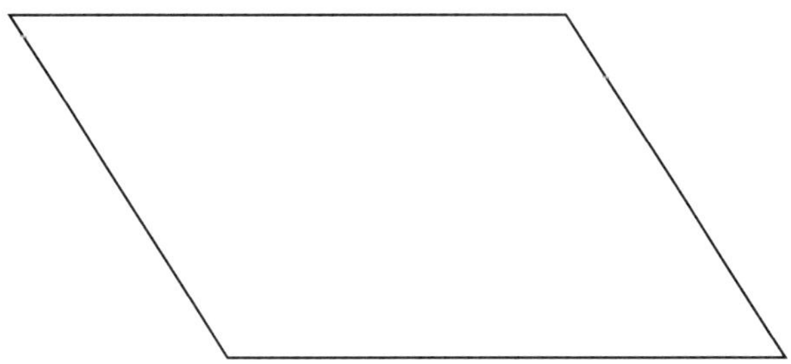

◯ 초록색 조각(△) 하나는 전체의 몇 분의 몇인가?

◯ 파란색 조각(▱) 하나는 전체의 몇 분의 몇인가?

◯ 빨간색 조각(⏢) 하나는 전체의 몇 분의 몇인가?

◯ 노란색 조각(⬡) 하나는 전체의 몇 분의 몇인가? 어떻게 알 수 있는가?

◯ 초록색 조각(△) 하나가 전체의 $\frac{1}{2}$이 되는 또 다른 모양을 만들어 보아라.

## 26. 양쪽이 똑같아요(Y1a)

다음 그림의 점선 위에 거울을 놓아 보아라.

조각의 모습이 전체 다 보이면 대칭축 위에 거울을 놓은 것이 된다.

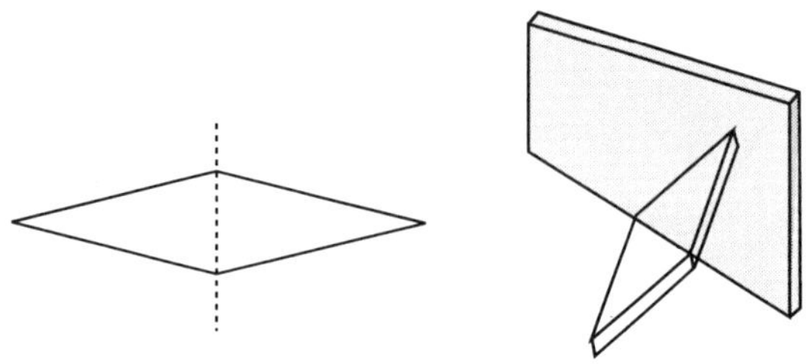

다음 각 모양조각의 대칭축을 찾아 보아라.

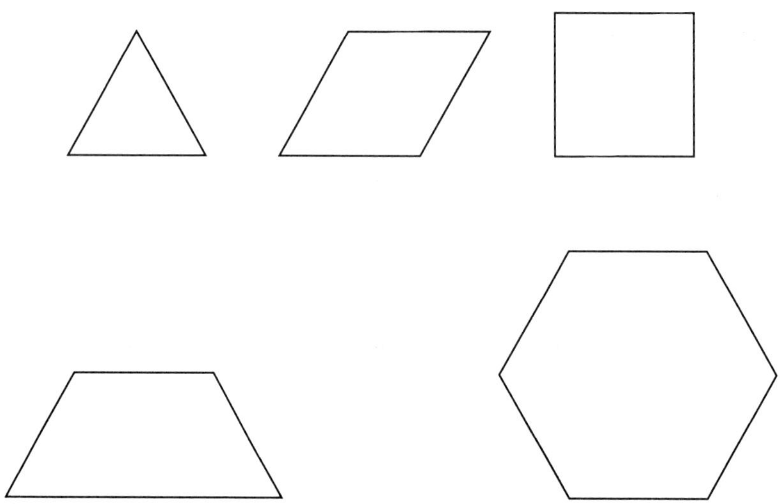

## 27. 대칭축 찾기(Y2a)

◎ 모양조각으로 다음과 같이 만들어 보아라.

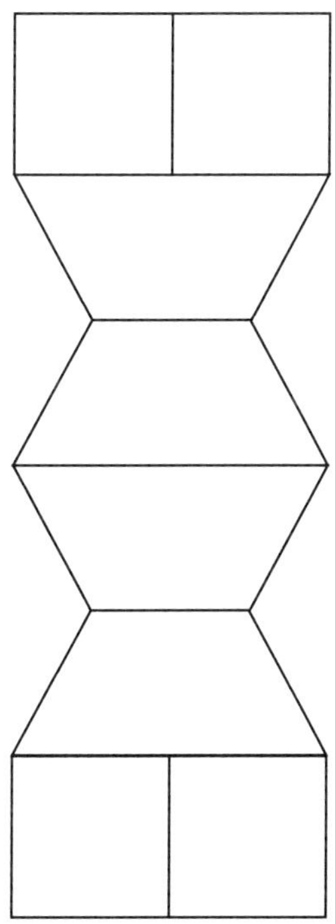

◎ 대칭축을 찾을 수 있는가?

◎ 대칭축 위에 연필을 놓고 양쪽을 살펴 보아라.

◎ 양쪽의 모양이 같은가?

◎ 또 다른 대칭축을 찾아 확인해 보아라.

## 28. 거울에 비친 모습(Y3b)

다음 모양의 점선 위에 거울을 놓았을 때, 거울에 비칠 모양을 만들어 보아라.

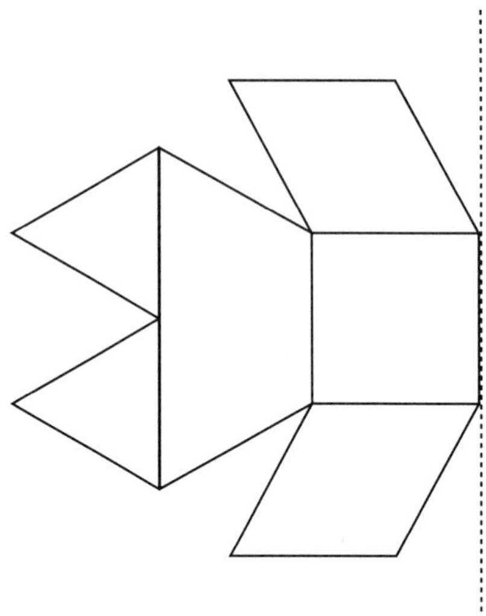

실제로 거울을 놓고, 확인해 보아라.

## 29. 만화경(Kaleidoscope)(Y4c)

◉ 모양조각으로 다음과 같이 만들어 보아라.

◉ 대칭축을 3개 이상 찾아 보아라.

◉ 찾은 대칭축 위에 자나 연필을 놓고, 바르게 찾았는지 확인해 보아라.

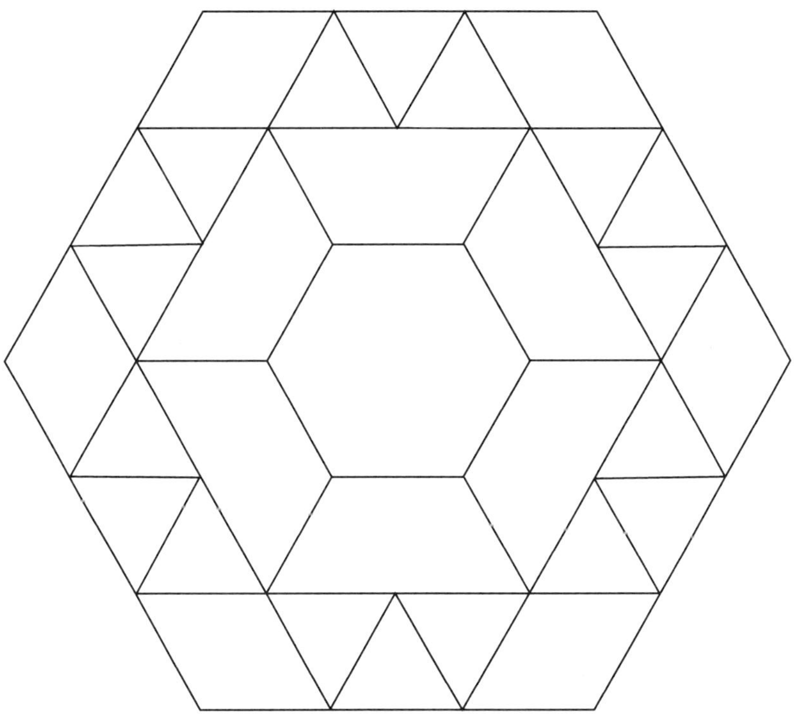

◉ 대칭축을 모두 몇 개나 찾았는가?

◉ 대칭축이 3개 이상 되는 또 다른 모양을 만들어 보아라.

## 30. 다 돌면 얼마나 될까?(A1a)

◎ 초록색 조각( )의 한 변의 길이가 1이라면, 다음 각 조각의 둘레의 길이는 얼마가 되는지 알아보아라.

예:

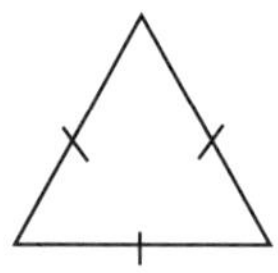

둘레의 길이=3

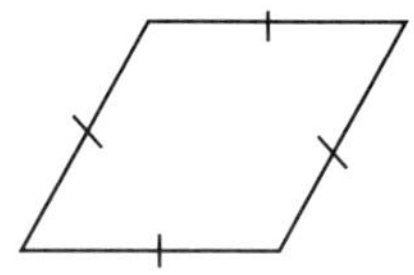

둘레의 길이=?

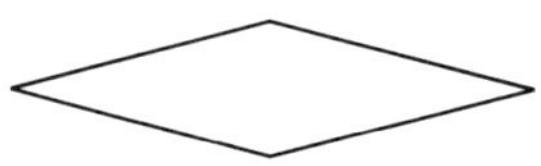

둘레의 길이=?

둘레의 길이=?

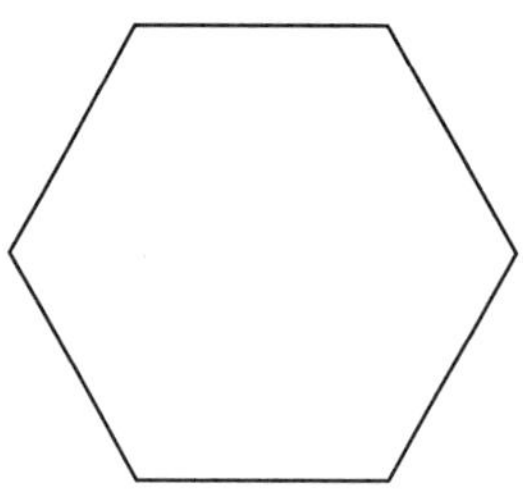

둘레의 길이=?

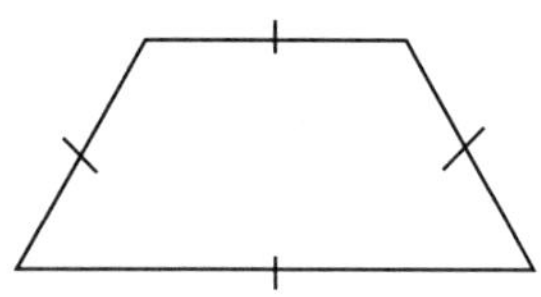

둘레의 길이=?

◎ 다음과 같이 모양조각 2개를 붙여 놓고 둘레의 길이가 얼마인지 알아보아라.

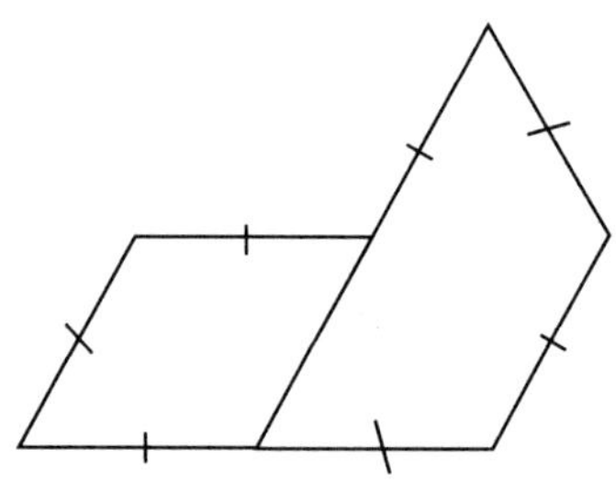

## 31. 안쪽의 모습(A2a)

◯ 한 가지 색의 모양조각으로 다음 도형을 채워 보아라.

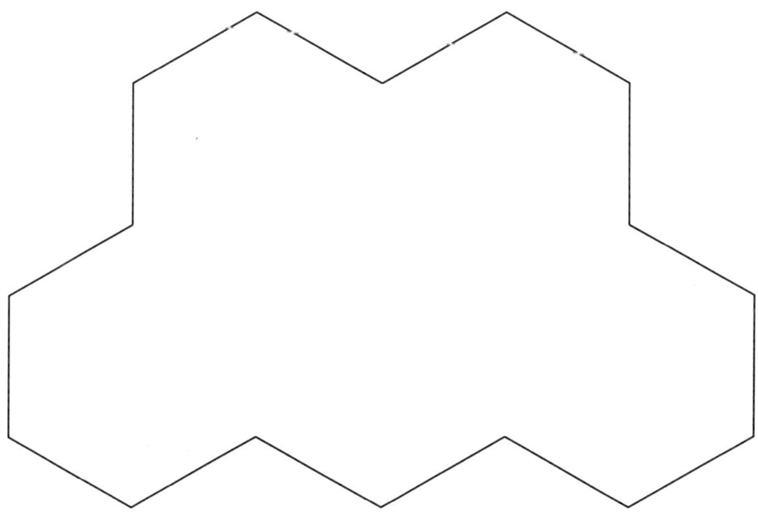

◯ 잘 채워지는가?

◯ 다른 색의 모양조각도 그러한가? 예상해 보아라.

◯ 각 색의 모양조각 대해서 실제로 해 보아라.

◯ 어떤 색의 모양조각이 그러하지 않은가?

## 32. 둘레의 길이는?(A3b)

◉ 초록색 조각(△)의 한 변의 길이가 1이면, 다음 각 도형의 둘레의 길이는 얼마가 되는지 알아보아라.

예:

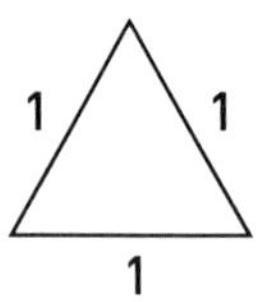


둘레의 길이=3

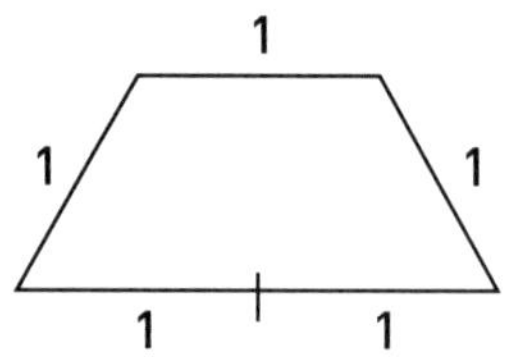


둘레의 길이=?

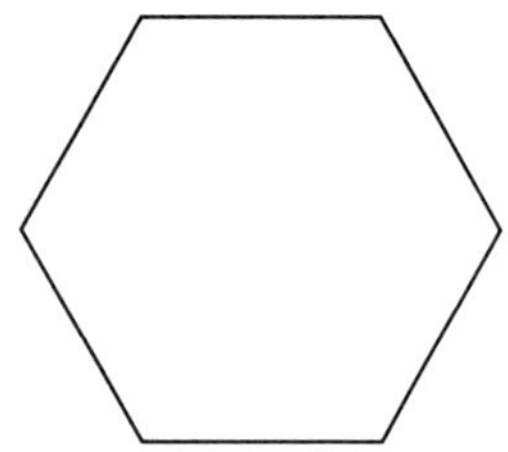

둘레의 길이=?

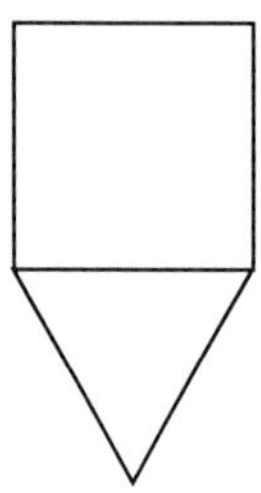

둘레의 길이=?

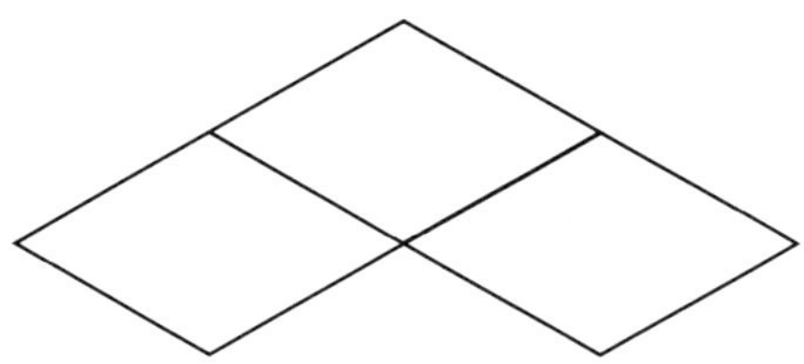

둘레의 길이=?

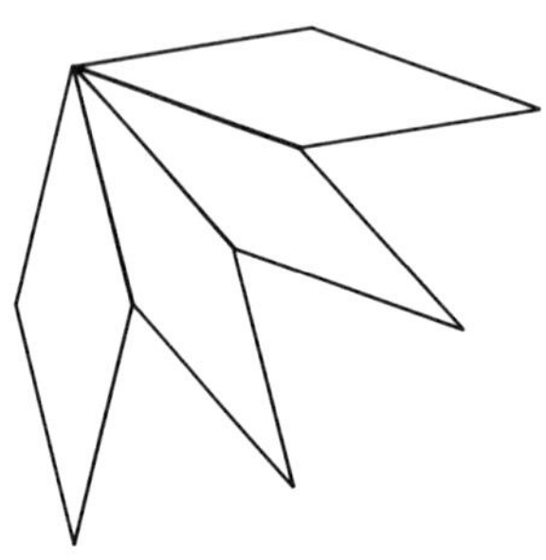

둘레의 길이=?

◉ 모양조각 6개로 모양을 만들어 보아라.

◉ 둘레의 길이는 얼마인가?

## 33. 넓이는?(A4b)

◎ 초록색 조각(△) 하나의 넓이가 1이라고 하자.

◎ 다음 모양의 넓이는 얼마가 되는지 알아보아라.

(힌트 : 각 모양을 채우려면 초록색 조각(△)이 몇 개 필요한가?)

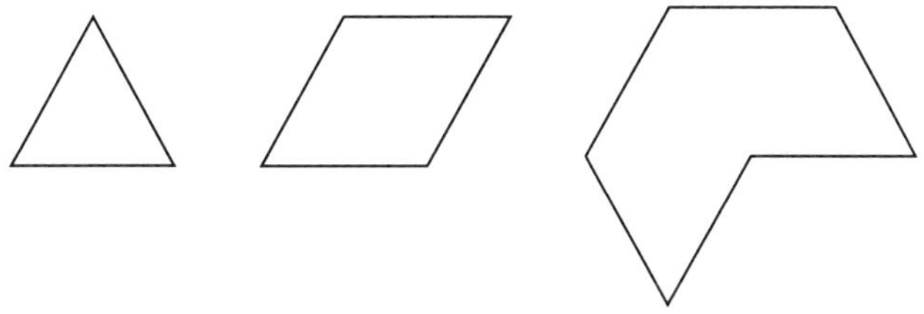

넓이=1　　넓이=?　　넓이=?

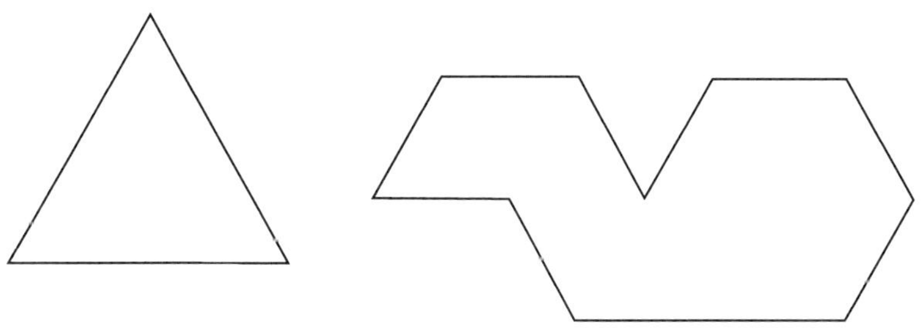

넓이=?　　넓이=?

◎ 넓이가 3인 모양을 만들 수 있는가?

◎ 넓이가 5인 모양을 만들 수 있는가?

◎ 넓이가 10인 모양을 만들 수 있는가?

## 34. 둘레의 규칙성(A5c)

- 주황색 조각(□)의 한 변의 길이가 1이라면, 다음 모양의 둘레의 길이는 얼마인가?

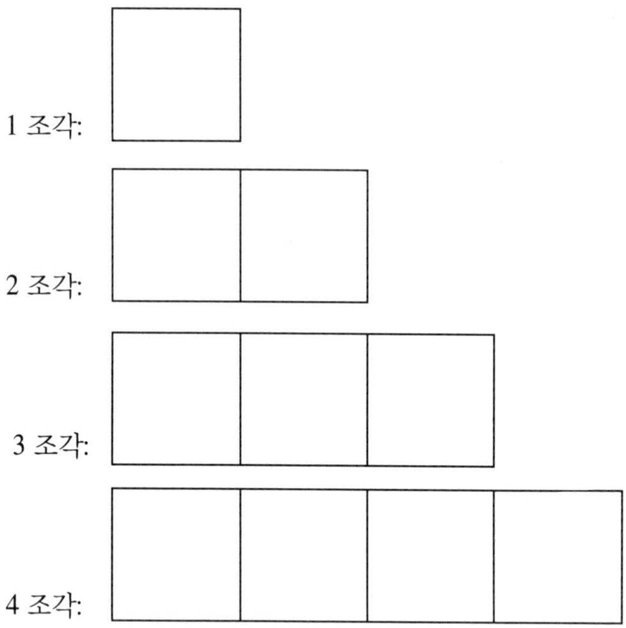


- 규칙을 찾을 수 있는가?

- 5조각을 놓으면 둘레의 길이는 얼마가 되겠는가?

- 10조각을 놓으면?

## 35. 안으로 밖으로(A6c)

◎ 초록색 조각(△) 하나의 둘레의 길이는 3, 넓이는 1이라고 하자.

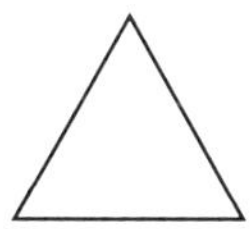

넓이=1

둘레의 길이=3

◎ 다음 각 모양을 초록색 조각(△)으로 채워 보아라.

◎ 각 모양의 둘레의 길이와 넓이를 구하여라.

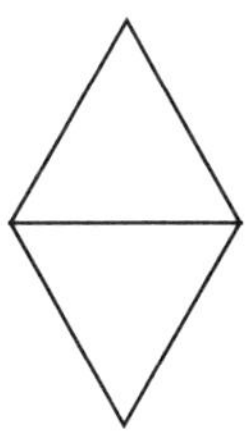

넓이=?

둘레의 길이=?

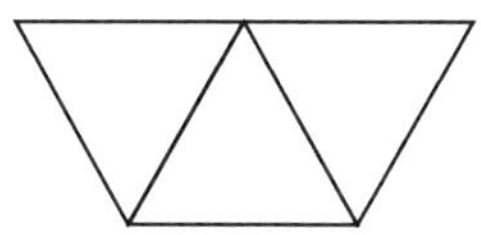

넓이=?

둘레의 길이=?

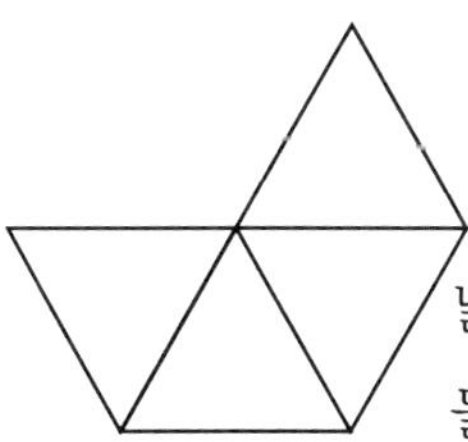

넓이=?

둘레의 길이=?

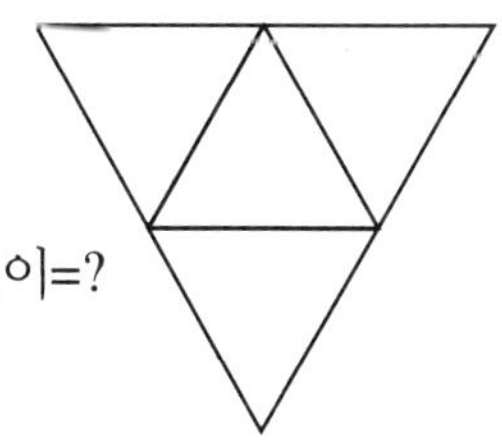

넓이=?

둘레의 길이=?

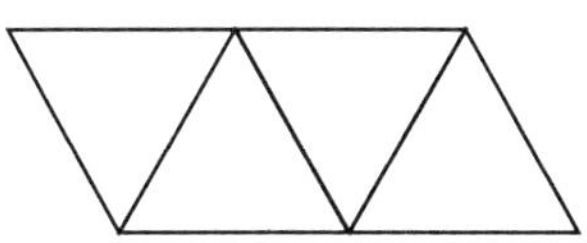

넓이=?

둘레의 길이=?

◎ 규칙을 찾을 수 있는가?

◎ 5 조각 또는 6 조각을 사용할 경우를 조사하여 보아라.

## 36. 동 물 원

◉ 여러 가지 동물이나 식물의 모습을 만들어 보자.

# *참고문헌


백석윤 (1994). 초등수학의 非定形的 교수 방법: 종이접기를 통한 초등 기하 교육. 진주 교육대학교 《초등교육연구 제4집》, 105-117.

한국 종이접기 협회(1994). 종이접기 가을-31호.

한국 종이접기 협회(1994). 종이접기 겨울-32호.

Baulac, Y., F. Bellemain & Laborde, J-M.(1992). *Cabri: The Interactive Geometry Notebook*. Brooks/Cole Publishing Company: Pacific Grove, CA.

Compiled by Pentagram(1989). *Puzzlegrams*. Simon & Schuster Inc. Press.

Garofalo, J., & Lester, F. (1985). Metacognition, cognitive monitoring, and mathematical performance. *Journal for Research in Mathematics Education 16*, 163-176.

Harry Blair & Bob Knauff(1991). *Not Strictly By The Numbers*. Cabisco Mathematics Carolina Biological Supply Co.

Ian Stewart(1992). *Another Fine Math You've Got Me Into...* W.H. Freeman & Company.

Kroll, R. (1987). Metacognitive analysis of the difficulties caused by intervening factors in the solution of inequalities.(Doctoral dissertation, Georgia State University, 1986). DAI, 47, 2935A.

Lester, F. K. (1983). Trends and issues in mathematical problem-solving research. In R. Lesh & M. Landau(Eds.), Aquisition of Mathematical Concepts and Processes. New York : Academic Press, Inc.

Lester, F. K. (1985). Methodological considerations in research on mathematical problem- solving instruction. In E. A. Silver(Ed.), Teaching and Learning Mathematical Problem Solving : Multiple Research Perspectives. Hillsdale, NJ : LEA.

Lester, F. K. (1994). Musings about mathematical problem-solving research : 1970-1994. *Journal for Research in Mathematics Education. Vol.25*, No.6, 660-675.

Lester, F. K., Garofalo, J., & Kroll, D. (1989). The role of metacognition in mathematical problem solving : A study of two grade seven classes. NSF Project MDR 85-50346.

Louis Grant Brandes(1995). *Fun with Logic.* J. Weston Walch Publisher.

Marilyn Burns(1975). *The I Hate Mathematics! Book.* Little, Brown and Co.

Olson, Alton T.(1975). Mathematics through Paper Folding. N.C.T.M., Reston: VA.

Paik, S. Y. (1990). Metacognitive Aspects of Problem Solving in Mathematics: Individual Differences in the Use of Metacognitive Skills and the Effects on the Mathematical Problem-Solving Process. Doctoral Dissertation, Temple University.

Schoenfeld, A. H. (1983). Episodes and executive decisions in mathematical problem solving. In R. Lesh, & M. Landau(Eds.), Aquisition of Mathematical Concepts and Processes. New York: Academic Press, Inc.

Schoenfeld, A. H. (1987). What' s all the fuss about metacognition? In A. H. Schoenfeld(Ed.), Cognitive Science and Mathematics Education. Hillsdale, NJ : LEA.

Schoenfeld, A. H. (1992). Learning to think mathematically: problem solving, metacognition, and sense making in mathematics. In Grouws(Ed.) Handbook of Research on Mathematics Teaching and Learning. 334-369.

Silver, E. A. (1987). Foundations of cognitive theory and research for math problem-solving instruction. In A. H. Schoenfeld(Ed.), Cognitive Science and Mathematics Education. Hillsdale, NJ: LEA.

Steketee, S. & Jackiw, Nicolas(1995). *Geometer's Sketchpad 3*. Key Curriculum Press.

Whitehead, G. L. G. (1987). Routine word problems in two variables and metacognitive strategies. (Doctoral Dissertation, Georgia State University, College of Education, 1986), DAI, 47, 2936A.

Yuri B. Chernyak & Robert M. Rose(1995). *The Chicken From Minsk*. Basic Books.

Bell, F. H. Teaching and Learning Mathemati(In Secondary Schools). Wm. C. Co., 1978.

Cathcart, W. George, ed. The Mathematics Laboratory: Readings from The Arithematic Teacher. N. C. T. M., 1977.

Dienes, Z. P., and E. W. Golding Approach to Modern Mathematics. New York: Herdcr and Herder, Inc., 1971a.

________. *Building up Mathematics*. London, Hutchison Educational Ltd., 1967.

________. "An Example of the Passage from the Concrete to the Manipulation of Formal Systems." *Educational Studies in Mathematics 3*. Dordrecht, Holland: D. Riedel Publishing Co., 1971b.

Joyce, B. and M. Weil. *Models of Teaching*. Prentice-Hall, Inc., Englewood Cliffs, N. J., 1986.

Reys, Rober E., and Thomas R. Post. *The Mathematics Laboratory: Theory to Practice*. Boston: Prindle, Weber & Schmidt, 1973.

# *찾아보기

## ㅇ



## ㅈ

## 기타

22 초등수학교육

# 초등 교사를 위한
# 레크리에이션 수학

지은이 강완 · 백석윤
펴낸이 박문규
펴낸곳 KM 경문사
펴낸날 2010년 3월 5일 1판 1쇄
등 록 1979년 11월 9일 제9-9호
주 소 121-818, 서울특별시 마포구 동교동 184-17
전 화 (02)332-2004 팩스 (02)336-5193
이메일 kms2004@kyungmoon.com

값 17,000원

ISBN 978-89-7282-998-0
ISBN 978-89-7282-760-3(세트)

# 경문사 초등수학 교육학시리즈

1. 초등수학교육의 이해 (제2판)
   김수미 외 지음

2. 수학 학습 심리와 교수-학습전략
   박성택 지음

3. 초등수학교육의 이해 (제2판)
   최창우 지음

4. 수학교육론
   린 D. 잉글리쉬·그레엄 S. 핼포드 지음
   고상숙 외 옮김

5. Piaget의 발생론적 인식론을 적용한
   수학수업 1학년
   Constance Kamii 지음/강완 외 옮김

6. Piaget의 발생론적 인식론을 적용한
   수학수업 2학년
   Constance Kamii 지음/강완 외 옮김

7. Piaget의 발생론적 인식론을 적용한
   수학수업 3학년(증보)
   Constance Kamii 지음/강완 외 옮김

8. 테크놀로지와 함께하는 수학교육(제2판)
   권성룡 외 지음

9. 수학의 힘을 길러주자
   권성룡 외 지음

10. 구성주의에 입각한 초등수학 학습·지도
    나카하라 다다오 지음/임문규 옮김

11. 문제해결을 통한 수학적 경험
    이대현 외 지음

12. 구성주의 수학교실-나눗셈
    마리안 위켓 외 지음/김진호 외 옮김

13. 어린이의 마음을 알면 교육이 보인다
    -임상면담의 첫걸음-
    Herbert P. Ginsburg 지음/신준식 외 옮김

14. 초등수학 교육론
    강완 외 지음

15. 예비교사와 현직교사를 위한
    학교수학과 교구
    김남희 지음

16. 수학교실에서 어린이를 이해하기 위한
    융통성 있는 면담
    허버트 P. 긴스버그 외 지음/남승인 외 옮김

17. 거리수학과 학교수학
    Terezinha Nunes 외 지음/박만구 외 옮김

18. 구성주의 수학교실-곱셈
    메릴린 번스 지음/김진호 외 옮김

19. 수학교실에서 말하기
    수잔느 H. 채핀 외 지음/김진호 외 옮김

20. 수학을 어떻게 가르칠 것인가?
    존 반 드 월르 지음/남승인 외 옮김

21. 초등수학교육론 I
    남승인 외 지음

22. 초등 교사를 위한 레크리에이션 수학
    강완·백석윤 지음

# 경문사 중등수학 교육학시리즈

1. 새 교수·학습이론에 의한 수학교육론
   신현성 지음
2. 수학과 교재론 (제3판)
   석용징·신현성·이준열 지음
3. 수학적 문제해결
   신현성·김경희 지음
4. 고등수학적 사고
   데이비드 톨 지음/류희찬 외 옮김
5. 수학과 학습지도와 평가론 (제2판)
   강옥기 지음
6. 문제해결의 수학적 전략
   스티븐 G. 크란츠 지음/좌준수 외 옮김
7. 증명의 본질
   Harold P. Fawcett 지음/장경윤 외 옮김
8. 수학수업 Know-how
   쿠조 쯔네죠 지음/김부윤·이영숙 옮김
9. 퇴플리츠의 미분적분학
   Otto Toeplitz 지음/우정호 외 옮김
10. 예비교사와 현직교사를 위한
    수학교육과정과 교재연구
    김남희 외 지음
11. 한 줄에 꿰는 수학이야기
    Lewinter·Widulski 지음/장경윤 옮김
12. 중등수학 교재연구
    강옥기 지음
13. 수학의 철학과 역사
    Anglin 지음/류희찬 외 옮김
14. 간추린 수학사
    Struik 지음/장경윤 외 옮김
15. 학교수학을 위한 원리와 규준(제2판)
    NCTM 지음/류희찬 외 옮김
16. 수학걱정 뛰어넘기
    Shiela Tobias 지음/허혜자 옮김
17. 우리나라의 수학교육과정
    이중권 지음
18. 세계 여러 나라의 수학교육과정
    이중권 지음
19. 수학을 하려면 엑셀을 밟아라(제2판)
    고상숙 지음
20. 수학수업 know-how 2
    쿠조 쯔네죠 지음/김부윤·이명숙 옮김
21. 수학지도 설계 및 수업모형
    신현성 지음
22. 통계교육(제2판)
    김응환 이석훈 지음
23. 예비교사와 현직교사를 위한
    수학교육에서의 컴퓨터 활용
    김남희 박영미 지음
24. 수학교육학 연구방법론
    우정호 외 지음
25. 비주얼 매스
    장경윤·박진희 지음